纺织高职高专教育教材

机织面料设计

朱碧红　主　编

卢素娥　副主编

中国纺织出版社

内 容 提 要

本书根据企业机织面料设计的工作过程,较详细地阐述了织物分析、织物组织设计、织物工艺设计、织物 CAD 模拟设计及织物小样织制等内容。本书理论与生产实践相结合,列举了大量企业生产中的实例,具有较高的实用参考价值。

本书主要供高职高专院校现代纺织技术专业学生的职业通用能力课程教学使用,也可供企业机织面料设计与开发人员在生产实践中参考。

图书在版编目(CIP)数据

机织面料设计/朱碧红主编. —北京:中国纺织出版社,
2012.4(2022.3 重印)

纺织高职高专教育教材

ISBN 978 - 7 - 5064 - 8393 - 3

Ⅰ.①机… Ⅱ.①朱… Ⅲ.①机织物 - 设计 - 高等职业教育 - 教材 Ⅳ.①TS105.1

中国版本图书馆 CIP 数据核字(2012)第 037524 号

策划编辑:江海华 责任编辑:王军锋 责任校对:梁 颖
责任设计:李 然 责任印制:何 艳

中国纺织出版社出版发行

地址:北京东直门南大街 6 号 邮政编码:100027

邮购电话:010—64168110 传真:010—64168231

http://www.c-textilep.com

E-mail:faxing@ c-textilep.com

北京虎彩文化传播有限公司印刷 各地新华书店经销

2012 年 4 月第 1 版 2022 年 3 月第 3 次印刷

开本:787×1092 1/16 印张:12

字数:185 千字 定价:48.00 元

凡购本书,如有缺页、倒页、脱页,由本社图书营销中心调换

FOREWORD

前　言

在本书编写过程中,我们调研了数十家知名纺织企业,邀请企业专家、一线技术人员、机织面料设计人员共同进行职业岗位分析、工作任务分析。我们根据完成职业岗位实际工作任务所需要的知识、能力、素质要求,以完成企业真实工作任务为目标来组织教材内容。

根据企业机织面料设计的工作过程,本书分为五大典型工作任务:机织面料分析、织物组织设计、织物工艺设计、织物 CAD 模拟设计及织物小样织制。本书由朱碧红、卢素娥分别担任主编、副主编。参编人员和具体分工如下:朱碧红(任务一、任务二中除"复杂组织及其应用"的其余部分)、叶可如(任务三及任务二中"复杂组织及其应用")、朱江波(任务四)、卢素娥(任务五)。全书由朱碧红、朱江波统稿,卢素娥、叶可如修改。

在成书过程中,得到了纺织教研组同事的大力支持,在此向他们表示衷心的感谢!

由于编者水平有限,书中缺点和错误在所难免,敬请广大读者不吝赐教,以便修订再版。

编者

2012 年 2 月

CONTENTS

目 录

机织面料分析

❈ 学习目标

- 了解机织面料的基本知识、分类和规格参数。
- 掌握机织面料分析的内容和方法。
- 能正确表达机织面料分析结果。

❈ 任务引入

分析如图 1-1 所示的一块客户来样(机织面料)。

图 1-1　客户来样

❈ 任务分析

设计或仿制机织面料,首先要对面料进行分析,获得面料的基本信息,用以指导面料的生产。所以机织面料设计人员必须掌握面料分析的方法。要正确分析面料,设计人员必须掌握机织面料的织物组织、织物组织的表示方法、色纱与组织的配合等基本知识。

❈ 相关知识

一、机织面料及织物组织的概念

机织面料是人们日常生活的必需品,在不同的场合又被称为织物或布料。

(一)机织面料(织物)的概念

机织面料:由相互垂直的两个系统的纱线,在织机上按一定规律交织而成的制品,称为机织面料,简称织物。图 1 - 2 所示是机织面料结构示意图,图 1 - 3 所示是机织面料。

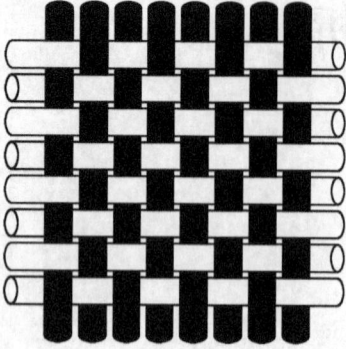

图 1 - 2 机织面料结构示意图

图 1 - 3 机织面料

在机织面料内,与布边平行的纱线称为经纱,与布边垂直的纱线称为纬纱。

机织面料的形成如图 1 - 4 所示,经纱 2 从织轴 1 上引出,绕过后梁 3、穿过经停片 4,按一定的规律逐根穿入综框 5 上的综丝眼 6,再穿过钢筘 7 的筘齿与纬纱 8 交织,在织口处形成的织物经胸梁 9、卷取辊 10、导布辊 11 卷绕在卷布辊 12 上。

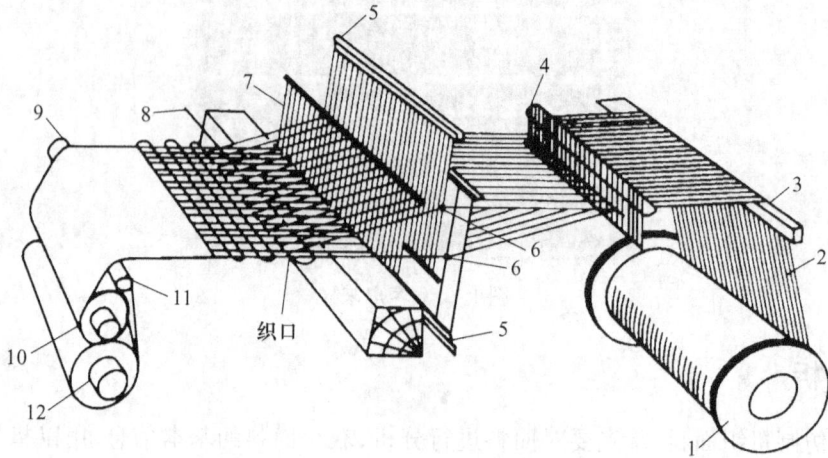

图 1 - 4 机织面料形成示意图

1—织轴 2—经纱 3—后梁 4—经停片 5—综框 6—综丝眼 7—钢筘

8—纬纱 9—胸梁 10—卷取辊 11—导布辊 12—卷布辊

在形成织物时,综框由开口机构控制作上下运动,使一部分经纱提升、另一部分经纱不提升,形成梭口,纬纱由引纬机构控制引入梭口,通过打纬机构由钢筘将纬纱推向织口完成经纬纱交织。

(二)机织面料规格参数

1. 密度与紧度

(1)密度:机织面料密度是指面料单位长度内的经、纬纱根数。织物密度有经密 P_j 和纬密 P_w 之分。经密又称经纱密度,是织物中沿纬向单位长度内的经纱根数;纬密又称纬纱密度,是织物中沿经向单位长度内的纬纱根数。公制密度是指 10cm 长度内的经纱或纬纱根数。习惯上将经密和纬密自左向右联写成"经密×纬密"来表示,如 492×315 表示织物经密是 492 根/10cm,纬密是 315 根/10cm。

面料的经纬密度是面料规格参数的一项重要内容,密度的大小及经纬密度的配置对面料的使用性能和外观风格影响很大,如面料的外观、手感、透气性、保暖性、耐磨性等力学机械性能,同时关系到生产效率和产品成本的高低。

经纬密只能用来比较相同直径纱线所织成的不同密度面料的紧密程度。当纱线的直径不同时,它们没有可比性。

(2)紧度:面料紧度又称覆盖系数。面料总紧度是面料规定面积内经纬纱所覆盖的面积(除去经、纬交织点的重复量)对面料规定面积的百分率。它反映面料中纱线的紧密的程度,有经向紧度和纬向紧度之分,计算公式如下。

$$E_j = \frac{d_j \times n_j}{L} \times 100\% = d_j \times P_j \qquad (1-1)$$

$$E_w = \frac{d_w \times n_w}{L} \times 100\% = d_w \times P_w \qquad (1-2)$$

式中:E_j、E_w——经向、纬向紧度;

　　d_j、d_w——经纱、纬纱直径,mm;

　　n_j、n_w——L 长度上的经纱、纬纱根数;

　　　　L——单位长度,mm;

　　P_j、P_w——经密、纬密,根/10cm。

面料的总紧度为:　　　　　　$E = E_j + E_w - E_j \times E_w \qquad (1-3)$

由上述公式可见,紧度中既包括了经纬密度,也考虑了纱线直径的因素,能较真实地反映经纬纱在面料中排列的紧密程度,因此可以比较不同粗细纱线织造的面料的紧密程度。

$E < 100\%$,说明纱线间尚有空隙;$E = 100\%$,说明纱线间没有空隙存在,面料平面正好被纱线覆盖;$E > 100\%$,说明纱线已经挤压,甚至重叠,但仍只能表示相当于 $E = 100\%$。

2. 面料的长度、宽度和厚度

(1)长度:面料的长度以"米(m)"为量度单位。工厂常常还采用较大的量度单位——匹。各种面料的匹长主要根据织物的用途来制订,同时还要结合面料单位长度的重量、厚度及机械的卷装容量来确定。工厂中还常将几匹面料联成一段,称为"联匹"(一个卷装)。

(2)宽度:面料的宽度是指织物最外边的两根经纱间的距离,称为幅宽,单位为厘米(cm)。

面料的幅宽根据面料的用途、织造加工过程中的收缩程度及加工条件等条件来确定。

（3）厚度：面料在一定压力下正反两面间的垂直距离，以"毫米（mm）"为量度单位。面料厚度取决于经纬纱线密度、经纬密度与面料组织，它对面料的坚牢度、保暖性、透气性、防风性、刚柔性、悬垂性等性能有影响。

面料按厚度的不同可分为薄型、中厚型和厚型三类。各类棉、毛和丝织物的厚度见表1-1。

表1-1　各类棉、毛和丝织物的厚度　　　　　　　　　　　单位：mm

织物类别	棉织物	毛织物		丝织物
		精梳毛织物	粗梳毛织物	
薄型	0.25 以下	0.40 以下	1.10 以下	0.80 以下
中厚型	0.25~0.40	0.40~0.60	1.10~1.60	0.28~0.80
厚型	0.40 以上	0.60 以上	1.60 以上	0.28 以上

（4）经纬纱线密度：面料中经纬纱的线密度采用特数（tex）来表示。表示方法为：将经纬纱的特数自左向右联写成"经纱特数（tex）×纬纱特数（tex）"来表示，如20×20表示经纬纱都是20tex的单纱；14×2×14×2表示经纬纱都是采用由两根14tex单纱并捻成的股线；12×2×24表示经纱采用由两根12tex并捻成的股线，纬纱采用24tex的单纱。

表示面料经纬纱线密度和经纬密的方法为自左向右联写成"经纱特数×纬纱特数×经密×纬密"。如14.5×14.5×492×315，表示织物经纱是14.5tex的单纱，纬纱是14.5tex的单纱，经密为492根/10cm，纬密为315根/10cm。

（5）单位面积重量（面密度）：面料的重量通常以每平方米面料所具有的克数来表示，称为平方米重量。它与纱线的线密度和面料密度等因素有关，是面料计算成本的重要依据。

棉织物的平方米重量常以每平方米的无浆干重的克数来表示，以"g/m²"为单位，其范围一般在70~250g/m²之间。

（三）机织面料的分类

1. 按使用的原料分类　根据使用的原料不同，机织面料可分为纯纺织物、混纺织物、交织织物三类。

（1）纯纺织物：经纬纱均由同一种纤维纺制的纱线经过织造加工而成的织物。如纯棉织物是经纬纱都是100%的棉纤维构成，纯涤纶织物经纬纱的原料都是涤纶。通常人们说的棉布、毛织物、真丝织物和各种化纤织物都是指纯纺织物。

（2）混纺织物：经纬纱相同，均是由两种或两种以上的纤维混合纺制而成的纱线经过织造加工而成的织物。如经纬纱均采用T65/C35混纺纱的涤棉布，经纬纱均采用W70/T30混纺纱的毛涤华达呢等。一般混纺织物命名时，均要求注明混纺纤维的种类及各种纤维的含量。

（3）交织织物：用两种及以上不同原料的纱线或长丝分别作经纬纱织成的织物。如经纱采用纯棉纱，纬纱采用涤纶长丝的纬长丝织物；经纱采用蚕丝，纬纱采用棉纱的绨类织物；经纱采用棉线,纬纱采用毛纱的毯类织物等。

2. **按纺纱的工艺分类**　按纺纱工艺的不同,棉织物可分为精梳棉织物、粗梳(普梳)棉织物和废纺织物;毛织物分为精梳毛织物(精纺呢绒)和粗梳毛织物(粗纺呢绒)。

3. **按纱线的结构与外形分类**　按纱线的结构与外形的不同,可分为纱织物、线织物和半线织物。经纬纱均由单纱构成的织物称为纱织物,如各种棉平布。经纬纱均由股线构成的织物称为线织物(全线织物),如绝大多数的精纺呢绒、毛哔叽、毛华达呢等。经纱是股线、纬纱是单纱织造加工而成的织物叫半线织物,如纯棉或涤棉半线卡其等。

按纱线结构与外形的不同,还可分为普通纱线织物、变形纱线织物和其他纱线织物。

4. **按染整加工分类**

(1)本色织物:指以未经练漂、染色的纱线为原料,经过织造加工而成的不经整理的织物,织物保持了所有材料原有的色泽,也称本色坯布、本白布、白布或白坯布。此品种多用于印染加工。

(2)漂白织物:指坯布经过漂白加工的织物,也称漂白布。

(3)染色织物:指整匹织物经过染色加工的织物,也称匹染织物、色布、染色布。

(4)印花织物:经过印花加工,表面印有花纹、图案的织物,也叫印花布、花布。

(5)色织织物:指以练漂、染色之后的纱线为原料,经过织造加工而成的织物。

5. **按用途分类**　织物按用途可分为服装用织物、装饰用织物、产业用织物和特种用途织物。服装用织物如外衣、衬衣、内衣、鞋帽等织物。装饰用织物有七类,分别为床上用品、毛巾、窗帘、桌布、家具布、墙布、地毯等。产业用织物如传送带、帘子布、篷布、包装布、过滤布、筛网、绝缘布、土工布、医药用布、软管、降落伞、宇航布等织物。

特种用途织物如阻燃面料、防油面料、防火面料、防水面料、防静电面料、防酸碱面料、自洁面料、防红外侦视面料、防紫外线面料等特种功能织物。

(四)织物组织的概念

1. **织物组织**　在织物中,经纱和纬纱相互交错或彼此浮沉的规律,称为织物组织。

2. **组织点**　在织物中,经纱和纬纱的相交处,称为组织点(图1−5)。

经组织点(经浮点):经纱浮在纬纱之上;纬组织点(纬浮点):纬纱浮在经纱之上。

3. **组织循环(完全组织)**　当经组织点和纬组织点的浮沉规律达到循环时,称为一个组织循环。

(1)组织循环经纱数指构成一个组织循环的经纱根数,用 R_j 表示。

(2)组织循环纬纱数指构成一个组织循环的纬纱根数,用 R_w 表示。

4. **织物组织的表示方法**

(1)组织图表示法:组织图是表示织物组织中经纬纱浮沉规律的图解,一般用意匠纸来描绘。意匠纸是一种专门用来描绘织物组织的方格纸。图1−6所示为八之八意

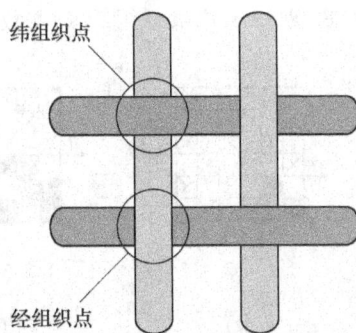

图1−5　组织点示意图

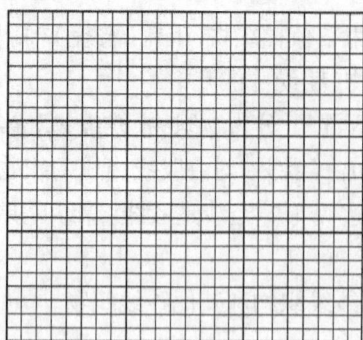

图1-6　八之八意匠纸

匠纸。

意匠纸上每一纵列代表一根经纱,顺序自左至右;每一横行代表一根纬纱,顺序自下而上;每一方格代表一个组织点。一般习惯上将经组织点填绘符号来表示(○、×、■、●、▲等),纬组织点为空白格。

在一个组织循环中,纵列格子数表示组织循环经纱数,其顺序是从左至右;横行格子数表示组织循环纬纱数,其顺序自下至上。图1-8(a)、(b)分别是图1-7(a)、(b)的组织图,图中箭头A和B标出了一个组织循环。一般情况下,组织图用一个组织循环表示,或者表示为组织循环的整数倍。

(2)分式表示法:分式表示法适用于部分较简单的织物组织,分子表示组织循环内每根纱线上的经组织点数,分母表示组织循环内每根纱线上的纬组织点数,如图1-9所示。

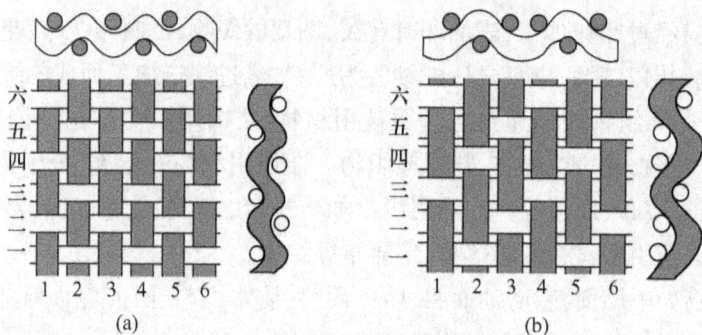

图1-7　织物交织示意图

5. 经面组织　在织物组织中,正面的经组织点数多于纬组织点数的,称为经面组织。

6. 纬面组织　在织物组织中,正面的纬组织点数多于经组织点数的,称为纬面组织。

7. 同面组织　在织物组织中,正面的经组织点数等于纬组织点数的,称为同面组织。

8. 组织点飞数　组织点飞数用来表示织物中相应组织点的位置关系。除特别指出外,组织点飞数是指同一系统中相邻纱线上相应组织点的位置关系,即相应经(纬)组织点间相距的组织点数。飞数用 S 表示,有经向飞数和纬向飞数两种。

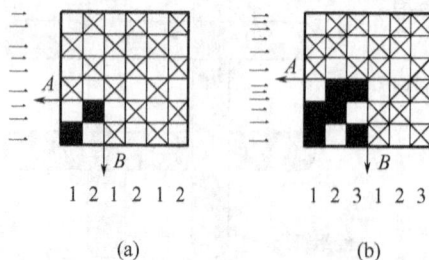

图1-8　组织图表示法示意图

沿经纱方向计算相邻两根经纱相应两个组织点间相距的组织点数是经向飞数,用 S_j 表示。沿纬纱方向计算相邻两根纬纱相应两个组织点间相距的组织点数是纬向飞数,用 S_w 表示。

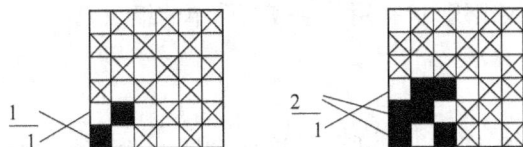

图1-9 分式表示法示意图

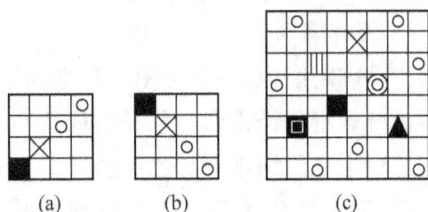

图1-10 组织点飞数起数方向示意图

飞数是一个向量。经向飞数向上为正(+),向下为负(-);纬向飞数向右为正(+),向左为负(-)。图1-10所示的组织点飞数见表1-2。

表1-2 组织点飞数表

分图号	对应■组织点的组织点符号	飞 数	
		经向	纬向
(a)	⊠	+1	+1
(b)	⊠	-1	+1
(c)	⊠	+3	+1
	◎	+1	+2
	▲	-1	+3
	⦀	+2	-1
	▣	-1	-2

二、色纱与组织的配合

利用不同颜色的经纬纱线与织物组织相配合,在织物表面能构成各种不同的花形图案,称为"配色模纹"。配色模纹在织物表面形成的花纹,是色彩与组织结合的结果,两者相互衬托而成。因而其花纹图案是多变的,且具有较强的立体感。

配色模纹能形成花纹图案的原理,是由于色经色纬相交织时互相有覆盖作用,当织物正面呈现经浮点时织物表面即呈现该经纱的颜色,当织物某一部分正面呈现纬浮点时织物表面即呈现该种色纬的颜色。根据这个原理,如欲设计一范围较大的纹样,可以使某一色的不同组织点集中于花纹的某一部位,而另一色的不同组织点又集中于另一部位,以形成要求的模纹。

(一)配色模纹绘作的基本方法

在绘作配色模纹之前,应当知道织物的组织图,色经、色纬的排列顺序和排列循环。各种颜色经纱的排列顺序简称为色经排列顺序,色经排列顺序重复一次所需的经纱根数称为色经循环。各种颜色纬纱的排列顺序简称为色纬排列顺序,色纬排列顺序重复一次所需的纬纱根数称为色纬循环。绘作配色模纹图的步骤和方法如下。

1. 已知条件

（1）确定组织图：最常用的是平纹组织与斜纹组织，也有用其他较为简单的组织。

（2）确定色经排列与色经循环。

（3）确定色纬排列与色纬循环。

2. 划出绘图区域 把意匠纸分成四个区，如图1-11所示，这四个区为绘作配色模纹的各部分相应位置。Ⅰ区为绘作基础组织位置，Ⅱ区为绘作各色纬的排列循环位置，Ⅲ区为绘作各色经的排列循环位置，Ⅳ区为绘作配色模纹图位置。

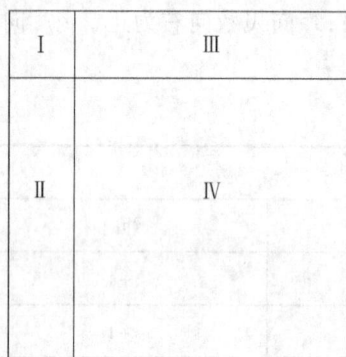

3. 填绘配色模纹图

（1）根据组织循环、色经循环和色纬循环，求出配色模纹图的大小。配色模纹的经纱循环等于组织循环经纱数与色经循环的最小公倍数；配色模纹的纬纱循环等于组织循环纬纱数与色纬循环的最小公倍数。

（2）在划出的Ⅰ、Ⅱ、Ⅲ区内，分别填入组织图、色经排列循环和色纬排列循环。

（3）先在Ⅳ区内，用浅色画出组织图。根据色经排列顺序，在相应色经的纵列内的经组织点处，涂绘上色经的颜色符号。根据色纬排列顺序，在相应色纬的横行内的纬组织点处，涂绘色纬的颜色符号。这样色经色纬与组织相结合就构成配色模纹。

Ⅰ	Ⅲ
Ⅱ	Ⅳ

图1-11 绘作配色模纹图的区域划分

必须说明：在配色模纹图上小方格中的符号，只表示某种色经或色纬浮点所显现的效果，而不是经纬组织点。

（二）配色模纹举例

1. 同一组织经纬纱配色排列不同形成花纹不同 在织物中应用同一种组织，但经纬纱配色排列不同，所绘作的配色模纹其花纹效果不同。图1-12(a)、(b)以平纹为基础组织，应用不同的经纬纱配色排列，获得不同的花纹效果。图1-12(c)、(d)以$\frac{2}{2}\nearrow$为基础组织，应用不同的经纬纱配色排列，获得不同的花纹效果。

2. 同一个配色模纹可用不同的组织来织造 在图1-13中，各分图均为同一种花纹，其经纬色纱排列相同，可以用不同组织来织造。图1-13(a)选择平纹为织物的组织；图1-13(b)选择$\frac{1}{3}\nearrow$为织物的组织；图1-13(c)选择$\frac{3}{1}\nwarrow$为织物的组织；图1-13(d)选择$\frac{2}{2}$方平为织物的组织。

由此可知，同样的花纹、同样的经纬配色排列可用几种不同的组织加以织造。至于采用哪一种组织，可根据织物要求的紧密、手感、外观的光泽、风格特征等因素，结合织物选用的原料，以及上机条件来确定。

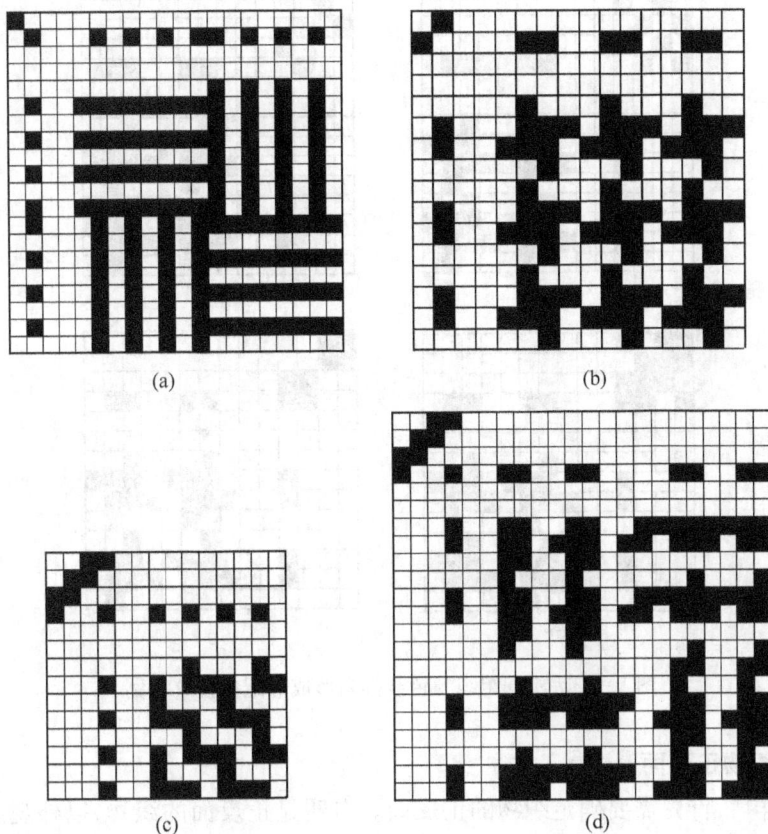

图 1 - 12　同一组织经纬纱配色排列不同形成的配色模纹

三、织物分析

设计或仿制某种织物,首先必须对织物进行分析,获得上机工艺资料,用以指导织物的织造过程。设计人员必须掌握织物分析的方法。

为了获得正确的分析结果,一般按以下步骤进行织物分析。

(一)取样

对织物进行分析,首先要取样,所取的样品必须能准确地代表该织物的各种性能,样品上不能有疵点,并力求处于原有的自然状态。取样的位置和大小一般有以下规定。

1. 取样位置　一般规定从整匹织物中取样时,样品到布边的距离不少于 5cm,离两端的距离在棉织物上不少于 1.5 ~ 3m,毛织物上不小于 3m,丝织物上为 3.5 ~ 5m。

2. 取样大小　取样面积大小应随织物种类、组织结构而异。简单的织物样品取样面积一般为 15cm × 15cm;组织循环或配色循环较大的织物,取样应适当放大,最小为一个循环所占的面积;大提花织物经纬纱循环数很大,取样不强求完整的组织与花样循环,但要求概括织物中的各种组织结构,一般取样面积为 20cm × 20cm 或 25cm × 25cm。

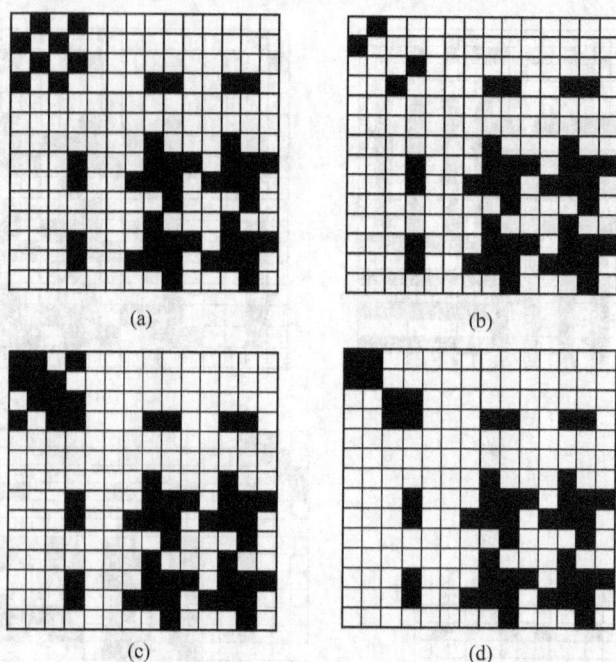

图 1 - 13　不同组织与色纱排列形成的配色模纹举例

(二)确定织物正反面

对织物取样后,首先需要确定织物的正反面。有明显正反面的织物,以外观漂亮的一面为正面;两面极为相似的,则不必强求区别正反面。判断织物正反面一般有以下一些经验。

(1)织物正面平整、光滑、细致,花纹和光泽清晰、美观。

(2)按织物特征确定正反面,如经面织物正面经浮长占优势,纬面织物正面纬浮长占优势。

(3)重组织织物、双层织物其正面纱线原料好,表组织密度大。

(4)凸条和凹凸花纹织物,显示凹凸花纹的一面为正面,反面有浮长线衬托。

(5)绒织物:单面起绒的织物,有绒毛的一面为正面;双面起绒的织物,绒毛光洁、整齐的一面为正面。

(6)纱罗织物的正面绞经突出,孔眼清晰、平整。

(7)毛巾织物以毛圈密度大的一面为正面。

(三)确定织物的经纬向

确定织物的正反面后,要确定织物的经纬方向,以便进一步确定经纬纱的其他性质。由于织物品种繁多,它们的结构与性能也各不相同,故分析时一般要结合以下几种经验鉴定织物的经纬向。

(1)当样品有布边时,与布边平行的纱线是经向纱线,与布边垂直的纱线是纬向纱线。

(2)含有浆料的纱线是经向纱线,不含浆料的纱线是纬向纱线。

（3）一般织物经密大于纬密，经纱的原料较好。

（4）纱罗织物中，有扭绞的纱线是经向纱线。

（5）毛巾织物中，起毛圈的纱线是经向纱线。

（6）以织疵来鉴别经纬向，织物中有筘路的，筘路方向为经向纱线；有稀弄的，稀弄方向为纬向纱线。

（7）一般情况下，经向纱线的捻度较大（强捻纬纱织物——绉布除外）。

（8）如果为半线织物，即一个方向为股线，另一个方向为单纱，则一般股线方向为经，单纱方向为纬向。

（四）测定织物的经纬纱密度

常用的经纬纱密度测定方法有以下三种。

1. 织物分解法

（1）在样品的适当部位剪取略大于最小测定距离的试样。

（2）在试样的边部拆出部分纱线，用钢尺测量，使试样达到规定的最小测定距离2cm，允许误差为0.5根。

（3）将上述准备好的试样从边缘起逐根拆开，即可得到织物在一定长度内经（纬）向的纱线根数。织物分解法适用于所有机织面料，特别是复杂组织面料。

2. 织物分析镜法　织物密度分析镜如图1－14所示。测试时，将织物分析镜放在摊平的织物上，选择一根纱线并使其平行于分析镜窗口的一边，由此逐一计数窗口内的纱线根数，也可计数窗口内的完全组织个数，通过织物组织分析或分解该织物，确定一个完全组织中的纱线根数。

测量距离内的纱线根数＝完全组织个数×一个完全组织中纱线根数＋剩余纱线根数

3. 移动式织物密度镜法　往复式织物密度分析镜如图1－15所示，仪器内装有5～20倍的低倍放大镜，以满足最小测量距离的要求。放大镜中有标志线，可随同放大镜移动。测量时，先确定织物的经、纬向。然后将织物摊平，把织物密度镜放在上面，测量经密时，密度镜的刻度尺垂直于经向；测量纬经密时，密度镜的刻度尺垂直于纬向。再将放大镜中的标志线与刻度尺上的0位

图1－14　Y511C型织物
密度分析镜

图1－15　Y511B型往复式
织物密度分析镜

对齐,并将其位于两根纱线中间作为测量的起点。一边转动螺杆,一边记数,直至数完规定测量距离内的纱线根数。若其始点位于两根纱线中间,终点位于最后一根纱线上,不足 0.25 根的不计,0.25～0.75 根作 0.5 根计,0.75 根以上计作 1 根。

（五）测定经纬纱缩率

纱线长度与织物长度（或者宽度）的差值与纱线原长的比值称为缩率。缩率有经纱缩率（用 a_j 表示）和纬纱缩率（用 a_w 表示）之分。两者的计算公式如下：

$$a_j = \frac{L_{oj} - L_j}{L_{oj}} \times 100\% \qquad (1-4)$$

$$a_w = \frac{L_{ow} - L_w}{L_{ow}} \times 100\% \qquad (1-5)$$

式中：$L_{oj}(L_{ow})$——试样中经（纬）纱伸直后的长度,cm；

$L_j(L_w)$——试样中经（纬）向织物的长度,cm。

测定步骤：

（1）在试样边缘沿经（纬）向量取一定长度的织物（即公式中的 L_j 或 L_w）。并记上记号。

（2）用挑针轻轻将经（纬）纱从试样中拨出,用手指压住纱线的一端,用另一手的手指轻轻将纱线拉直,注意不可有伸长现象。

（3）用尺量出记号之间的经（纬）长度（即 L_{oj} 或 L_{ow}）。

（4）连续测 10 根,得出 10 个数据后,取其平均值,算出 a_j（经纱缩率）、a_w（纬纱缩率）之值。

（六）测定经纬纱线密度

经纬纱线密度的测定一般有以下方法。

1. **比较测定法**　将纱线放在放大镜下,仔细地与已知线密度的纱线进行比较,最后决定来样的经纬纱线密度。这种方法操作简便,企业有经验的技术人员常常采用,但误差较大,结果的准确度取决于操作者的经验。

2. **称重法**　在测定前必须检查样品是否上浆,若是上了浆,应先对样品进行退浆处理。

（1）分别取出一定根数经纱和纬纱,求出经纱、纬纱的总长度。

（2）将退浆经纱、纬纱烘干称重,分别求出公定重量 G_j、G_w。

（3）代入公式计算。

$$Tt = \frac{1000G}{L} \qquad (1-6)$$

式中：Tt——经纱或纬纱的线密度,tex；

G——经纱或纬纱的公定重量,g；

L——经纱或纬纱的总长度,m。

（七）鉴定经纬纱原料

鉴别经纬纱原料分为定性分析和定量分析。对于纯纺织物只需进行定性分析,对于混纺织物则需要进行定量分析,以确定不同原料的混纺比。

鉴别织物原料的方法常用有手感目测法、燃烧法、显微镜观察法、溶解法、药品着色法、红外光谱法、双折射率法等多种。

（八）概算织物重量

织物重量是指织物每平方米的无浆干重。它是进行经济核算的主要指标,也是一项重要的技术指标。织物重量一般采用称重法进行测定。取退浆后的织物样品 10cm × 10cm,然后放入烘箱中烘至恒定重量,称其干燥重量,按下式计算。

$$G = \frac{g \times 10^4}{L \times b} \tag{1-7}$$

式中:G——试样每平方米无浆干重,g/m^2;

g——试样的无浆干燥重量,g;

L——试样长度,cm;

b——试样宽度,cm。

（九）分析织物组织及色纱的配合

根据织物的原料、密度、经纬纱的线密度不同,常用织物组织的分析方法主要有以下几种。

1. 直接观察法 利用照布镜直接观察经纬纱交织规律,将观察到的经纬组织点填入意匠纸方格中,直到找出组织循环为止。

这种方法简单易行,适用于密度小、纱线粗、组织简单的织物。

2. 拆纱法 观察织物在拨松状态下的经纬纱交织规律。先拆去 1cm 的经纱和纬纱,把织物拨松,在照布镜下观察织物的交织规律,将观察到的经纬组织点填入意匠纸方格中,直到找出组织循环为止。

对于初学者来说,一般按以下步骤分析。

（1）确定拆纱的系统:在分析织物时,首先应确定拆纱的方向,一般将密度较大的纱线系统拆开,利用密度小的纱线系统的间隙,清楚地看出经纬纱的交织规律。

（2）确定织物的分析表面:选择织物的分析表面,一般以看清织物的组织为原则。若是经(纬)面组织的织物,一般选择分析织物的正面。若是表面刮绒或缩绒织物,则分析时应先用剪刀或火焰除去织物表面的绒毛,然后进行织物分析,直到找出组织循环为止。对于灯芯绒织物,分析织物的反面为宜。

（3）纱缨的分组:在布样的一边先拆除若干根一个系统的纱线,使织物的另一个系统的纱线露出 10mm 的纱缨,如图 1-16(a)所示,然后将纱缨中的纱线每若干根分为一组,如图 1-16(b)所示。

（4）借助织物分析镜观察经纬纱交织情况,并记录,直到找出组织循环为止。

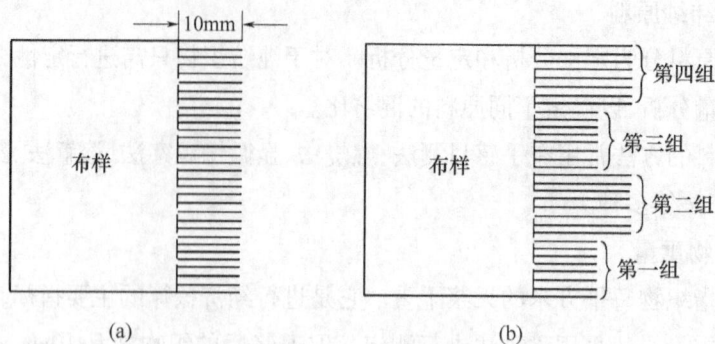

图 1 - 16　纱缨图

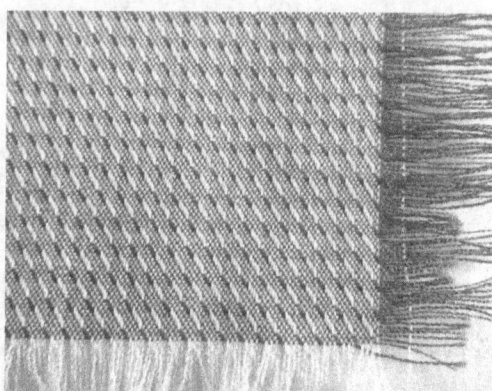

(a)

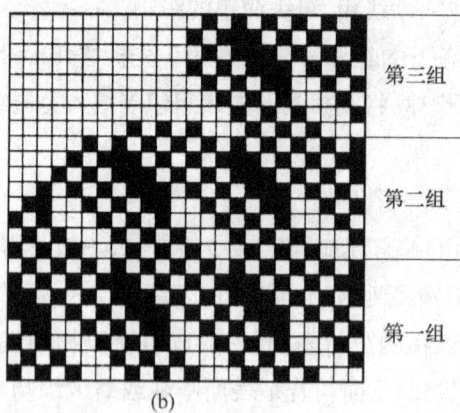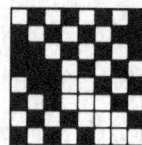

(b)　　　　　　　　(c)

图 1 - 17　分组拆纱法

　　例如,某面料如图 1 - 17(a)所示,拆的是经纱,每组纱缨由纬纱组成。从右侧起轻轻拨出第 1 根经纱,观察它与第一、第二、第三组纬纱的交织规律,将观察到的交织规律分别填绘在意匠纸对应的纵列上。依此类推,得到拆纱记录图 1 - 17(b)。观察图 1 - 17(b),可得到面料组织图 1 - 17(c)。

　　稍经训练后,拆纱就不必分组了,只需将拆纱轻轻拨入纱缨中,在意匠纸上记录经纱与纬纱的交织规律,直到找出组织循环为止。

　　这种方法适用于密度较大、纱线较细、组织复杂的织物。

　　分析织物组织时,为了少费眼力,可以借助分析针、颜色纸等工具。在分析深色织物时,可以用白色纸做衬底;在分析浅色织物时,可以用深色纸做衬底。这样可使交织规律清晰、明显。

　　分析色织物时,除要正确分析织物组织外,还必须认真分析经纬色纱的排列,并注意色纱与组织的配合关系。

　　如分析图 1 - 18 所示的色织物,应首先选择分析的起始点[图 1 - 18(a)]。借助照布镜和分析针,直接对织物进行观察,经纱自箭头所指位置开始,自左至右点数各色经纱的根数,并记录;纬纱自箭头所指位置开始,由下而上点数各色纬纱的根数,并记录,其结果见表 1 - 3。然后以确定的第一根色经和第一根色纬的相交点为起始点,观察经纬纱的交织规律,记录在意匠纸上,直到找出组织循环为止。与色纱排列起始点一致的织物组织如图 1 - 19 所示。

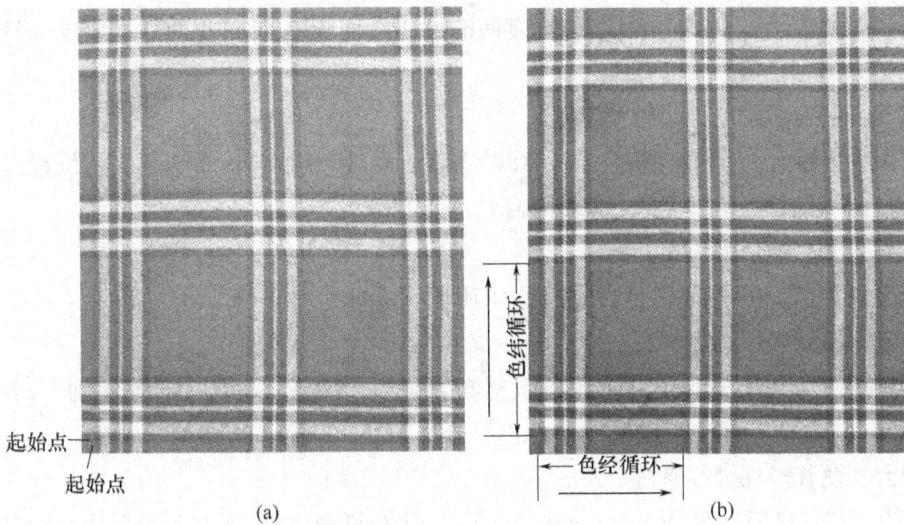

图 1 - 18　色织物分析示意图

表 1 - 3　色经、色纬排列

经纱排列	颜色	深蓝	米白	深蓝	米白	深蓝	米白	深蓝	枣红	彩蓝	枣红
	根数	9	12	12	4	12	12	9	56	4	56
纬纱排列	颜色	深蓝	米白	深蓝	米白	深蓝	米白	深蓝	枣红	彩蓝	枣红
	根数	7	10	10	4	10	10	7	50	4	50

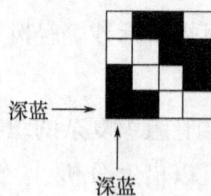

图 1-19　织物组织图

❉ 任务实施

针对图 1-1 所示的机织面料,其分析操作步骤如下。

步骤一　确定织物的正反面

本分析任务的织物一面经过磨毛处理,而另一面没有经过磨毛处理。一般磨毛的一面为正面。

步骤二　确定织物的经纬向

该织物配色方格基本呈正方形,两个方向的色纱均有五种,通过点数纱线密度,确定纱线密度大的一个方向为经向。

步骤三　测定织物的经纬密度

利用织物密度分析镜直接点数经纱、纬纱密度。经纱、纬纱各在 5 个不同的位置点数 5 次,得出 5 个数据,然后取其平均值。结果见表 1-4。

步骤四　测定经纬纱缩率

操作步骤如前"相关知识""织物分析"中所述。结果见表 1-4。

步骤五　鉴别经纬纱原料

具体操作步骤见周美凤主编的《纺织材料》模块一任务六"纺织纤维鉴别"。结果见表 1-4。

步骤六　测算经纬纱线密度

经检查该样品已退过浆,从 10cm×10cm 的织物中分别取出经、纬向各种色纱,放在显微镜下仔细比较发现:五种颜色纱粗细一样。取 20 根经纱称其重量。测出织物的实际回潮率,代入公式(1-8)求出经纱的线密度。因为纬纱的粗细与经纱一样,纬纱的线密度也就知道了。具体操作步骤见周美凤主编的《纺织材料》模块三任务一实训项目"织物中纱线细度(线密度)测试"。

$$Tt = \frac{G_j(1-a_j)(1+W_k)}{1+W} \tag{1-8}$$

式中:Tt——纱线的线密度,tex;

G_j——20 根经纱的实际质量,g;

a_j——经纱的缩率;

W_k——经纱的公定回潮率；

$\quad W$——经纱的实际回潮率。

步骤七 分析织物的组织及色纱排列

1. 分析经色纱、纬色纱的排列。

2. 分析织物组织，并在意匠纸上作记录，直至找出完全组织为止。

分析时，注意色纱排列和织物组织的起始点要一致。

步骤八 填写面料分析表（表1-4）

表1-4 面料分析表

分析项目	分 析 结 果		
织物正反面			
织物经纬向			
密度（根/10cm）	经	343	纬	256
缩率（%）	经	9.3	纬	5.5
线密度（tex）	经	27.8	纬	27.8
原料	经	棉	纬	棉
织物组织	红色→ ↑ 宝蓝		
色纱排列	经:33 宝蓝 7 黄色 33 宝蓝 7 卡其 33 宝蓝 7 红色 33 宝蓝 7 天蓝（共160 根）		
	纬:5 红色 25 宝蓝 5 卡其 25 宝蓝 5 黄色 25 宝蓝 5 天蓝 25 宝蓝（共120 根）		
织物规格	27.8×27.8×343×256		

❋ **实训**

分析以下类型面料各一块（图1-20），并填写面料分析表（样表）（表1-5）。

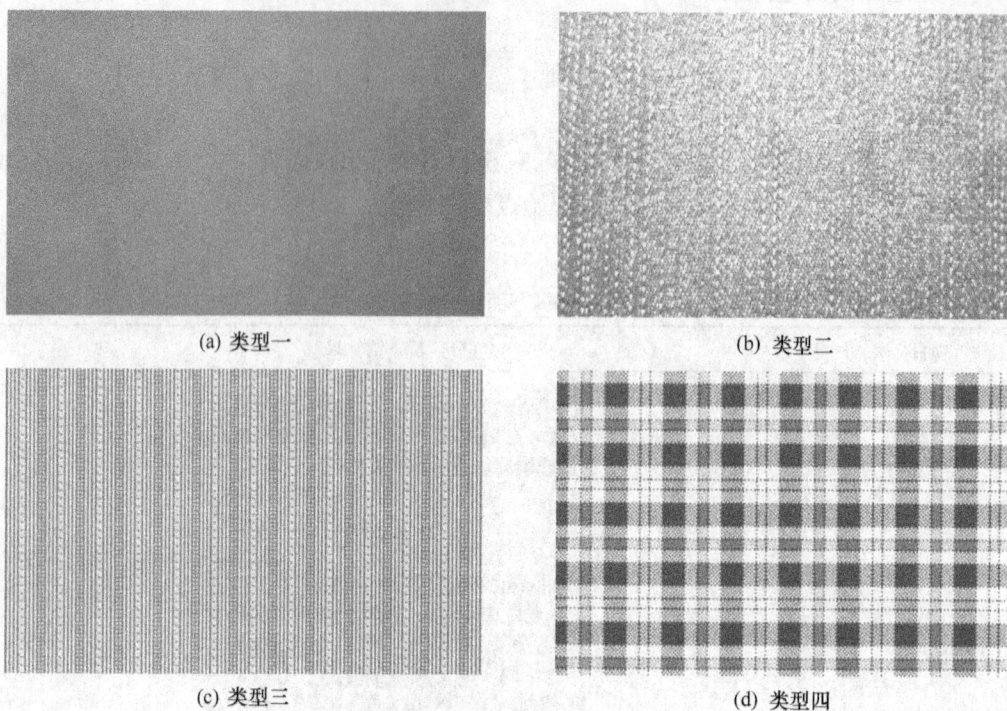

(a) 类型一

(b) 类型二

(c) 类型三

(d) 类型四

图1-20　面料分析实训布样

表1-5　面料分析表(样表)

分析项目		分　析　结　果		
织物正反面		贴布样		
织物经纬向				
密度(根/10cm)	经		纬	
缩率(%)	经		纬	
线密度(tex)	经		纬	
原料	经		纬	
织物组织		可用附页		
色纱排列	经:			
	纬:			
织物规格				

❊ 知识扩展

一、织物的平均经、纬密度

当面料有两个或两个以上的组织且各组织经密相差较大时,织物规格中的经纱密度、纬纱密度用一个组织循环的平均密度表示。

一个组织循环的平均经密：

$$\overline{P}_j = \frac{R_j}{-个组织循环的纬向长度(cm)} \times 10 \qquad (1-9)$$

一个组织循环的平均纬密：

$$\overline{P}_w = \frac{R_w}{-个组织循环的经向长度(cm)} \times 10 \qquad (1-10)$$

式中：$\overline{P}_j$——一个组织循环的平均经密，根/10cm；

R_j——组织循环经纱数，根；

$\overline{P}_w$——一个组织循环的平均纬密，根/10cm；

R_w——组织循环纬纱数，根。

当组织循环较小时，应多点数几个循环，然后量度几个循环的长度，再折算成"根/10cm"，以减少误差。

二、外贸出口织物规格的表示

目前，许多企业生产的面料都作外贸出口，面料经纬纱细度除了采用"线密度（tex）"表示的同时，也会用英制支数标明，经密和纬密也相应采用"根/英寸"表示，如上述企业面料分析实例中织物规格：27.8tex×27.8tex×343 根/10cm×256 根/10cm，同时也相应表示为：21 英支×21 英支×87 根/英寸×65 根/英寸。

织物组织设计

❀ 学习目标

- 了解织物组织设计的基本知识、设计方法和内容。
- 掌握常用的织物组织的绘作方法。
- 能根据客户对面料的要求设计相应的织物组织。

❀ 任务引入

设计一款夏季用男装衬衫面料的织物组织。

❀ 任务分析

织物组织是织物的一项重要技术条件,织物组织设计是面料设计的一项重要内容。织物组织对面料的结构、外观及力学性能有明显的影响。要根据客户要求的面料外观效果和用途设计相应的织物组织,首先要熟悉常用的织物组织,其次要确定所设计的织物组织能在企业现有的设备上生产出来。本任务介绍织物上机工艺条件、机织面料常用的织物组织及其应用。

❀ 相关知识

一、上机图

在进行织物组织设计之前,首先要了解企业的设备情况,避免出现设计出的织物无法织造的情况,为此必须了解织物上机织造工艺条件的基础知识。织物上机图是表示织物上机织造工艺条件的一组图解,用以指导织物的上机生产。

(一)上机图定义及其组成

上机图由组织图、穿筘图、穿综图、纹板图四部分排列成一定的位置而组成,如图2-1所示。实际生产中,上机图并不全部画出,如穿筘图、穿综图、纹板图常以文字说明。

(二)组织图

在"任务一"已作了介绍。

(三)穿综图

1. 穿综图　表示组织图中各根经纱穿入各片综框顺序的图解。穿综图中每一横行代表一片综(或一列综丝),每一纵列代表与组织图相对应的一根经纱。

综框有单列式综框和复列式综框之分。单列式综框是一片综框上只有一列综丝;复列式综框是一片综框上分挂几列综丝(如两列、三列、四列等)。

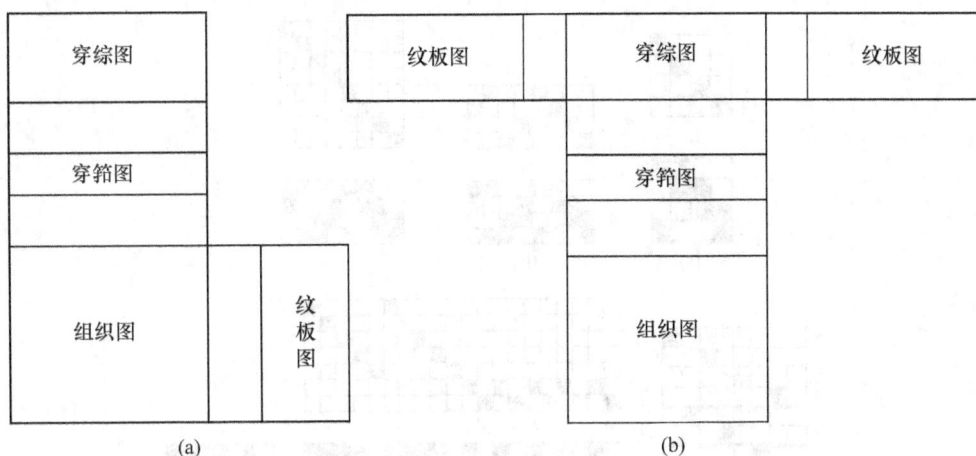

图2-1 上机图的组成及布置

在穿综图中,综框的排列顺序是自下向上排列。在织机上是由织口(或胸梁)向织轴(或后梁)方向排列。

表示某一根经纱穿入某列综丝上,则在代表纵列经纱与代表横行综丝的交叉处的方格内用符号●、■、×表示。

2. 穿综的基本原则

(1)浮沉规律不同的经纱必须穿入不同的综框中,如图2-2(a)所示。

(2)浮沉规律相同的经纱一般穿入同一页综框中,如图2-2(b)所示;也可以分穿在不同的综片(列),如图2-2(c)所示。

(3)提综次数多的经纱一般穿入前面的综框中,如图2-2(d)所示。

(4)穿入经纱数多的综框一般放在前面,如图2-2(e)所示。

(5)在满足生产的前提下,尽量减少综框片数,同时应考虑综丝密度不能过大。

实际生产中穿综图常用文字加以说明。如图2-2(a)可写成:用4片综,穿法:1、2、3、4。图2-2(b)可写成:用4片综,穿法:1、2、3、4、2、1、4、3。图2-2(e)可写成:用7片综,穿法:$\frac{1,2}{5次}$、$\frac{3,4,5,6,7}{2次}$;或写成:用7片综,穿法:(1、2)×5,(3、4、5、6、7)×2。

3. 穿综方法 穿综方法根据织物的组织与密度不同而不同。常用的穿综方法有顺穿法、飞穿法、照图穿法、分区穿法。

(1)顺穿法:顺穿法是将一个组织循环中的各根经纱逐一地顺次穿入各片综框,如图2-2(a)和图2-2(c)所示。

顺穿法操作简便,不易出错,适用于密度较小、组织循环经纱根数较少的织物。当组织循环经纱根数较多时,会占用较多的综框,给上机和织造带来困难。

(2)飞穿法:飞穿法是把所有综片划分为若干组,分成的组数等于组织循环经纱数或组织循环经纱数的倍数,穿综的次序是先穿各组中的第1列综丝,然后再穿各组中的第2列综丝,依

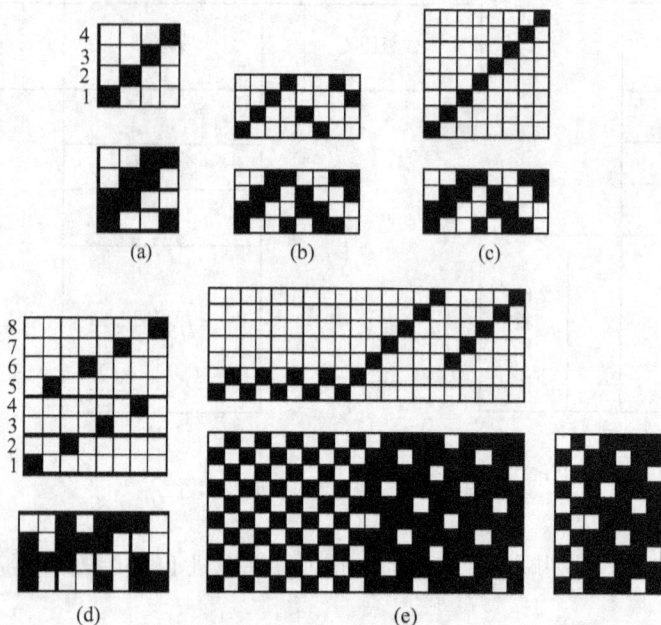

图2-2 穿综基本原则示意图

次类推,如图2-3所示。

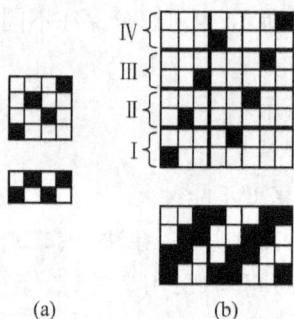

(a) (b)

图2-3 飞穿法示意图

飞穿法时采用复列式综框或增加单列式综框的片数。

飞穿法适用于经密较大,组织循环经纱数较小的织物,如高密府绸、高密斜纹等。

(3)照图穿法:照图穿法是将浮沉规律相同的经纱穿入同一片综框,将浮沉规律不同的经纱穿入不同的综框,如图2-2(b)、(e)所示。

照图穿法适用于组织循环经纱根数较多而其中又有部分经纱浮沉规律相同的织物组织(如山形斜纹组织、平纹地小提花组织)。其缺点是各片综的综丝数不等,因此各片综的综丝密度和负荷也不同,各片综的磨损情况不同。

(4)分区穿法:当织物组织中包含两个或两个以上组织,或用不同性质的经纱织造时,多采用分区穿法。如图2-2(d)、(e)所示。

分区穿法是把所有综片分成若干区,各区中所包括的综片数可以相同,也可不同。如图2-2(d)所示,第1～第4页综为第一区,第5～第8页综为第二区。

分区数应等于织物中不同组织的数目,每一区的综片数应根据该区的组织循环和穿综方法来定。穿综时将某一组织的经纱全部穿入一区内,然后把另一组织的经纱全部穿入另一区内。

分区穿法适用于条格织物、重经组织及多层组织织物等。

(四)穿筘图

表示每筘齿穿入经纱数的图,称为穿筘图。在意匠纸上用两个横行表示相邻的筘齿,以横向方格连续涂绘符号●、■、×表示穿入同一筘齿中的经纱根数。图2-4(b)表示花式穿筘;图2-4(c)表示穿一齿空一齿,空筘处用符号"∧"表示。每筘齿穿入经纱根数除了用穿筘图表示之外,还可以用数字表示。在用数字表示穿筘方法时,空筘处用"0"表示。图2-4(a)表示为穿筘:2入;图2-4(b)表示为穿筘:2入、2入、3入、3入;图2-4(c)表示为穿筘:3入、0。

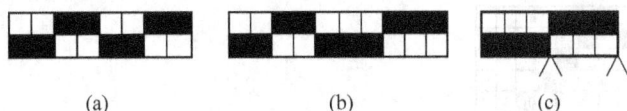

图2-4 穿筘图的画法

每筘齿穿入经纱根数的多少,应根据经纱的密度、线密度以及织物组织等因素来确定,以提高生产效率和织物外观为原则。

每筘齿穿入经纱根数一般应尽可能等于组织循环经纱数或组织循环经纱数的约数或倍数。为了使布边坚牢,便于织造和后整理加工,边经穿入经纱根数一般比地经穿入经纱根数要多。

(五)纹板图

纹板图又称提综图,是控制综框运动规律的图解,对多臂开口机构来说是植纹钉(或打纹孔)的依据,对踏盘开口机构来说是设计踏盘外形的依据。

1. **纹板图位于组织图右侧** 这种方法绘图方便、校对简捷,所以在实际生产中,一般采用此法。

纹板图中每一纵列表示对应的一片综,其纵列数等于综片数,顺序是自左向右。每一横行表示一根纬纱的浮沉情况(每投一纬各综框的升降情况),其横行数等于组织图中的纬纱根数(组织循环纬纱数),顺序是自下而上。

纹板图的画法,根据组织图中经纱穿入综片的次序,依次按该根经纱组织点的交错规律填绘入纹板图对应的纵列内。当穿综图为顺穿法时,其纹板图与组织图一致。由此可见,当穿综图为顺穿时,其纹板图与组织图相同,这既便于绘图又便于检查核对,有时可省略不画。

实际生产中,纹板图常以文字说明。图2-5(a)表示为纹板:(1)1、4;(2)1、2;(3)2、3;(4)3、4;图2-5(c)表示为纹板:(1)1、4、8;(2)1、2、4、5;(3)2、3、5、6;(4)3、4、6、7;(5)4、5、7、8;(6)1、5、6、8;(7)1、2、6、7;(8)2、3、7、8。

传统多臂织机上纹钉的植法:纹板以木条制成的,编连成带状称为纹帘。每块纹板上有上下交错的两排纹钉孔,每排各有16个孔眼,如图2-6所示。单动式多臂织机,每块纹板只用一排孔眼,每投一纬,转过一块纹板;复动式多臂织机,纹板上两排孔眼均要使用,每排纹钉孔控制一次经纱开口,引入一根纬纱,每转过一块纹板形成两次织口,引入两根纬纱。图2-6所示为右手车左龙头(即多臂机龙头在织机左侧)纹板钉植法,下方第一块纹板的第一、

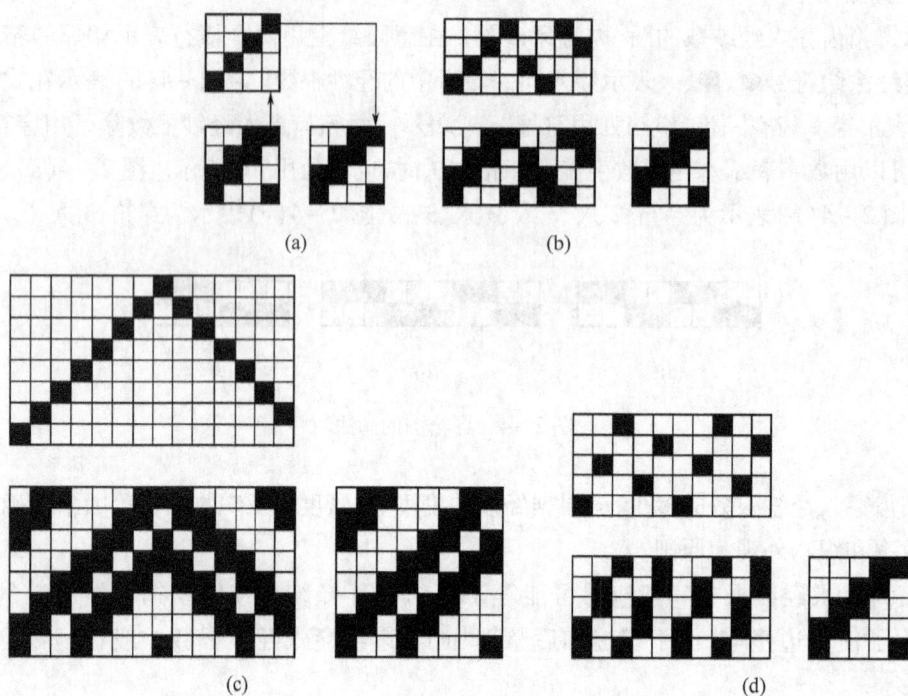

图 2 - 5　纹板图的画法

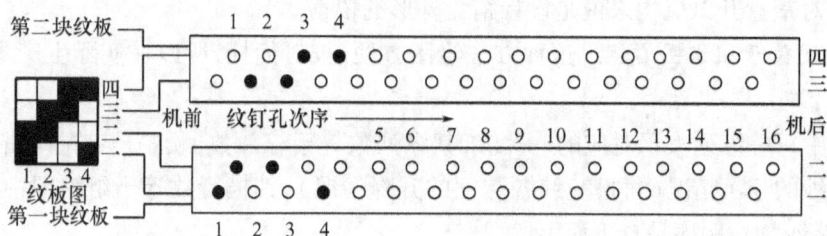

图 2 - 6　右手车左龙头纹板钉植法

第二排纹钉分别控制第一、第二根纬纱的浮沉规律,第二块纹板的纹钉控制第三、第四根纬纱的浮沉规律。

　　在图 2 - 6 中,当织第一纬时,在纹板图中是 1、4 综框提起,因此在第一块纹板的第一排孔眼上,从左向右数第一、第四孔眼上相应地要钉植纹钉,如符号●所示。而织第一纬时,在纹板图中是 2、3 综框不必提起,因此在第一块纹板的第一排孔眼上第二、第三孔眼上不必钉植纹钉,以符号○表示。

　　在钉植纹钉时,考虑减少经纱开口张力及操作方便,应尽量使用机前部分的纹钉。

　　对于左手车右龙头(即多臂机龙头在织机右侧),由于龙头在织机上位置不同,花筒回转方向也与右手车不同,因而钉植纹钉的起始方向应与右手车相反。图 2 - 7 是左手车右龙头纹板钉植法。

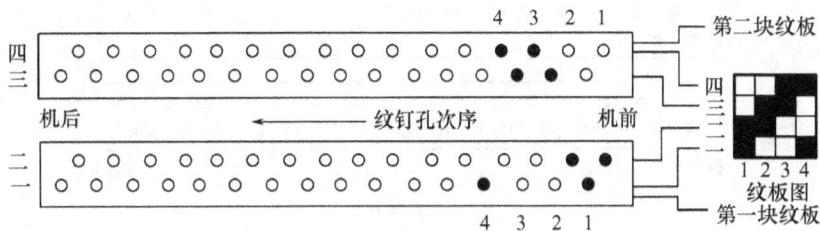

图 2 - 7　左手车右龙头纹板钉植法

2. 纹板图位于穿综图的右侧或左侧　纹板图位于穿综图的右侧(适用于左手车右龙头多臂机),如图 2 - 8(a)所示。图中每一纵列表示一排纹钉孔或者织入相应一根纬纱时形成的一次织口(每引入一纬各综框的升降情况),其顺序自左向右,其纵列数等于组织图中的纬纱根数(组织循环纬纱数)。每一横行表示对应的一片综,其横行数等于综片数,其顺序是自下而上。对于右手车左龙头多臂机,则纹板图位于穿综图的左侧。纹板顺序自右向左,如图 2 - 8(b)所示。

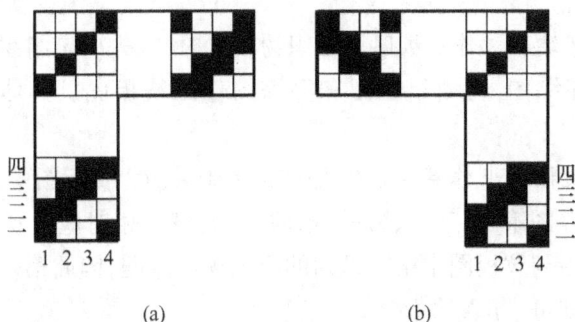

(a)　　　　　　　　(b)

图 2 - 8　纹板图画法

纹板图的画法:组织图中各根经纱,对应其所穿入的综片数,左手车按顺时针方向,右手车按逆时针方向转 90°后,将其组织点浮沉规律填于纹板图的横行各方格内,经纱提起植纹钉以符号●、■、×等表示,经纱下沉不植纹钉以空格表示。也可以用这样的画法:如图 2 - 9 所示,当织第一纬时,经纱 1、4 被提起,而 1、4 经纱分别穿入 1、4 综框中,则在纹板图的第一纵列(表示第一次开口)的 1、4 方格内填入符号■。织第二纬时,1、2 经纱被提起,1、2 经纱分别穿入 1、2 页综框,则在纹板图第二纵列的 1、2 方格中填入符号■。同理,可填绘第三、第四根纬纱的情况。图 2 - 8(a)、(b)纹板图的纹钉钉植法分别如图 2 - 9(a)、(b)所示。

(六)上机图的相互关系

上机图中,组织图、穿综图、纹板图三者之间关系密切。已知组织图、穿综图、纹板图中的任意两图,可求出第三个图。由于在实际生产中,一般采用纹板图位于组织图右侧的画法,所以在此仅讨论纹板图在组织图右侧时的情况。

(a) 左手车

(b) 右手车

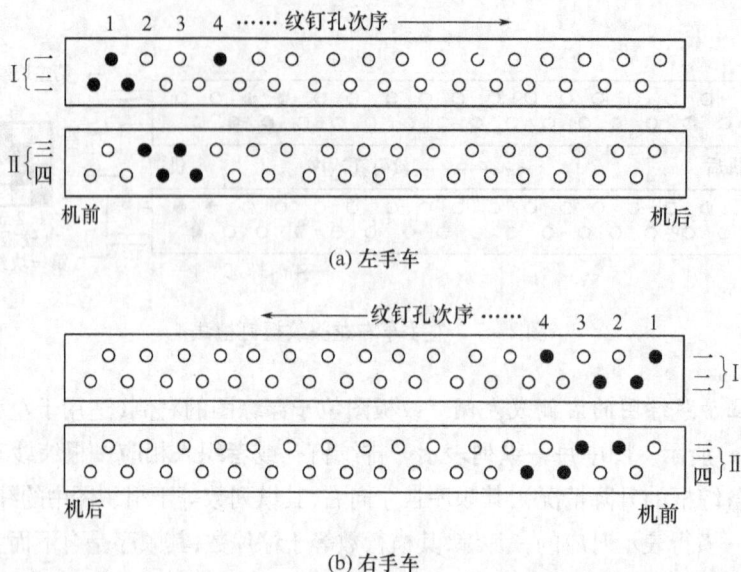

图 2-9 纹板钉植法

1. 已知组织图和穿综图求作纹板图 在织物设计时,首先确定组织图,然后根据织物的组织、原料、密度等确定穿综图,再由组织图和穿综图作出纹板图。具体可参见前面纹板图的画法。

2. 已知组织图和纹板图求作穿综图 如图 2-10 所示,纹板图中的第一、第二、第三、第四、第五纵列分别与穿综图第一、第二、第三、第四、第五横行相对应。观察组织图和纹板图,组织图中第一、第六根经纱与纹板图中第一纵列的浮沉规律相同,因此第一、第六根经纱对应穿入第一片综。依次类推,即可求出穿综图。

3. 已知穿综图和纹板图求作组织图 如图 2-11 所示,观察穿综图,第一、第六根经纱穿入第一片综,因此组织图中第一、第六根经纱应与纹板图第一纵列浮沉规律相同,将纹板图第一纵列的浮沉规律填入组织图第一、第六纵列。依次类推,即可求出组织图。

由上述可知,多臂开口织机上常常利用改变纹板图或穿综方法来织制不同组织的织物,而在踏盘开口织机上,常利用改变穿综的方法来织制不同组织的织物。正确运用组织图、穿综图

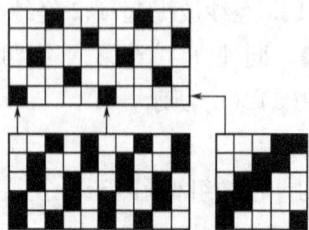

图 2-10 求作穿综图

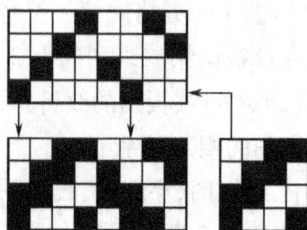

图 2-11 求作组织图

和纹板图三者的关系,在面料设计与实际生产中都具有重要意义。

二、常用织物组织及其应用

织物组织是机织面料设计中的一项重要内容,也是织造过程中一项重要的技术条件。改变织物的组织将对织物结构、外观及物理力学性能起到显著的影响。在织物组织中最简单的是三原组织,又称基本组织。以三原组织为基础加以变化,或联合使用几种组织,可以得到各种各样的织物组织。如有的组织能形成小花纹的外观,有的组织可使织物增厚,有的组织通过后整理可以起绒,有的组织能形成孔眼等。

(一)原组织及其应用

原组织是同时具备以下三个条件的织物组织。

(1)在一个组织循环内,每根经纱或纬纱上只有一个经组织点,其余的都是纬组织点;或者只有一个纬组织点,其余都是经组织点。

(2)组织循环经纱数等于组织循环纬纱数,即 $R_j = R_w = R$。

(3)组织点飞数是常数。

原组织包括平纹、斜纹和缎纹三种组织,因此这三种组织称为三原组织。原组织是各种织物组织的基础。

图 2 - 12 符合原组织条件的(1)和(2),但不符合条件(3),所以不是原组织。

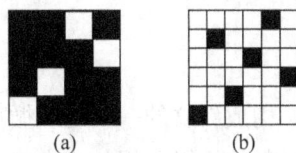

图 2 - 12 不是原组织的图解

1. 平纹组织及其应用 由经纱和纬纱一上一下相间交织而成的组织称为平纹组织。图 2 - 13 是平纹组织。图 2 - 13(a)为平纹织物的交织示意图,图 2 - 13(b)为横截面图,图 2 - 13(c)为纵截面图,图 2 - 13(d)和图 2 - 13(e)为组织图。图 2 - 13(a)中箭头所包括的部分表示一个组织循环。

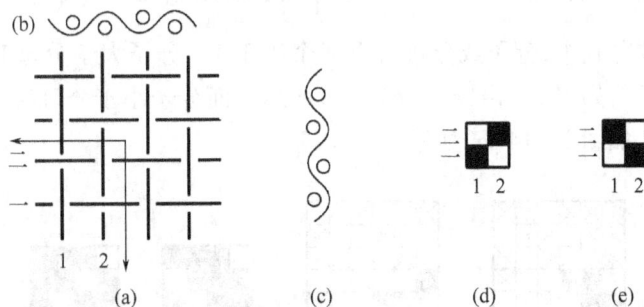

图 2 - 13 平纹组织

平纹组织是所有织物组织中最简单的一种。平纹组织的参数为:

$$R_j = R_w = 2$$

$$S_{\mathrm{j}} = S_{\mathrm{w}} = \pm 1$$

在平纹组织的组织循环中,共有两根经纱和两根纬纱。在组织循环中,因为经组织点数等于纬组织点数,所以织物正反面的组织没有差异,因此平纹组织为同面组织。

平纹组织可用分式$\dfrac{1}{1}$来表示,读作一上一下。分子表示组织循环内每根纱线上的经组织点数,分母表示组织循环内每根纱线上的纬组织点数。分子与分母之和等于组织循环经(纬)纱数。

绘制平纹组织图时,一般以第一根经纱和第一根纬纱相交的组织点为起始点。当平纹组织的起始点为经组织点时,所得的平纹组织图称为单起平纹,如图2-13(d)所示。当平纹组织的起始点为纬组织点时,所得的平纹组织图称为双起平纹,如图2-13(e)所示。当平纹组织与其他组织配合时,要注意考虑起始点。

平纹组织虽然简单,如果配以不同的原料、线密度、经纬密度、捻度、捻向、色彩等可获得各种不同风格的织物,因此平纹组织在织物中应用很广泛。如棉织物中的细布、平布、府绸等;毛织物中的派力司、凡立丁、法兰绒等;丝织物的塔夫绸和麻织物中的夏布等。

2. 斜纹组织及其应用　斜纹组织的特点在于在组织图上有经组织点或纬组织点构成的斜线,斜纹组织的织物表面上有经(或纬)浮长线构成的斜向织纹。斜纹组织的参数为:

$$R_{\mathrm{j}} = R_{\mathrm{w}} \geqslant 3$$
$$S_{\mathrm{j}} = S_{\mathrm{w}} = \pm 1$$

构成斜纹的一个组织循环至少要有三根经纱和三根纬纱。

斜纹组织可用分式来表示。分子表示在组织循环中每根纱线上的经组织点数,分母表示在组织循环中每根纱线上的纬组织点数。分子与分母之和等于组织循环经(纬)纱数。

通常在表示斜纹的分式旁边加上一个箭头,用以表示斜纹的方向。如图2-14(a)以$\dfrac{2}{1}\nearrow$表示,读作二上一下右斜纹;图2-14(d)以$\dfrac{3}{1}\nwarrow$表示,读作三上一下左斜纹。

在原组织的斜纹分式中,分子或分母必有一个等于1。分子大于分母时,组织图中经组织点占多数,为经面斜纹,如图2-14(a)、(c)、(d)所示。而分子小于分母时,组织图中纬组织点占多数,为纬面斜纹,如图2-14(b)所示。

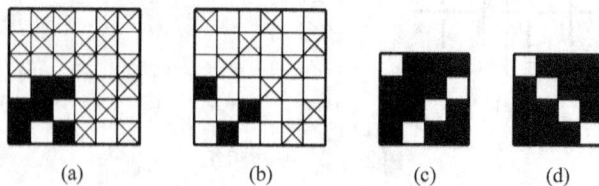

(a)　　　　　(b)　　　　　(c)　　　　　(d)

图2-14　斜纹组织图

对初学者来说,绘制斜纹组织图时,一般以第一根经纱和第一根纬纱相交的方格为起始点,按照表示斜纹组织的分式,求出组织循环经纱数 R_j、组织循环纬纱数 R_w,圈定大方格,然后在第一根经纱上填绘经组织点,再按飞数逐根填绘,直至完成一个循环为止(图 2-15)。即按照斜纹方向,以第一根经纱的组织点为依据,如果是右斜纹则向上移一格($S_j = +1$)填绘下一根经纱的组织点;如果是左斜纹则向下移一格($S_j = -1$)填绘下一根经纱的组织点,以下各根经纱的绘法依次类推,直至达到组织循环为止。

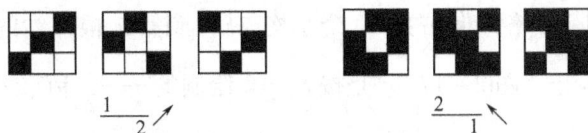

图 2-15　斜纹组织的画法

原组织斜纹在棉、毛、丝织物中都有应用,其中在棉织物中应用较为广泛。在棉织物中如斜纹布一般为 $\frac{2}{1}$ ↖(↗);单面纱卡其为 $\frac{3}{1}$ ↖;单面线卡其为 $\frac{3}{1}$ ↗;牛仔布常用 $\frac{2}{1}$ ↗、$\frac{3}{1}$ ↗等。在精纺毛织物中,单面华达呢为 $\frac{2}{1}$ ↗或 $\frac{3}{1}$ ↗。丝织物中的袖里绸为 $\frac{3}{1}$ ↗。

3. 缎纹组织及其应用　缎纹组织是原组织中最复杂的一种组织。这种组织的特点在于相邻两根经纱或纬纱上的单独组织点相距较远,而且单独组织点分布有规律且不连续。缎纹组织的单独组织点,在织物上由其两侧的经(或纬)浮长线所遮盖,在织物表面呈现经(或纬)浮长线,因此布面平滑匀整、富有光泽、质地柔软。

缎纹组织参数的要求:$R \geqslant 5$(6 除外);$1 < S < R-1$,且为一个常数;R 与 S 必须互为质数。

在缎纹组织的组织循环中,任何一根经纱或纬纱上仅有一个经组织点或纬组织点,而这些单独组织点彼此相隔较远,分布均匀。为了达到此目的,组织循环纱线数至少是 5,但 6 除外。

缎纹组织也有经面缎纹与纬面缎纹之分。织物表面显示经纱效应的,称为经面缎纹;而显示纬纱效应的,则称为纬面缎纹。如图 2-16(a)、(c)为经面缎纹,图 2-16(b)、(d)为纬面缎纹。

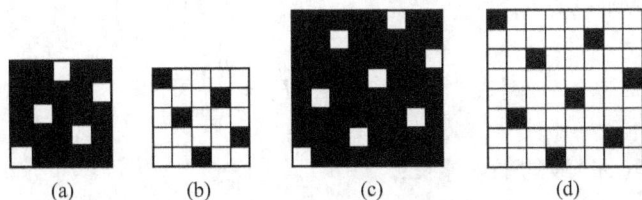

图 2-16　缎纹组织图

缎纹组织也可用分式表示,分子表示组织循环纱线数 R,分母表示飞数 S。飞数有按经向计算的和纬向计算的两种,经向飞数多用于经面缎纹,纬向飞数多用于纬面缎纹。图 2-16(c)为 $\frac{8}{3}$ 经面缎纹,读作 8 枚 3 飞经面缎纹;图 2-16(d)为 $\frac{8}{3}$ 纬面缎纹,读作 8 枚 3 飞纬面缎纹。

绘制缎纹组织图时,以方格纸上圈定的 $R_j = R_w = R$ 大方格的左下角为起始点。如果按经向飞数绘图时,就是自起始点向右移一根经纱(一列纵格)向上数 S_j 个小格,就得到第二个单独组织点,然后再在向右移的一根经纱上按 S_j 找到第三个单独组织点,依此类推,直至达到一个组织循环为止。图 2 - 17(a)是按 $S_j = 3$ 绘制的 $\dfrac{5}{3}$ 经面缎纹。按纬向飞数绘图时,就自起始点向上移一根纬纱(一行横格),向右数 S_w 个小格,就得到第二根纬纱的起始点,依次类推,直至达到一个组织循环为止。图 2 - 17(b)是按 $S_w = 2$ 绘制的 $\dfrac{5}{2}$ 纬面缎纹。

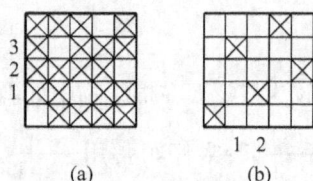

图 2 - 17　缎纹组织的画法

缎纹组织常应用于棉、毛、丝织物设计中。棉织物有横贡缎、直贡缎,常用缎纹组织与其他组织配合织成各种织物,如缎条府绸、缎条床单等。精纺毛织物中有直贡呢、横贡呢。丝织物中有素缎、织锦缎等。

4. 平均浮长　在织物组织中,凡某根经纱上有连续的经组织点,则该根经纱必连续浮于几根纬纱之上。凡某根纬纱上有连续的纬组织点,则该根纬纱必连续浮于几根经纱之上。这种连续浮在另一系统纱线上的纱线长度,称为纱线的浮长。浮线的长短用组织点表示。

在经浮长线的地方没有同纬纱交错,同样在纬浮长线的地方没有同经纱交错。因此,在纱线线密度和织物密度相同的两种织物组织中,有浮长线,就会松软,浮长线愈长,织物愈松软。如果两个组织的浮长线数目相同,浮线长的织物必较松软。

在每根经纱和纬纱交错次数相同的组织中,可以用平均浮长来比较不同组织织物的松紧程度。

所谓织物的平均浮长,是指组织循环纱线数与一根纱线在组织循环内交错次数的比值。

经纬纱交织时,纱线由浮到沉或由沉到浮,形成一次交错,交错次数用 t 表示。在组织循环内,某根经纱与纬纱的交错次数用 t_j 表示,某根纬纱与经纱的交错次数用 t_w 表示。因此,平均浮长可用下式表示。即:

$$F_j = \frac{R_w}{t_j} \qquad F_w = \frac{R_j}{t_w}$$

式中:$F_j(F_w)$——经(纬)纱的平均浮长;

　　　$t_j(t_w)$——经(纬)纱的交错次数。

在三原组织中,$t_j = t_w = t = 2$,$R_j = R_w = R$。则:

平纹组织:$t = 2$,$R = 2$,$F_j = F_w = 1$;

三枚斜纹组织:$t = 2$,$R = 3$,$F_j = F_w = 1.5$;

四枚斜纹组织:$t = 2$,$R = 4$,$F_j = F_w = 2$;

五枚缎纹组织:$t = 2$,$R = 5$,$F_j = F_w = 2.5$;

八枚缎纹组织:$t=2$,$R=8$,$F_j=F_w=4$。

由此可见,在其他条件相同的情况下,三原组织中的平纹最紧密,缎纹最疏松。同理,对于线密度、密度相同的织物,可以用平均浮长的长短来比较不同组织织物的松紧程度。

(二)变化组织及其应用

变化组织是在原组织的基础上,通过变化原组织的组织点浮长、飞数、斜纹线的方向、斜纹线的条数等一种或几种方法得到的织物组织。

变化组织有平纹变化组织、斜纹变化组织、缎纹变化组织三类。

1. 平纹变化组织　以平纹为基础,沿着经(或纬)纱方向延长组织点,或经、纬两个方向同时延长组织点而得到的织物组织。根据延长组织点的方式,平纹变化组织有重平组织和方平组织两类。

(1)重平组织:重平组织以平纹为基础,沿一个方向延长组织点(即连续同一种组织点)而得到的组织。沿着经纱方向延长组织点所形成的组织,叫做经重平组织;沿着纬纱方向延长组织点所形成的组织,叫做纬重平组织。

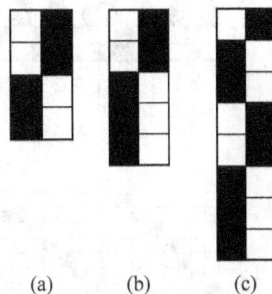

图 2－18　经重平组织图

重平组织可以用分式表示,图 2－18(a)为 $\dfrac{2}{2}$ 经重平组织,图 2－19(a)为 $\dfrac{3}{3}$ 纬重平组织。当重平组织中的浮长线长短不同时,称为变化重平组织,图 2－18(b)为 $\dfrac{3}{2}$ 变化经重平组织,图 2－18(c)为 $\dfrac{3\quad2}{2\quad1}$ 变化经重平组织;图 2－19(b)为 $\dfrac{3}{2}$ 变化纬重平组织,图 2－19(c)为 $\dfrac{3\quad2}{2\quad1}$ 变化纬重平组织。

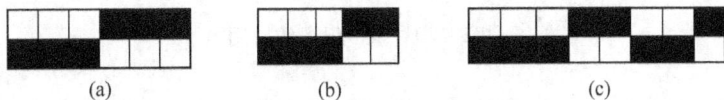

图 2－19　纬重平组织图

经重平组织的绘作方法如下:首先确定组织循环经纱数 $R_j=2$,组织循环纬纱数 $R_w=$ 分子＋分母,然后画出组织图范围,在第一根经纱上按分式所示的交织规律填绘组织点,然后在第二根经纱上填绘相反的组织点。

纬重平组织的绘作方法如下:首先确定组织循环经纱数 $R_j=$ 分子＋分母,组织循环纬纱数 $R_w=2$,然后画出组织图范围,在第一根纬纱上按分式所示的交织规律填绘组织点,然后在第二根纬纱上填绘相反的组织点。

重平组织可用于制织服装面料,经重平织物的外观呈现横向凸条纹,纬重平织物的外观呈现纵向凸条纹。如 $\dfrac{2}{1}$ 变化纬重平组织常被用作织制夏季的麻纱织物,图 2－20 所示是重平组织在衬衫面料中的应用。图 2－20(a)织物规格为 $14.6\times29.2\times311\times342.5$;图 2－20(b)织物规格为 CVC 60/40 13.1 × CVC 60/40 13.1 × 472 × 326.5。$\dfrac{2}{2}$——经、纬重平组织常作为各种织物的布边。

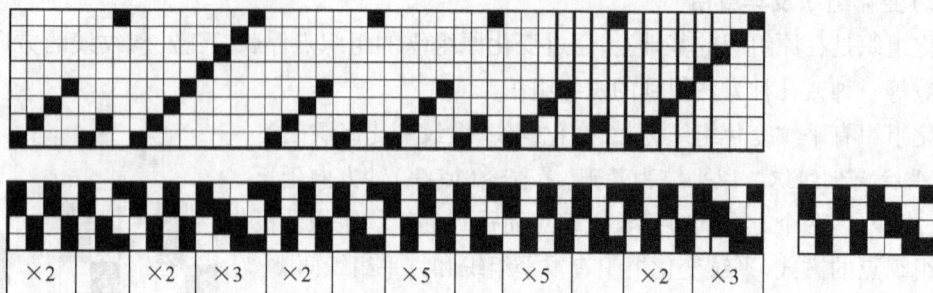

×2   ×2   ×3   ×2   ×5   ×5   ×2   ×3

(a)

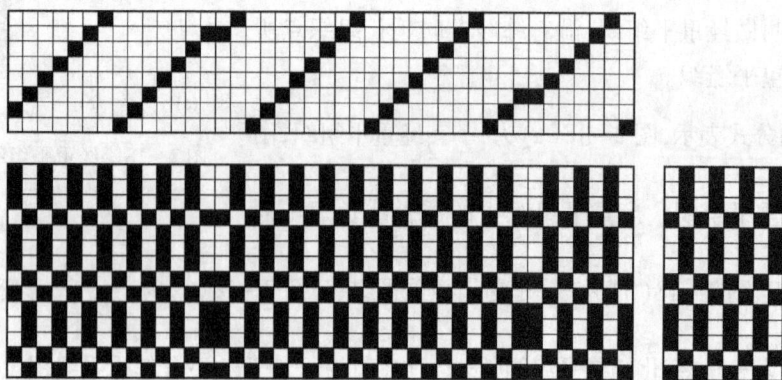

(b)

图 2 - 20　重平组织的应用

（2）方平组织：方平组织是以平纹为基础，沿经、纬两个方向同时延长组织点而得到的组织。如图 2 - 21 所示。

方平组织可以用分式表示，如图 2 - 21（a）为 $\dfrac{3}{3}$——方平。当方平组织的分式横线的上方和下方，各有几个不同的数字或分式的分子分母不同时，它所形成的组织叫做变化方平组织。如

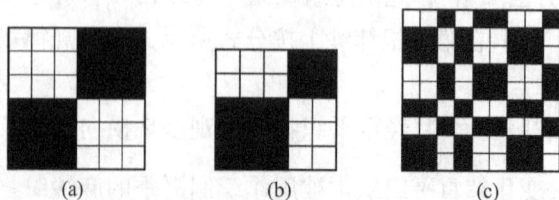

(a)　　　　(b)　　　　(c)

图 2 - 21　方平组织图

图 2 – 21(b)为 $\dfrac{3}{2}$ 变化方平组织,图 2 – 21(c)为 $\dfrac{2\quad1\quad2}{1\quad2\quad1}$ 变化方平组织。

方平组织的作图方法如图 2 – 22 所示。

① 确定组织循环经、纬纱数:$R_j = R_w$ = 分子 + 分母。

② 分别在第一根经纱、第一根纬纱上按分式所示的交织规律填绘组织点。

③ 从第一根纬纱上看,有经组织点的各根经纱均按第一根经纱浮沉规律填绘组织点。

④ 其余各根经纱均按与第一根经纱浮沉规律相反填绘组织点。

(a)

(b)

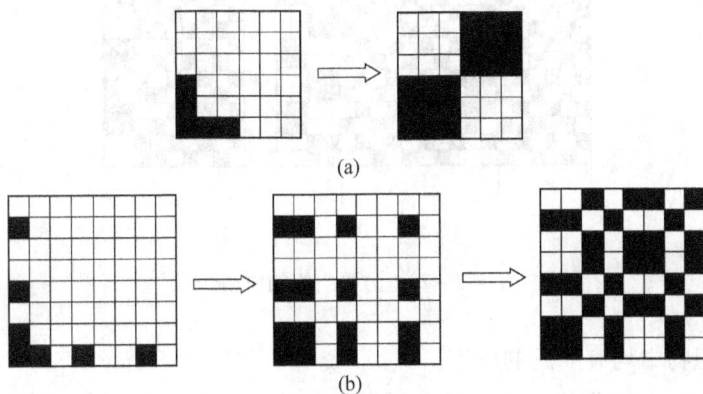

图 2 – 22　方平组织的画法

方平组织的织物其外观较为平整,光泽较好,常在服装面料中与其他组织搭配使用,如图 2 – 23 所示是两种衬衫面料的上机图,图 2 – 23(a)织物规格为 27.8 × 58.3 × 393.5 × 228;图 2 – 23(b)织物规格为 (11.7 + 7.3 × 2) × 11.7 × 543 × 229。其中 $\dfrac{2}{2}$ 方平组织常用于各种织物的边组织。

2. 斜纹变化组织　斜纹变化组织是在原组织斜纹的基础上,采取延长组织点、改变飞数、改变斜纹线方向、增加斜纹线条数等一种或兼用几种方法而得到的组织。斜纹变化组织织物在

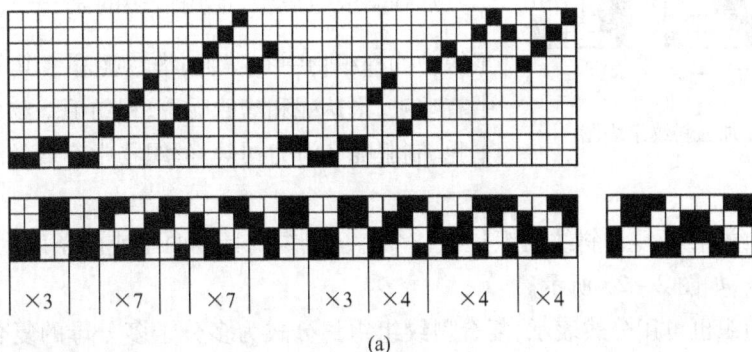

×3　　×7　　×7　　　×3　×4　　×4　　×4

(a)

图 2 – 23

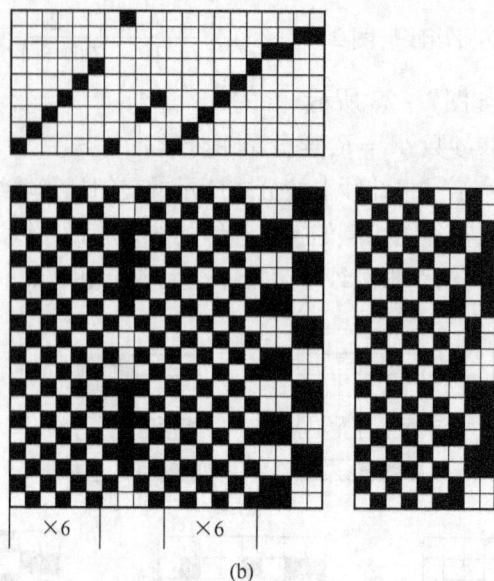

(b)

图 2 - 23　方平组织的应用

服装面料和家纺织物中均有广泛的应用。

（1）加强斜纹组织：加强斜纹组织是在原组织斜纹中的单个组织点旁沿一个方向（经向或纬向）延长组织点，使组织中没有单个组织点的斜纹组织。加强斜纹组织的组织循环经纬纱数 $R_j = R_w = $ 分子 + 分母 $\geqslant 4$，飞数 $S = \pm 1$。

加强斜纹组织可以用分式表示，分子表示一个组织循环中，每根纱线上的经组织点数，分母表示每根纱线上的纬组织点数，斜纹线方向用箭头表示。

加强斜纹组织中，组织图的正面经组织点多于纬组织点，称为经面加强斜纹组织，如图 2 - 24（a）所示；纬组织点多于经组织点，称为纬面加强斜纹组织，如图 2 - 24（b）所示；经组织点数等于纬组织点数时，称为双面加强斜纹组织，如图 2 - 24（c）所示。

加强斜纹组织作图方法与原组织斜纹组织相同。

加强斜纹组织中，应用最多的是 $\frac{2}{2}$ 双面加强斜纹组织。如棉织物中有哔叽、华达呢和卡其等；精梳毛织物中有哔叽、华达呢和啥味呢等；粗纺毛织物中有麦尔登、海军呢、制服呢和海力司等；丝织物中有真丝绫、闪色绫和斜纹绸等。

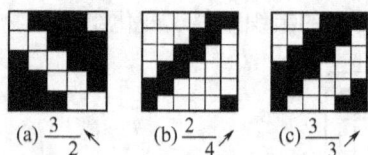

(a) $\frac{3}{2}$↗　(b) $\frac{2}{4}$↗　(c) $\frac{3}{3}$↗

图 2 - 24　加强斜纹组织图

（2）复合斜纹组织：复合斜纹组织是在一个完全组织内具有两条或两条以上不同宽度的斜纹线组成的斜纹，如图 2 - 25 所示。

复合斜纹组织也可用分式表示，复合斜纹组织的分式为多分子多分母的复合分式，同样用 ↗（或↖）表示斜纹方向，如图 2 - 25（a）为 $\frac{2\quad 2}{1\quad 3}$ ↖、图 2 - 25（b）为 $\frac{5\quad 3}{2\quad 3}$ ↖、图2 - 25

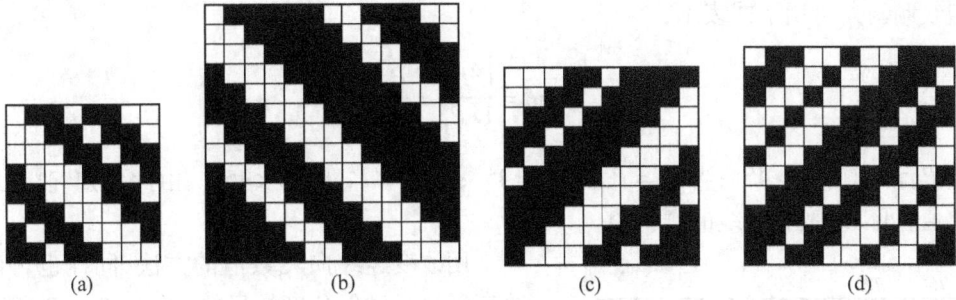

图 2 - 25 复合斜纹组织图

(c)为 $\frac{4\quad 2}{1\quad 3}\nearrow$、图 2 - 25(d)为 $\frac{3\quad 1\quad 2}{2\quad 2\quad 1}\nearrow$ 复合斜纹组织。复合斜纹组织有几对分子分母则组织中便有几条斜纹线。

复合斜纹组织的组织循环经纬纱数 $R_j = R_w = $ 分子 + 分母 ≥5。在绘图时,首先确定组织循环经纬纱数,以图 2 - 25(a)为例,$R_j = R_w = $ 分子 + 分母 = 2 + 1 + 2 + 3 = 8,然后在第一根经纱上按 $\frac{2\quad 2}{1\quad 3}$ 的浮沉规律填绘组织点,其余经纱按左斜方向 $S_j = -1$、$S_w = +1$ 填绘;若为 $\frac{2\quad 2}{1\quad 3}\nearrow$,第一根经纱上按 $\frac{2\quad 2}{1\quad 3}$ 的浮沉规律填绘组织点,其余经纱按右斜方向 $S_j = +1$、$S_w = +1$ 填绘。

复合斜纹组织常用作其他组织的基础组织,也可以单独使用。如某衬衫面料的规格为 7.3 ×2 × (14.6 + 7.3 ×2) × 512 × 394,经纱用白色纱,纬纱排列为 1 红 8 白,组织图如图 2 - 26 所示。

(3)角度斜纹组织:在斜纹组织中,当经向飞数 S_j、纬向飞数 S_w 为 ±1,而且经纬密度相同时,其斜纹线与水平线的夹角(称为斜纹倾斜角)$\theta = \pm 45°$,但现实生活中所见的斜纹织物,其斜纹线与水平线的夹角往往不是 45°,这与经纬纱的经纬向飞数比值及经纬密度比值有关。如图 2 - 27 所示。

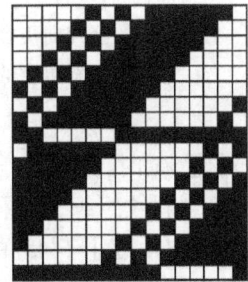

图 2 - 26 复合斜纹组织的应用

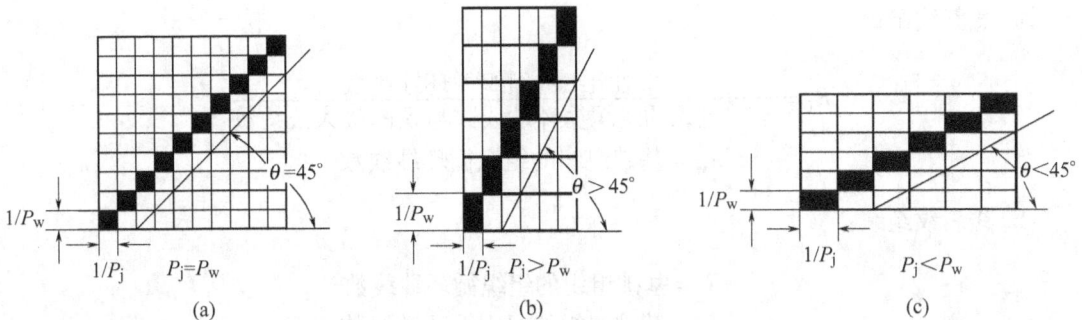

图 2 - 27 经纬密度与斜纹线倾斜角度的关系

斜纹倾斜角可用下式表示：

$$\tan\theta = \frac{1/P_{\mathrm{w}}}{1/P_{\mathrm{j}}} = \frac{P_{\mathrm{j}}}{P_{\mathrm{w}}}$$

当 $P_{\mathrm{j}} > P_{\mathrm{w}}$ 时，$\theta > 45°$；当 $P_{\mathrm{j}} = P_{\mathrm{w}}$ 时，$\theta = 45°$；当 $P_{\mathrm{j}} < P_{\mathrm{w}}$ 时，$\theta < 45°$。由此可知，改变经纬密度的比值，可以改变斜纹线的倾斜角。

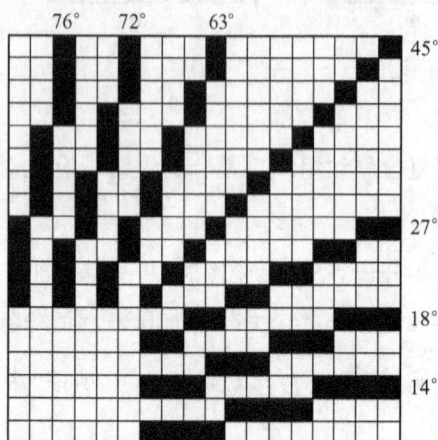

图 2 - 28　经纬向飞数值与斜纹线
倾斜角度的关系

用改变经纬向飞数值的方法，同样也可以达到改变斜纹线倾斜角度的目的。如图 2 - 28 所示。

当 $S_{\mathrm{w}} = 1$ 时，$S_{\mathrm{j}} = 2$，$\theta = 63°$；$S_{\mathrm{j}} = 3$，$\theta = 72°$；$S_{\mathrm{j}} = 4$，$\theta = 76°$。

当 $S_{\mathrm{j}} = 1$ 时，$S_{\mathrm{w}} = 2$，$\theta = 27°$；$S_{\mathrm{w}} = 3$，$\theta = 16°$；$S_{\mathrm{w}} = 4$，$\theta = 14°$。

由此可知，斜纹线的倾斜角度与 S_{j} 成正比，与 S_{w} 成反比，即：

$$\tan\theta = \frac{S_{\mathrm{j}}}{S_{\mathrm{w}}}$$

如果同时考虑经纬纱密度和经纬向飞数对织物表面斜纹线倾斜角度的影响，则 $\tan\theta = \dfrac{P_{\mathrm{j}} \times S_{\mathrm{j}}}{P_{\mathrm{w}} \times S_{\mathrm{w}}}$

当保持一个方向的飞数不变，而另一方向飞数的绝对值 >1 时，如当 $S_{\mathrm{w}} = 1$ 时，$S_{\mathrm{j}} = 2$ 或 $S_{\mathrm{j}} = 3$，可以作出斜纹线的倾斜角度大于 $45°$ 的斜纹组织，称为急斜纹组织，如图 2 - 29(a) 所示。同理，如当 $S_{\mathrm{j}} = 1$ 时，$S_{\mathrm{w}} = 2$ 或 $S_{\mathrm{w}} = 3$，便可以作出斜纹线的倾斜角度小于 $45°$ 的斜纹组织，称为缓斜纹组织，如图 2 - 29(b) 所示。

角度斜纹组织的作图方法与步骤如下。

① 选择基础组织。一般选择加强斜纹、复合斜纹作为角度斜纹的基础组织。

② 确定飞数。一般应使飞数的绝对值小于或等于基础组织中最长浮长线的组织点数，以体现斜纹的连续趋势和角度。通常飞数选择 2 或 3。

③ 确定完全组织的大小。

a. 急斜纹组织：

$$R_{\mathrm{j}} = \frac{\text{基础组织的组织循环纱线数}}{\text{基础组织的组织循环纱线数与} S_{\mathrm{j}} \text{的最大公约数}}$$

$$R_{\mathrm{w}} = \text{基础组织的组织循环纱线数}$$

b. 缓斜纹组织：

$$R_{\mathrm{j}} = \text{基础组织的组织循环纱线数}$$

$$R_{\mathrm{w}} = \frac{\text{基础组织的组织循环纱线数}}{\text{基础组织的组织循环纱线数与} S_{\mathrm{w}} \text{的最大公约数}}$$

④ 填绘组织图。急斜纹组织首先在第一根经纱上按基础组织分式所给出的规律填绘组织点,然后按所确定的 S_j,确定其余经纱的起始点,再按所给的浮沉规律填绘组织点,直至完成一个组织循环。缓斜纹组织则首先在第一根纬纱上按基础组织分式所给出的规律填绘组织点,然后按 S_w 确定其余纬纱的起始点,再按所给的浮沉规律填绘组织点,直至完成一个组织循环。

图 2-29(a)是以 $\dfrac{4\quad 3\quad 2}{2\quad 2\quad 1}\nearrow$ 为基础,$S_j = 2$ 绘作的急斜纹组织图,$R_j = 7$,$R_w = 14$;

图2-29(b)是以 $\dfrac{4\quad 1\quad 4\quad 1}{1\quad 1\quad 2\quad 2}\nearrow$ 为基础,$S_j = 2$ 绘作的急斜纹组织图,$R_j = 8$,$R_w = 16$;图 2-29(c)是以 $\dfrac{4\quad 4\quad 1}{1\quad 2\quad 2}\nearrow$ 为基础,$S_j = 2$ 绘作的急斜纹组织图,$R_j = 7$,$R_w = 14$;

图 2-29(d)是以 $\dfrac{5\quad 1\quad 1}{1\quad 2\quad 1}\nearrow$ 为基础,$S_j = 2$ 绘作的急斜纹组织图,$R_j = R_w = 11$;图 2-30(a)是以 $\dfrac{4\quad 1}{2\quad 2}\nearrow$ 为基础,$S_w = 2$ 绘作的缓斜纹组织图,$R_j = 9$,$R_w = 9$;图2-30(b)是以 $\dfrac{5\quad 1\quad 1\quad 1}{3\quad 1\quad 1\quad 3}\nearrow$ 为基础,$S_w = 2$ 绘作的缓斜纹组织图,$R_j = 16$,$R_w = 8$;图 2-30(c)是以 $\dfrac{4\quad 1\quad 1}{1\quad 4\quad 2}\nearrow$ 为基础,$S_w = 2$ 绘作的缓斜纹组织图,$R_j = R_w = 13$。

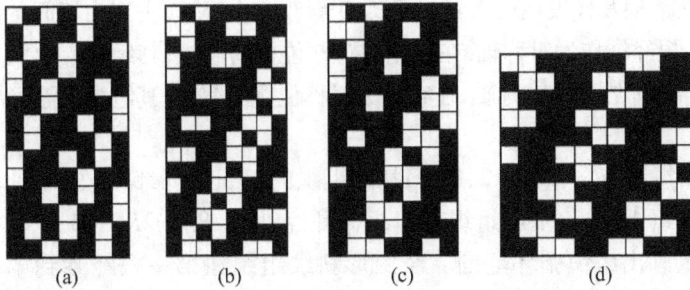

(a)　　　　(b)　　　　(c)　　　　(d)

图 2-29　急斜纹组织图

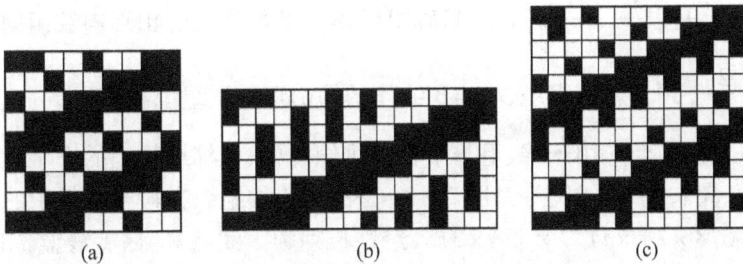

(a)　　　　　　(b)　　　　　　(c)

图 2-30　缓斜纹组织

急斜纹组织一般在棉、毛及仿毛织物中应用较广泛。急斜纹组织织物往往采用较高的经密,布身有明显而突出的斜纹纹路,斜纹线倾斜角较大,织物厚实,适宜制作外衣裤料。图 2-29(b)是缎纹卡其常用的组织,图 2-29(d)是马裤呢常用的组织,此外在精纺毛织物中礼服呢、巧克丁也用急斜纹组织。

（4）山形斜纹组织：它以斜纹组织为基础组织，然后变化斜纹线的方向或改变飞数符号，使斜纹线的方向一半向右斜一半向左斜，形成类似于山峰形状的组织，称为山形斜纹组织。山形斜纹组织根据山峰指向的不同，分为经山形斜纹组织和纬山形斜纹组织两种。当山峰方向与经纱方向相同时，称为经山形斜纹组织，如图 2 – 31 所示；而当山峰方向与纬纱方向相同时，称为纬山形斜纹组织，如图 2 – 32 所示。山形斜纹组织的绘作方法和步骤如下。

图 2 – 31　经山形斜纹组织图　　　　图 2 – 32　纬山形斜纹组织图

① 确定基础组织：一般选用正反面经纬效应接近的加强斜纹组织、复合斜纹组织为基础组织。

② 确定山峰位置 K：K 代表在第 K 根纱后改变斜纹方向，K 值决定山峰间的跨度大小。经山形斜纹组织是以第 K_j 根经纱作为对称轴，在它左右对称位置的经纱，其组织点浮沉规律相同。纬山形斜纹组织是以第 K_w 根纬纱作为对称轴，在它上下对称位置的纬纱，其组织点浮沉规律相同。

③ 确定 R_j、R_w。

a. 经山形斜纹组织：$R_j = 2K_j - 2$，R_w = 基础组织的组织循环纬纱数

b. 纬山形斜纹组织：R_j = 基础组织的组织循环经纱数，$R_w = 2K_w - 2$

④ 在意匠纸上画出组织循环范围。经山形斜纹组织在第一根经纱到第 K_j 根经纱绘作基础组织，然后以第 K_j 根经纱为对称轴，按对称顺序填完整个组织循环；纬山形斜纹组织在第一根纬纱到第 K_w 根纬纱绘作基础组织，然后以第 K_w 根纬纱为对称轴，按对称顺序填完整个组织循环。图 2 – 33（a）是以 $\frac{3}{2}\frac{1}{2}$↗为基础组织，$K_j = 8$ 绘作的经山形斜纹组织。图 2 – 33（b）是以 $\frac{1}{1}\frac{2}{1}\frac{2}{1}$↗为基础组织，$K_w = 8$ 绘作的纬山形斜纹组织。

经山形斜纹组织广泛应用于棉、毛与中长纤维织物中，如棉织物中的人字呢、男线呢、床单，毛织物中的花呢、大衣呢、女式呢等。图 2 – 34 是山形斜纹组织在衬衫面料中的应用，该织物的规格是：$(11.7 + 5.8 \times 2) \times 11.7 \times 598 \times 315$，经纱排列为 1 浅蓝 27 白 1 浅蓝 7 白 9 白 2 中蓝 3 白 2 粉蓝 3 白 2 中蓝 9 白 7 白，其中 7 白是山形斜纹，浅蓝色纱、中蓝色纱和粉蓝色纱是 5.8tex × 2 双股线，白色纱是 11.7tex 单纱；纬纱采用白色纱。

（5）破斜纹组织及其织物：破斜纹组织与山形斜纹组织一样也是由左斜纹和右斜纹组合而成的，它和山形斜纹组织的不同点在于左右斜纹的交界处有一条明显的分界线，在分界线两边的纱线，其经纬组织点相反，亦即在改变斜纹方向线的位置，组织点呈现间断状态，所以称为破

(a)

(b)

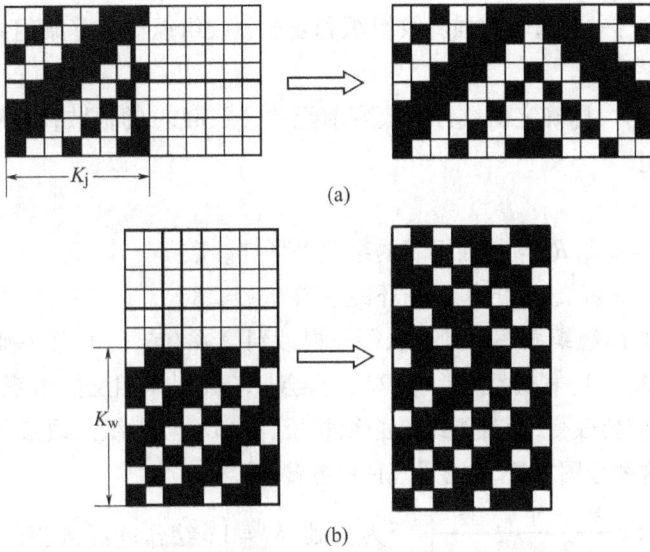

图 2 - 33　山形斜纹组织的画法

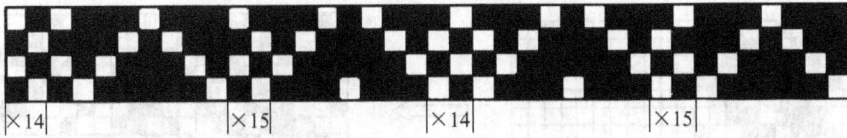

图 2 - 34　山形斜纹组织的应用

斜纹组织。左右斜纹呈破断状的分界线一般称为断界。根据断界所指的方向不同有经破斜纹组织和纬破斜纹组织之分。断界与经纱方向平行的称经破斜纹组织,如图 2 - 35 所示。断界与纬纱方向平行的称纬破斜纹组织,如图 2 - 36 所示。

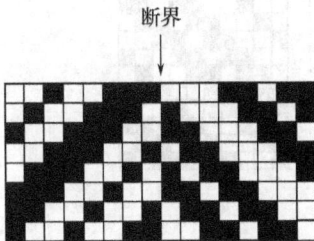

图 2 - 35　经破斜纹组织图

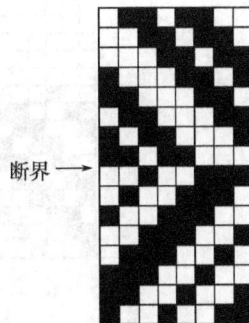

图 2 - 36　纬破斜纹组织图

破斜纹组织的绘作方法如下。

① 确定基础组织：一般选用加强斜纹组织和复合斜纹组织作为基础组织，选用双面斜纹组织作为基础组织效果较好。

② 确定 K_j（或 K_w）：即确定斜纹方向改变前经纱（或纬纱）的根数，K_j、K_w 值的大小应根据织物外观要求来选定。

③ 确定 R_j、R_w。

a. 经破斜纹：$R_j = 2K_j$，$R_w =$ 基础组织的组织循环纬纱数

b. 纬破斜纹：$R_j =$ 基础组织的组织循环经纱数，$R_w = 2K_w$

④ 在意匠纸上画出组织循环范围。从第一根纱到第 K_j（或 K_w），按基础组织填绘组织点。从第 $(K_j + 1)$ 或第 $(K_w + 1)$ 根纱到 $2K_j$ 或 $2K_w$ 填绘与基础组织相反的组织点。即在断界的两侧，不仅斜纹线的方向要改变，而且组织点必须相反，亦即将经组织点改成纬组织点，把纬组织点改成经组织点。这种绘图方法，称之为"底片翻转法"。

图 2 - 37（b）是以 $\dfrac{3\quad 1\quad 2}{2\quad 2\quad 1}\nearrow$ 为基础，$K_j = 11$ 绘作的经破斜纹组织图。图 2 - 37（d）是以 $\dfrac{2\quad 2\quad 1}{1\quad 2\quad 2}\nearrow$ 为基础，$K_w = 10$ 绘作的纬破斜纹组织图。

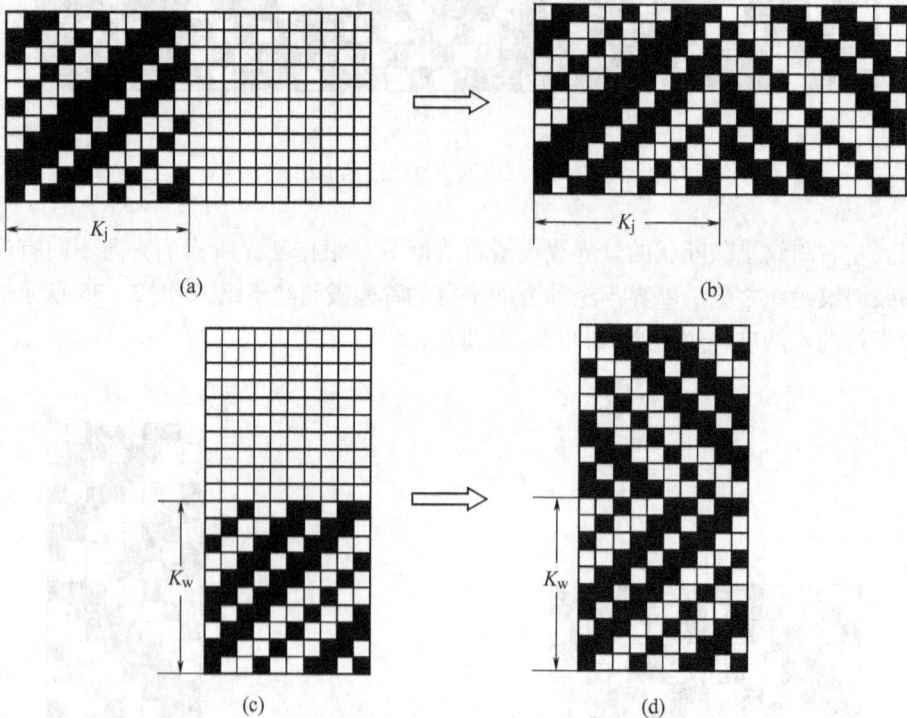

图 2 - 37　破斜纹组织的画法

破斜纹组织具有较清晰的人字纹效应，因此较山形斜纹组织应用较普遍。一般用于棉织物

中的线呢、床单布,毛织物中的人字呢等,也常用于织制毯类织物。图 2-38 是某衬衫面料的上机图,织物规格为:14.6×2×29.2×2×307×236。

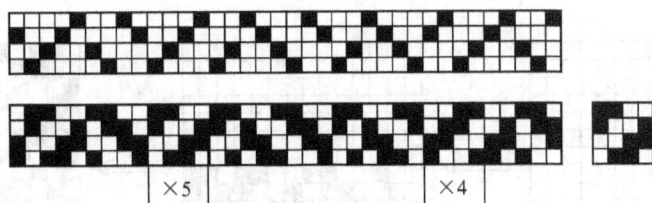

图 2-38 破斜纹组织的应用

(6)菱形斜纹:它将经山形斜纹组织和纬山形斜纹组织或将经破斜纹组织和纬破斜纹组织组合起来,构成具有菱形图案外观的组织称为菱形斜纹组织。菱形斜纹组织是循序采用经山形斜纹组织和纬山形斜纹组织或经破斜纹组织和纬破斜纹组织的绘制方法形成的。其作图方法如下。

① 确定基础组织:常用原组织斜纹组织、加强斜纹组织和复合斜纹组织作为基础组织。

② 确定斜纹线改变方向前的经纱根数 K_j 和纬纱根数 K_w:K_j 和 K_w 可以相等,也可以不相等。

③ 确定组织循环的大小:若按山形斜纹组织构成菱形斜纹组织,则 $R_j = 2K_j - 2$,$R_w = 2K_w - 2$;若按破斜纹构成菱形斜纹组织:$R_j = 2K_j$,$R_w = 2K_w$

④ 填绘组织图。

a. 在 K_j、K_w 范围内,按基础组织画出菱形斜纹组织的基础部分。

b. 若按山形斜纹组织构成菱形斜纹组织,则按照山形斜纹组织的画法画出经山形斜纹组织,以第 K_w 根纬纱为对称轴,画出其余部分,如图 2-39 所示是以 $\frac{2}{2}\frac{1}{2}\nearrow$,$K_j = K_w = 7$ 绘作的菱形斜纹组织。

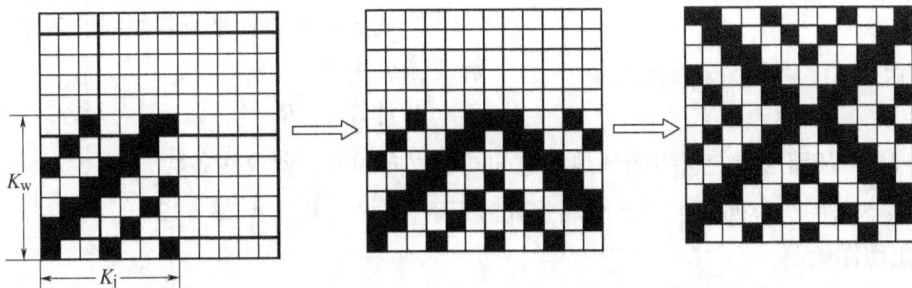

图 2-39 按山形斜纹组织构成的菱形斜纹组织图

c. 若按破斜纹构成菱形斜纹组织,则按照破斜纹组织的画法画出经破斜纹组织,再根据破斜纹组织的"底片翻转"关系,画出菱形斜纹组织的其余部分,如图 2 - 40 所示是以 $\dfrac{2}{2}\ \dfrac{1}{2}\nearrow$,

$K_j = K_w = 7$ 绘作的菱形斜纹组织。

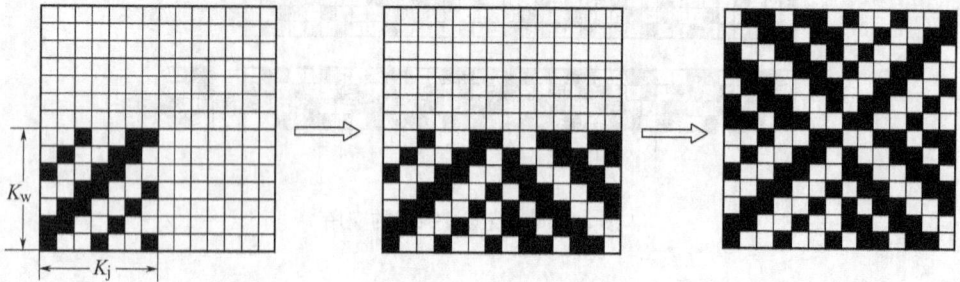

图 2 - 40　按破斜纹组织构成的菱形斜纹组织图

　　菱形斜纹组织花型对称,变化繁多,花纹细致美观,一般用于棉织物的女线呢、床单布,毛织物中的各种花呢等。图 2 - 41 是某衬衫面料的上机图,该织物规格为:CVC60/40 7.4 × 2 × CVC60/40 7.4 × 2 × 452.5 × 307。

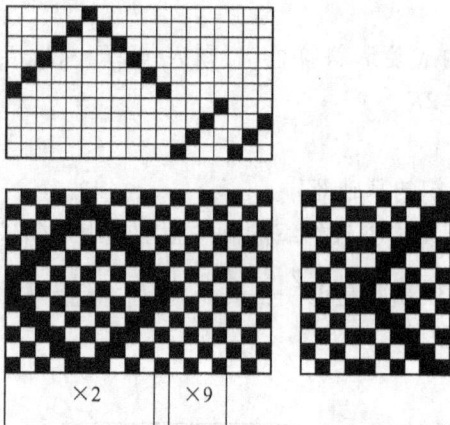

图 2 - 41　菱形斜纹组织的应用

　　(7)芦席斜纹组织:芦席斜纹由一部分右斜纹和一部分左斜纹组合而成,其图案外观好像编织的芦席。

　　芦席斜纹组织的作图方法如下(以 $\dfrac{2}{2}$ 斜纹为基础,同一方向的斜纹线为 3 条作芦席斜纹组织图为例)。

　　① 确定基础组织:通常选择 $\dfrac{2}{2}$、$\dfrac{3}{3}$、$\dfrac{4}{4}$ 加强斜纹组织为基础组织。

　　② 确定同一方向平行斜纹线的条数:通常为 2 条、3 条或 4 条。

　　③ 计算 R_j、R_w。

$R_j = R_w =$ 基础组织的组织循环纱线数 × 同一方向的平行斜纹线条数。

如本例中,同一方向的平行斜纹线条数为 3 条,则 $R_j = R_w = 4 \times 3 = 12$。

④ 组织图绘制。

a. 把组织循环沿经向分为左右相等的两部分,然后在左半部从左下角开始,按基础组织描绘第一条斜纹线,如图 2 - 42(a)所示。

b. 在右半部,从第一根斜纹线的顶端向上移动基础组织的连续组织点数,以此作为起点,绘作第一条左斜纹,如图 2 - 42(b)所示。

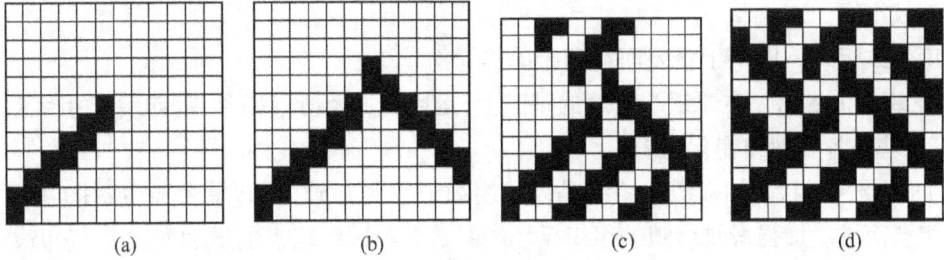

图 2 - 42　芦席斜纹组织的画法

c. 将第一条右斜纹线向左下方移动连续组织点数,绘作第二条右斜纹线,其长度与第一条右斜纹线相同且与左斜纹线不相交。其他各条右斜纹线绘作方法与第二条相同,如图 2 - 42(c)所示。

d. 将第一条左斜纹线向右上方移动连续组织点数,绘作第二条左斜纹线,其长度与第一条左斜纹线相同且与右斜纹线不相交。其他各条左斜纹线绘作方法与第二条相同,如图 2 - 42(d)所示。

图 2 - 43(a)是以$\frac{2}{2}$加强斜纹组织为基础组织,同一方向的平行斜纹线有 2 条的芦席斜纹组织;图 2 - 43(b)是以$\frac{2}{2}$加强斜纹组织为基础组织,同一方向的平行斜纹线有 4 条的芦席斜纹组织;图 2 - 43(c)是以$\frac{3}{3}$加强斜纹组织为基础组织,同一方向的平行斜纹线有 3 条

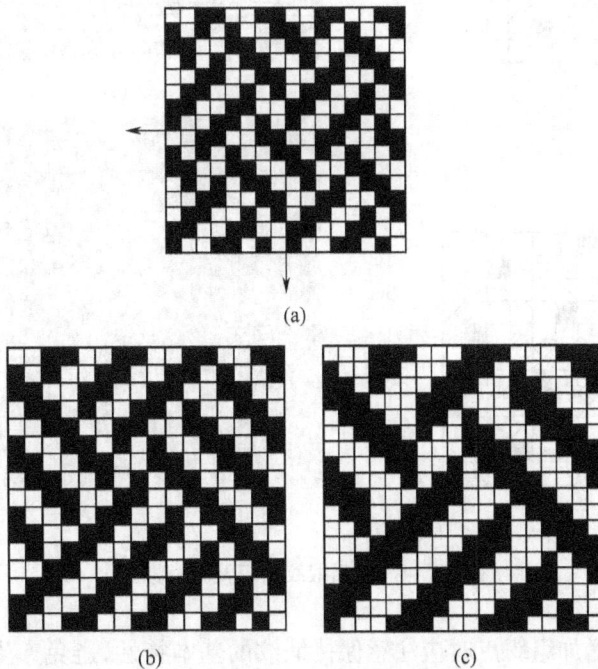

图 2 - 43　几种芦席斜纹组织图

的芦席斜纹组织。

芦席斜纹组织一般用于服装面料和床单等织物。

3. 缎纹变化组织　在原组织缎纹的基础上,运用增加经(或纬)组织点、变化组织点飞数等方法,可以获得各种缎纹变化组织。

(1)加强缎纹组织:加强缎纹组织是以原组织缎纹为基础,在其单个经(或纬)组织点四周添加组织点而成。加强缎纹组织的组织循环纱线数并不因组织点的增加而改变,它仍等于基础组织的组织循环纱线数。如图2-44(a)所示是 $\dfrac{8}{5}$ 的纬面加强缎纹组织,图2-44(b)是它的模拟图;图2-44(c)所示是 $\dfrac{11}{7}$ 的纬面加强缎纹,图2-44(d)是它的模拟图。采用图2-44(c)组织图制织时,若配以较大的经密,就可以获得正面外观如斜纹(华达呢),而反面呈现出经面缎纹组织的外观效应,因此将这种组织又称为缎背华达呢。

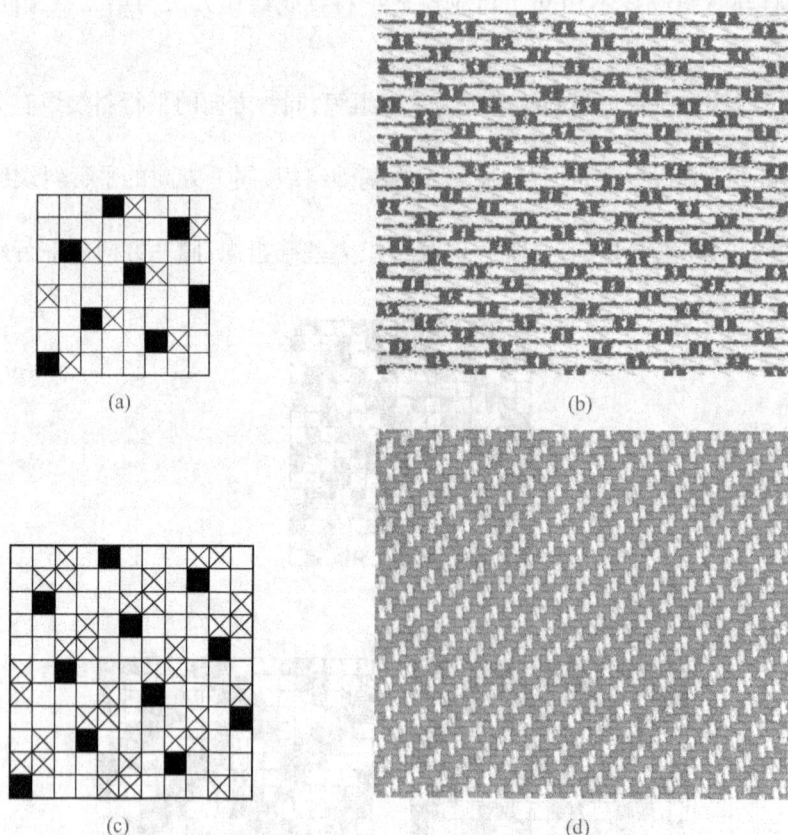

(a)

(b)

(c)

(d)

图2-44　加强缎纹组织及其模拟图

加强缎纹组织在增加组织点时应注意保持缎纹的基本特性,避免产生斜向纹路,通过增加组织点增加织物的坚牢度,并获得新的织物外观和风格。

（2）变则缎纹组织：在一个组织循环内，飞数始终不变的缎纹组织，称为正则缎纹组织。如果在一个组织循环内，飞数采用几个不同的数值，则构成的缎纹组织就称为变则缎纹组织或不规则缎纹组织。变则缎纹组织仍可保持缎纹织物的外观。在原组织缎纹中，当 $R=4$、6 时，不能构成正则缎纹组织，但由于设计的要求，在需要采用 4 枚、6 枚缎纹组织时，就必须使飞数为变数，构作变则缎纹组织，如图 2-45 所示，(a)、(b) 是 4 枚变则缎纹组织，(c)、(d) 是 6 枚变则缎纹组织。

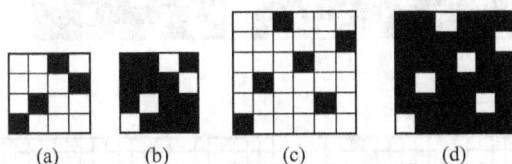

图 2-45　变则缎纹组织图

变则缎纹组织在各类织物中应用广泛，常与其他组织搭配使用，形成不同的织物外观效应。4 枚变则缎纹组织由于浮长线只有 3 个组织点，缎纹效果与 5 枚缎纹组织差不多且浮长线不长，布身紧密厚实，穿综只用 4 片综，所以较六枚变则缎纹组织常见。在工厂一般对图 2-45(a) 称为 $\frac{1}{3}$ 破斜纹组织，图 2-45(b) 称为 $\frac{3}{1}$ 破斜纹组织。$\frac{1}{3}$ 破斜纹组织或 $\frac{3}{1}$ 破斜纹组织在棉织物中应用广泛，常被用于制织服装面料。图 2-46 是变则缎纹组织与其他组织配合使用时的设计实例，图 2-46(a)、(b) 由衬衫面料分析而得。图 2-46(c)、(d) 是两种衬衫面料的上机图，图 2-46(c) 的织物规格为：JC11.7×JC11.7×543×299，图 2-46(d) 的织物规格为：T/C 65/35 7.4×2×T/C 65/35 13.1×496×330.5。

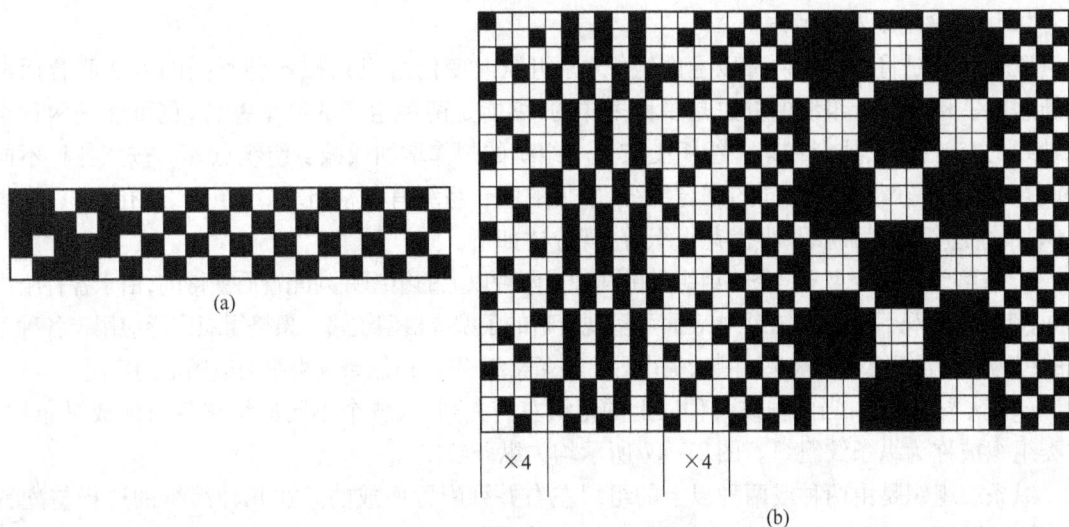

(a)

(b)

图 2-46

(c)

(d)

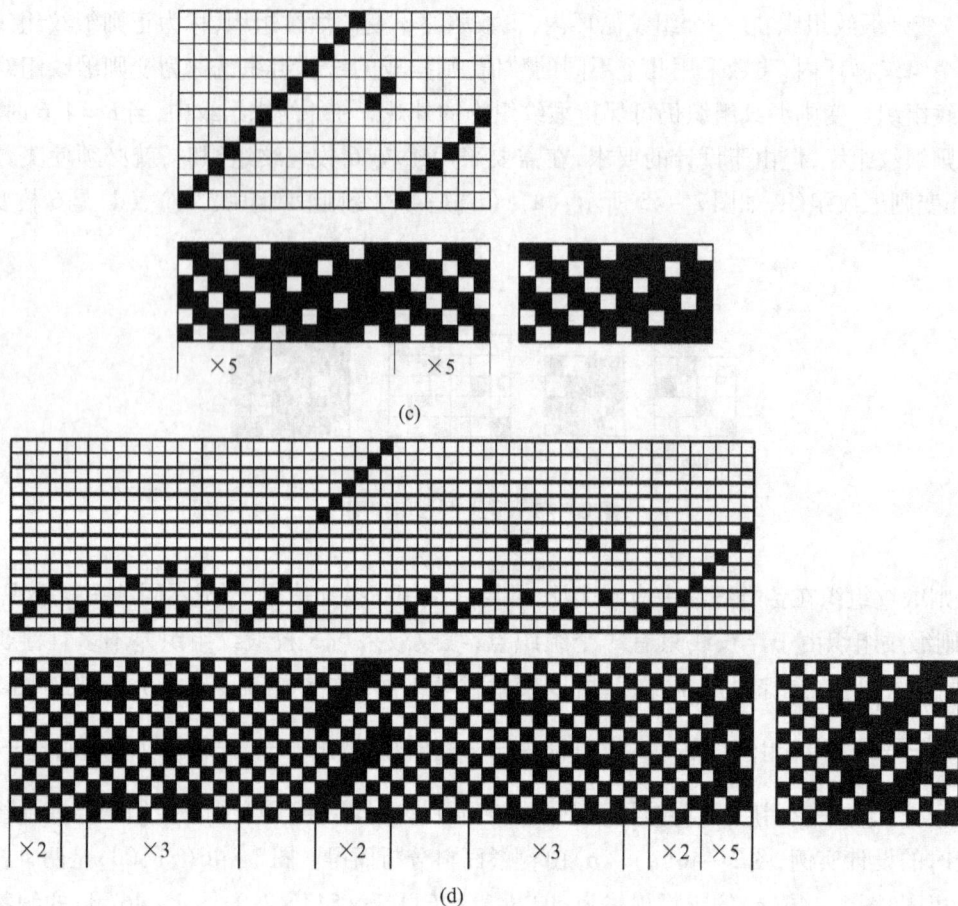

图 2-46　变则缎纹组织的应用

（三）联合组织及其应用

联合组织是将两种或两种以上的组织（原组织或变化组织），按各种不同的方法联合而成的新组织。构成联合组织的方法是多种多样的，可能是两种组织的简单并合，也可能是两种组织纱线的交互排列，或者在某一组织上按另一组织的规律增加或减少组织点等。按照各种不同的联合方法，可获得多种不同的联合组织，常见的联合组织有条格组织、绉组织、透孔组织、蜂巢组织、凸条组织、网目组织、小提花组织等，现分述如下。

1. 条格组织及其应用　条格组织是由两种或两种以上的组织并列配置而获得的，由于各种组织不同，其织物外观不同，因此在织物表面可呈现清晰的条型或格型纹路。条格组织广泛应用于各种不同的织物，如服装用织物、被单、手帕、头巾等。在条格组织中，以纵条纹组织的应用最为广泛。

（1）纵条纹组织：当两种或两种以上的组织左右并列时，各个不同的组织各自形成纵条纹，此类组织被称为纵条纹组织。图 2-47 所示均为纵条纹组织。

纵条纹组织是由两种或两种以上的组织左右并列配置而成的。在几种组织的选择与配置时，务必保证条纹清晰和便于织造。为此，绘作纵条纹组织时应注意以下几点。

① 各条纹交界处的相邻两根经纱上组织点的配置最好是经纬浮点相反，以使界线分明，如

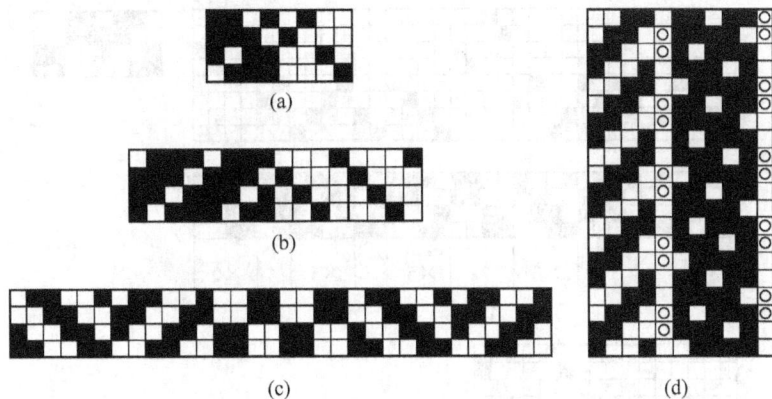

图 2-47 纵条纹组织图

图 2-47(a)中的第 4 与第 5 根经纱、第 1 与第 8 根经纱上经纬组织点的配置。

② 如果各条纹交界处相邻两根经纱不能配成经纬浮点相反,那么为使条纹分界清晰,可在两条纹交界处镶嵌一根另一组织或另一颜色的纱线,如图 2-47(d)中的第 5 与第 11 根经纱。但要注意尽量不使上机复杂化,即不要增加综片数。

③ 各条纹组织的经纬纱交错次数不宜相差过大。否则,由于各条纹的缩率差异过大容易造成织造困难和织物不平整。如果必须将织缩差异较大的两种组织并列配置时,那么应在设计与工艺上采取一些补救措施。

a. 调整经纱密度,使交错次数较少的那部分经纱具有较大的经密。如图 2-48 所示的纵条纹组织,斜纹部分的经密比平纹部分的经密大。

图 2-48 纵条纹组织

b. 采用双织轴织造。如图 2-49(b)的缎条织物,不但要增加缎纹部分的经密而且要采用双织轴织造。

c. 在准备工序控制不同条纹纱线的张力,即对交错次数较少的那部分经纱,给予较大的张力,使其产生一定的预伸长。如图 2-49(b)的缎条织物,整经时,缎纹部分经纱比平纹部分经纱的张力大。

④ 纵条纹组织的组织循环经纱数是各纵条的经纱数之和。而每一纵条纹中的经纱数,则随条纹的宽度、经纱密度及所采用的组织而定。确定纵条纹经纱数时,首先以每一纵条纹的经纱密度乘以每一纵条纹的宽度,初步得出每一纵条纹的经纱数;然后再加以修正,修正时以使条纹界线清晰,保证布面效果良好为原则;最后,再将每一纵条纹的经纱数相加即可得到纵条纹的经纱根数。为使条纹界线清晰,每一纵条纹的经纱数最好为每筘齿穿入数的整倍数。

纵条纹组织的组织循环纬纱数是各纵条纹所用的基础组织的组织循环纬纱数的最小公倍数。

(a)

(b)

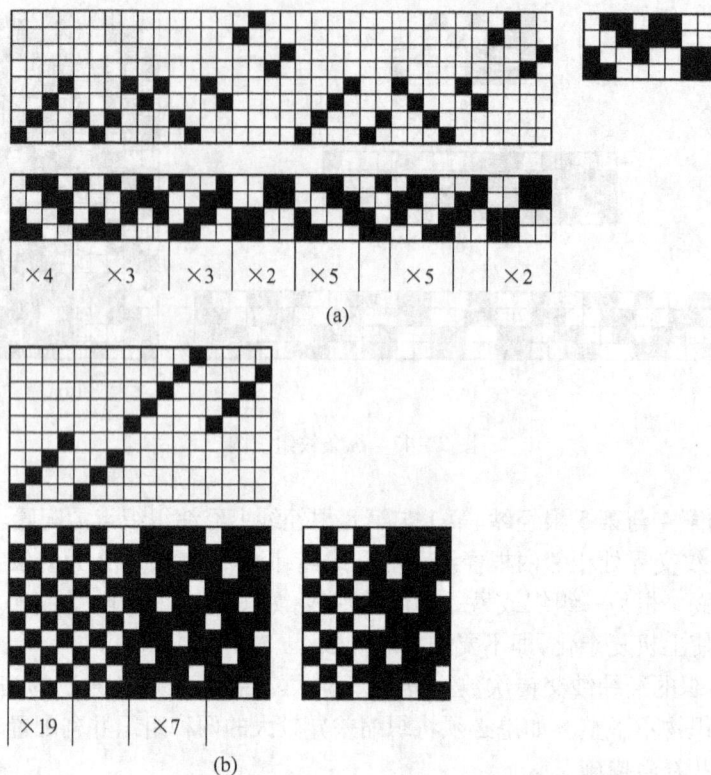

图 2 - 49　纵条纹组织织物的上机图

纵条纹组织可以用比较简单的组织使织物形成美观、大方的纵条花纹,在棉、毛、麻、丝各类织物中均有广泛应用。如图 2 - 49(a)、(b)所示是某棉织厂的设计实例,图 2 - 49(a)织物规格是 14.5 × 2 × 58.3 × 425 × 268;图 2 - 49(b)织物规格是 T/C(65/35)7.4 × 2 × T/C(65/35)13.1 × 472 × 338.5;毛织物中有各种花呢、女式呢等也都采用纵条纹组织。

(2)横条纹组织:横条纹组织较少单独应用,其绘作原则及方法与纵条纹相似,只是以不同的组织上下配列而已。如图 2 - 50 所示是衬衫面料的组织实例。如图 2 - 51 所示也是某棉型

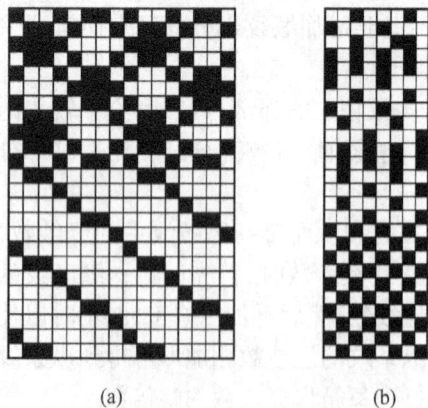

(a)　　　　(b)

图 2 - 50　横条纹组织

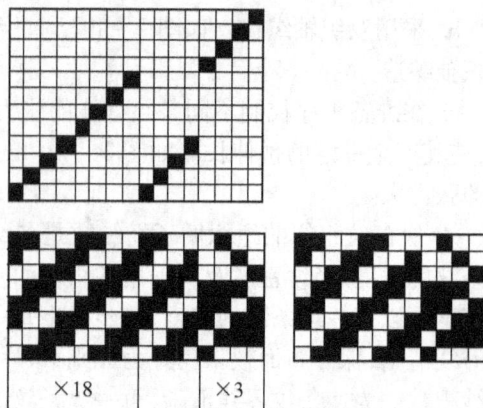

图 2 - 51　横条纹组织的应用

衬衫面料的设计实例,织物规格是 $7.3 \times 2 \times 7.3 \times 2 \times 511.5 \times 338.5$,将横条纹组织与 $\frac{2}{2}$ 斜纹组织搭配使用,可增加花色品种。

(3)方格组织:由不同组织或同一组织的正反面组织既沿纵向又沿横向并列,在织物表面呈现方格效应的组织称为方格组织。基本的方格组织呈正方形,并可将一个完整组织划分成田字形的四等分。也有些方格组织并不成正方形,划分的四部分也可以不相等。方格组织还可以与纵、横条纹组织联合应用。图 2－52 是方格组织的几个实例。

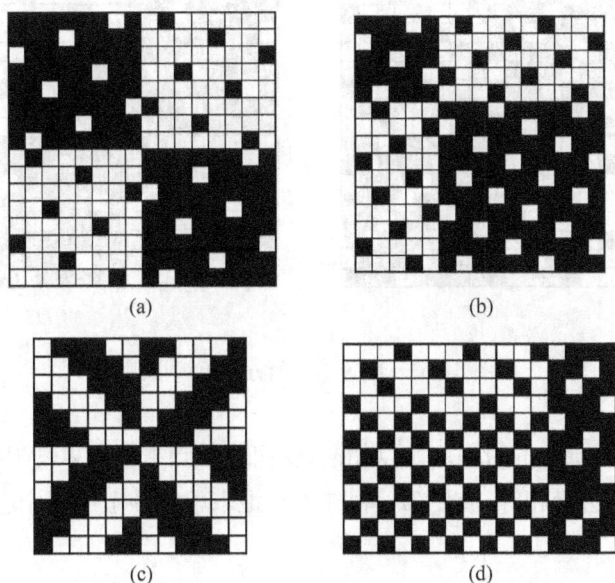

图 2－52　方格组织图

① 由同一组织的正反面组织配置而成的基本方格组织的绘作方法如下。

a. 选择某种经(或纬)面组织作为基础组织。

b. 确定完全组织大小,并将完整组织划分成田字形的四等分。

c. 将基础组织填入完整组织的左下角部分。

d. 按"底片翻转法"逐一填绘其他三部分组织。

图 2－52(a)、(c)即为按此法绘作而成的方格组织,图 2－52(b)也是按此法绘作的,只是四个部分并不相等,图 2－52(d)是由三种不同组织构成的方格组织。在实际设计中,也可选用四种不同组织,分别配置在田字形的四个部分来构成方格组织。

② 绘作方格组织时注意以下问题。

a. 四个等分组织的交界处必须界线分明。采用正反面组织时,交界处相邻两根纱线的组织点相反,界限必然是分明的。如不是由正反面组织构成时,则可参照纵(横)条纹组织的相应办法来使两组织的交界处界线分明。

b. 应防止四个等分组织的共同交界处(即完整组织的中央)出现平纹组织点,否则完全组织的中央会呈现"低洼"状态,如图2-53(b)所示。而图2-52(a)、(b)、(c)等方格组织就避免了这种状态,织物平整。

c. 采用正、反面组织配置方格组织时,处于对角位置的部分,不仅组织相同,而且它们的起始点也应相同。这样可以使织物外观显得整齐美观,如图2-52(a)所示。否则会破坏组织的连续性,从而影响织物的美观,如图2-53(a)所示。

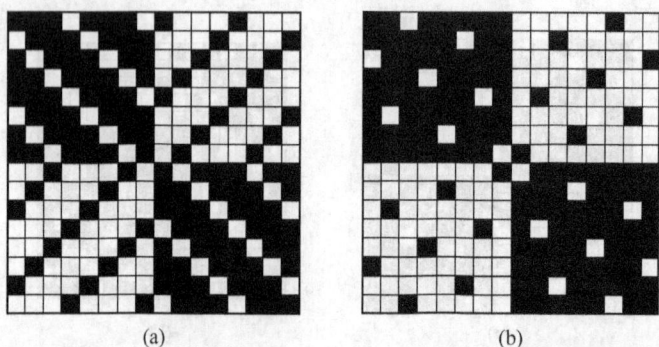

图2-53　配置不良的方格组织举例

要使方格组织对角位置的组织起始点相同,就应使基础组织的第一根经纱与最末根经纱上的两个组织点距上、下边缘相等,或使第一根纬纱与最末根纬纱上的两个组织点距左、右边缘相等,如图2-54所示。

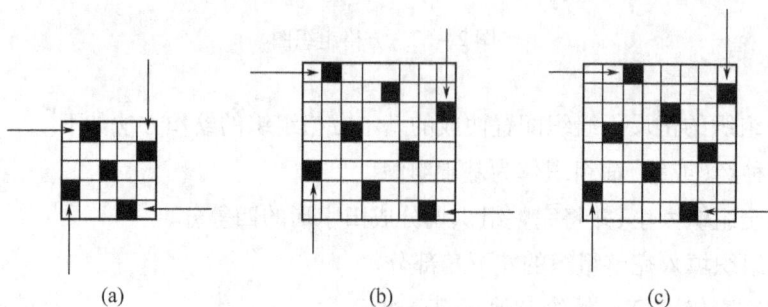

图2-54　基础组织的正确起点

方格组织在棉、毛、丝织物中均有应用。图2-55所示为两种方格织物的上机图,从图中可以看出,这些织物上机采用的穿综方法是间断穿法。

将纵、横条纹联合起来可以构成另一类格子组织,图2-56是格子组织的结构图。图2-57是某种格子衬衫面料的上机图。格子组织最典型的织物是缎条手帕,其组织图如图2-58所示,其地组织为平纹,缎条部分为四枚不规则缎纹,采用八页综间断穿法。由图2-58可以看

(a)

(b)

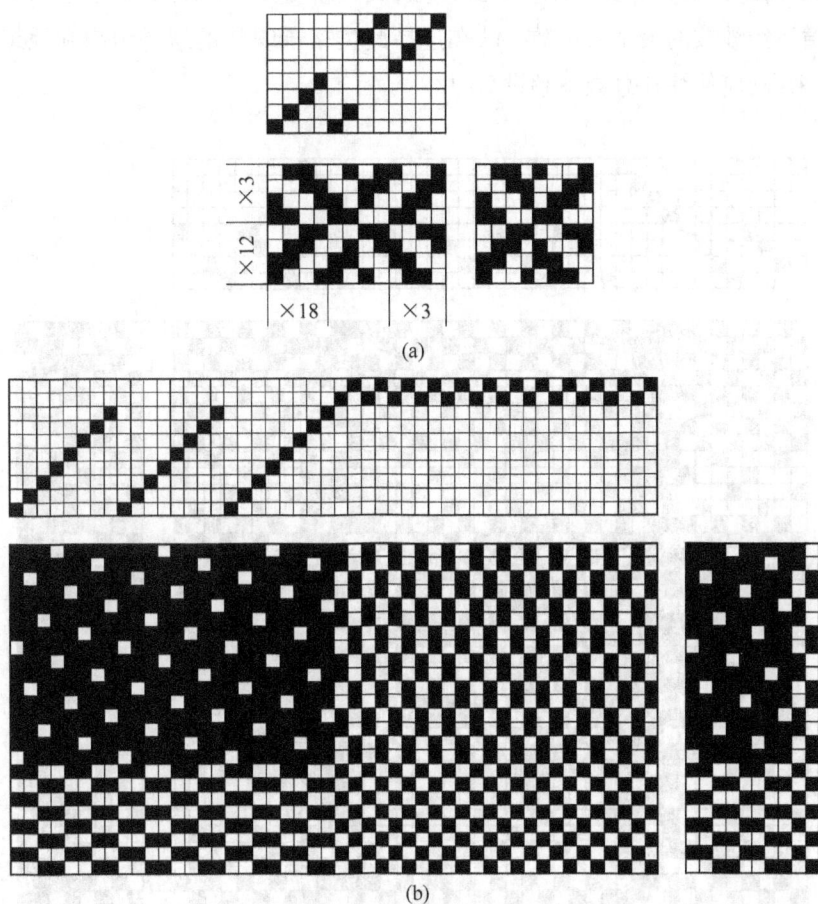

图 2-55　方格组织织物上机图

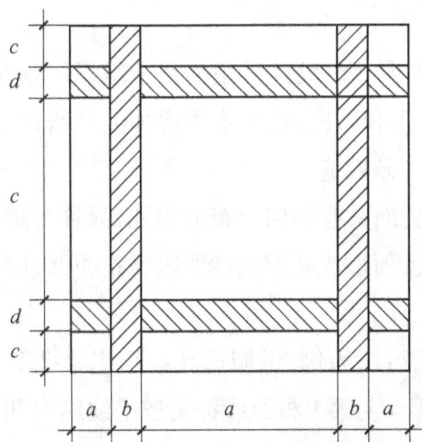

图 2-56　格子组织结构图

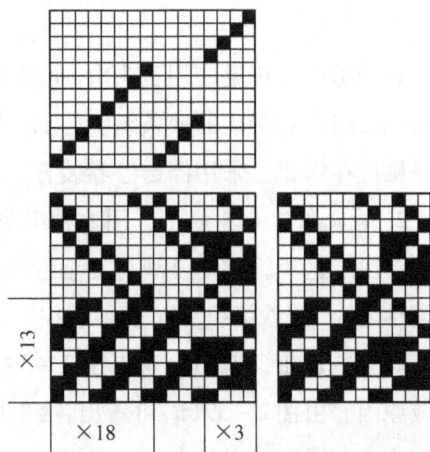

图 2-57　格子组织织物的上机图

出,经向缎条所需综片数等于其组织循环经纱数;其余部分所需综片数等于地组织与纬向缎条两者的组织循环经纱数的最小公倍数。故在选择此类格子织物的缎条组织和地组织时需顾及综片数,一般来说,应使综片总数不超过20片。

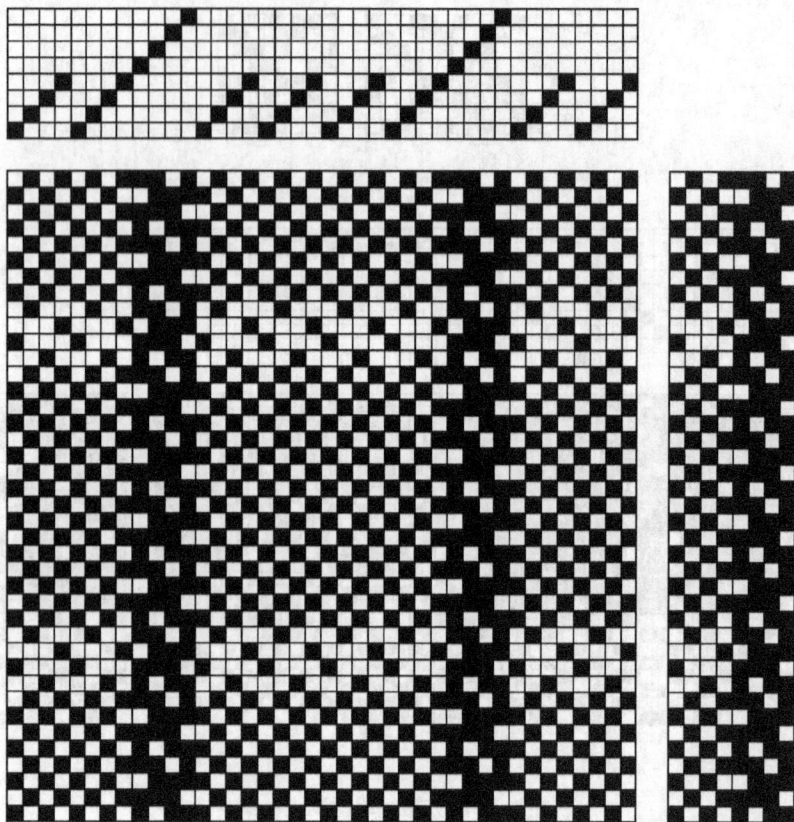

图2-58 手帕类格子组织图

这种组织还广泛应用于头巾、桌布等服饰与装饰织物中。在设计手帕类格子组织织物时,还应加大组织点稀疏的嵌条组织(通常为缎纹组织)的经密和纬密,经向嵌条应加大经密;纬向嵌条则应在织机上采用停送停卷装置,以增加纬密,突出缎条效应。

2. 透孔组织及其应用 用这种组织织成的织物,其表面具有均匀分布的小孔,故称为透孔组织。由于这类织物的外观与复杂组织中由经纱相互扭绞而形成孔隙的纱罗织物相类似,因此又常称之为"假纱组织"或"模纱组织"。

(1)透孔的形成原理:现以图2-59所示的典型透孔组织为例,说明透孔组织织物孔隙的形成原因。由图2-59(a)可看出,第3与第4根经纱及第6与第1根经纱都是按平纹组织和纬纱相交织,其经、纬组织点相反,故第3与第4根经纱及第6与第1根经纱就不易互相靠拢。另外,在第2与第5根纬纱浮长线的作用下,使第1、第2、第3根经纱向一起靠拢,第4、第5、第6

根经纱也向一起靠拢,因此,在第3与第4根经纱之间及第6与第1根经纱之间就形成了纵向的缝隙。同理,在第3与第4根纬纱之间及第6与第1根纬纱之间形成横向缝隙。这样就使织物表面出现了孔眼,如图2-59(b)所示,○处为孔眼位置。

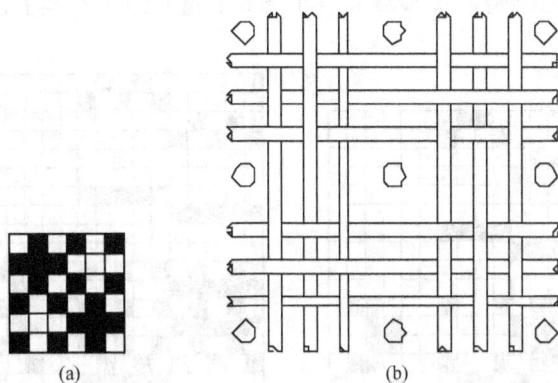

图2-59 透孔形成示意图

(2)透孔组织的绘作方法。

① 确定组织循环的大小。透孔组织的组织循环经、纬纱数相等,即 $R_j = R_w$,通常为6、10、14,也有取8的。

② 将一个完全组织划分成田字形的四等分。

③ 每一等分的经、纬纱数为奇数。先在左下角的区域内填以平纹组织点,再将其中偶数根的经、纬纱全部改成纬组织点。

④ 按"底片翻转法"填绘其他三部分的组织点。

例:绘作一个组织循环纱线数为6的透孔组织。

将组织循环经、纬纱数为6的区域划分为四等分。每一部分的经、纬纱数等于3。在左下角区域中填入平纹组织,如图2-60(a)所示,然后将此区域中的第2根经纱与第2根纬纱全部填为纬组织点,如图2-60(b)所示,再按"底片翻转法"填绘其他三个区域,如图2-60(c)所示。

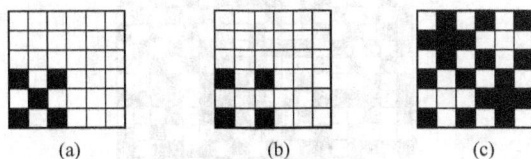

图2-60 透孔组织的绘作方法

组织循环经、纬纱数为8的透孔组织是一种特殊情况。将组织循环经、纬纱数为8的区域划分为四等分后,每一小区域的经、纬纱数等于4。将左下角区域中的第2、第3根经纱与第2、第 3 根纬纱全部填为纬组织点,其余均填为经组织点,然后按"底片翻转法"填绘其他三个区域,如图 2−61(a)所示。

(3)透孔组织的应用。

图 2−61(a)为组织循环经、纬纱数 $R_j = R_w = 8$ 的透孔组织及其上机图。

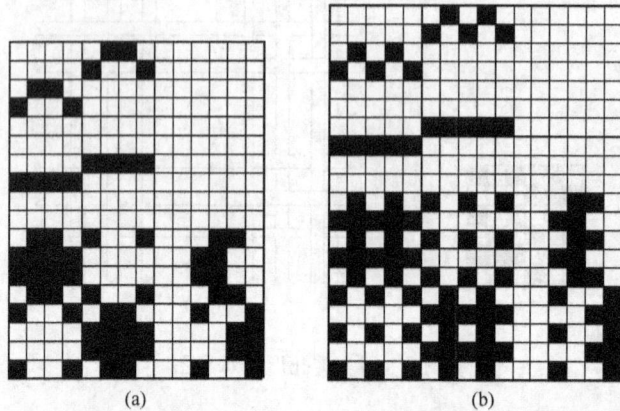

(a)　　　　　　　　(b)

图 2−61　透孔组织上机图

图 2−61(b)为组织循环经、纬纱数 $R_j = R_w = 10$ 的透孔组织及其上机图。

透孔组织的浮线长度对透孔效应有很大影响,浮线越长,孔眼越大。但浮线太长,织物就将过于松软,故一般衣着织物常用的透孔组织,其浮长很少超过 5 个组织点。在实际生产中,常采用其他组织与透孔组织联合制成优美的花式透孔织物,如图 2−62(a)、(c)即是与平纹组织联合构成的花式透孔组织。

透孔组织在棉、麻、丝等轻薄织物中应用较多,一般可作稀薄的夏季服装用织物,主要取其多孔、轻薄、易于散热透气等特点。图 2−62(b)是某衬衫面料的上机图,图 2−62(c)是丝织物运用透孔组织与平纹组织互相配置形成的小花纹织物的上机图。此外,透孔组织尚可用于制织银幕布,在轻薄毛织物中也有应用,图 2−62(a)就是某毛涤花呢的组织图。

(a)

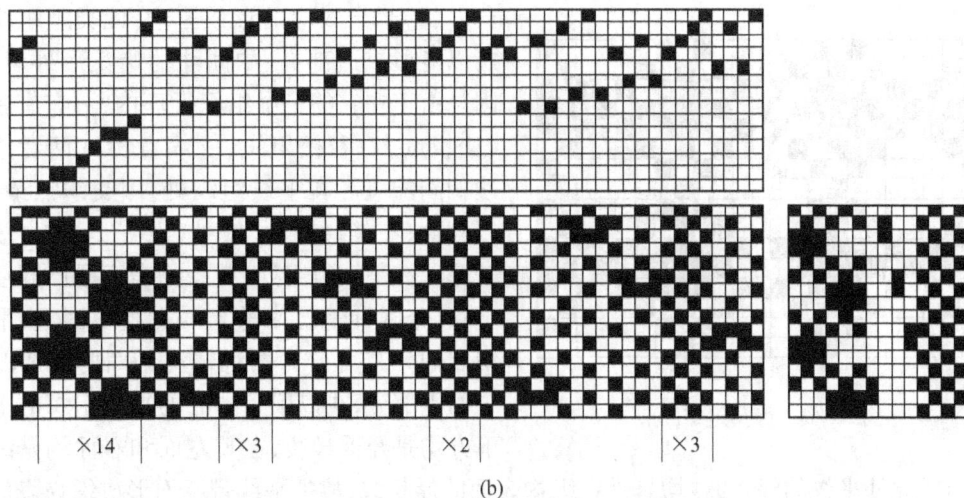

(b)

| ×14 | ×3 | ×2 | ×3 |

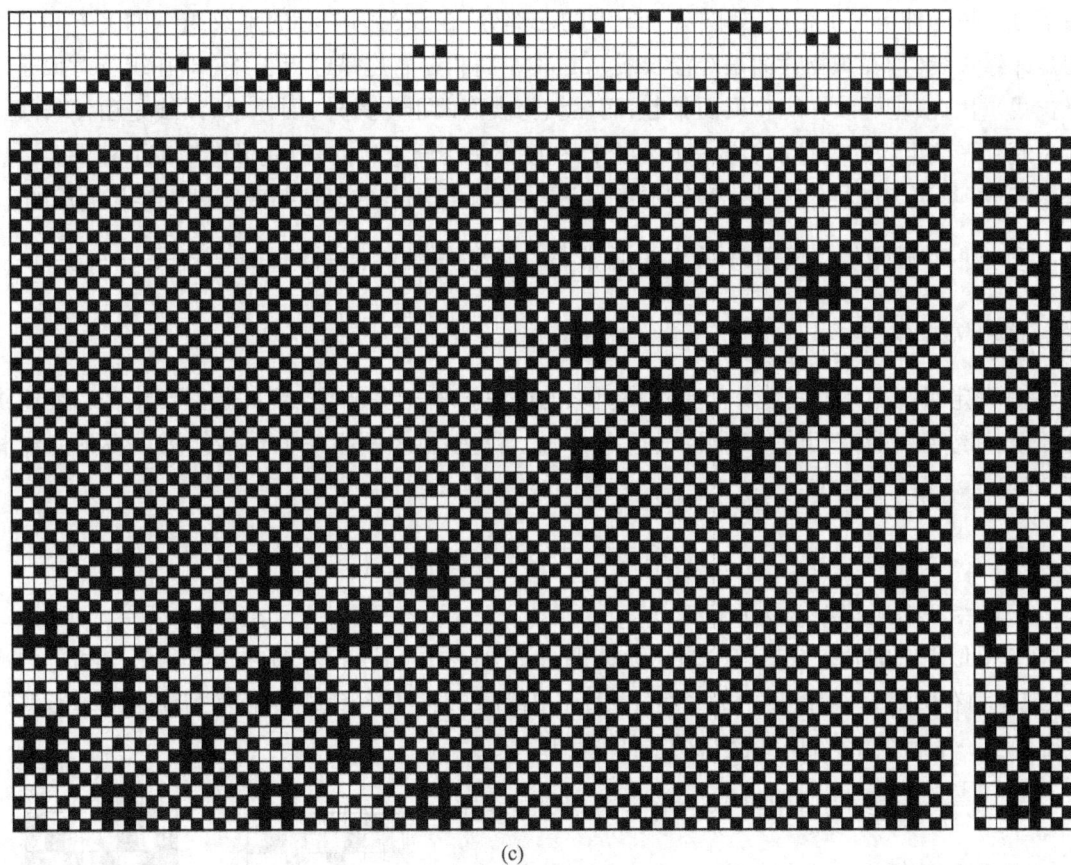

(c)

图 2-62 花式透孔组织图

3. 蜂巢组织及其应用 因采用这种组织的织物,其表面形成规则的边高中低的四方形凹凸花纹,状如蜂巢,故称为"蜂巢组织"。

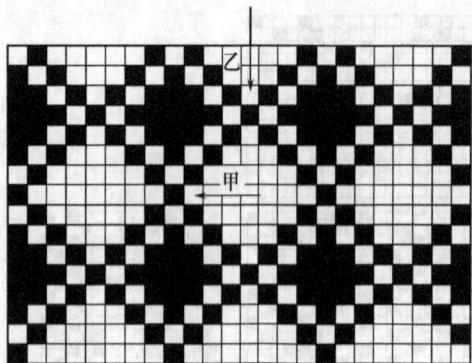

图2-63　蜂巢组织图

（1）蜂巢效应的形成原理：此类组织织物之所以能形成边部高、中间洼的蜂巢形外观，其原因是由于在它的一个组织循环内，分布有紧组织（交织点多）和松组织（交织点少），两者逐渐过渡相间配置。在平纹组织处，因交织点最多，所以较薄；在经、纬浮长线处，没有交织点，故织物较厚。在平纹组织处，其织物表面是凸起还是凹下，可分两种情况来分析。在组织图上，平纹组织点的分布可分为两种情况，一种是如图2-63中的甲部分，在以甲为中心的平纹组织的上方和下方均是经浮长线，在其左面和右面均是纬浮长线，因组成此处平纹的经、纬纱均是浮在织物表面的浮长线，故把平纹带起而形成织物表面凸起的部分。另一种情况正相反，如图2-63中的乙部分，在以乙为中心的平纹组织的上方和下方均是纬浮长线（即在织物背面是经浮长线），在其左面和右面均是经浮长线（即在织物背面是纬浮长线），因此，把平纹在织物反面带起，而在织物表面凹下。另外，因经、纬浮线是由浮长线逐渐过渡到平纹组织的，所以，织物表面的凹凸程度亦是逐渐过渡的，由此形成蜂巢形外观。

（2）蜂巢组织的绘作方法：简单蜂巢组织是在单个组织点的菱形斜纹基础上绘作而成的。

① 选取基础组织。简单蜂巢组织通常是以原组织的纬面斜纹，如$\frac{1}{3}$、$\frac{1}{4}$、$\frac{1}{5}$、$\frac{1}{6}$等为基础组织。

② 确定组织循环纱线数。简单蜂巢组织的组织循环经纱数等于组织循环纬纱数。此组织循环经、纬纱数与具有相同基础组织、且 $K_j = K_w = $ 基础组织的组织循环纱线数的菱形斜纹相等，即：

$$R_j = R_w = 2K_j(K_w) - 2$$

③ 填绘单个组织点的菱形斜纹。

④ 菱形斜纹的斜纹线把整个组织分成四个部分，然后在其相对的两个三角形内和下两部分（或左和右两部分）填绘集中的经组织点，在填绘时，集中的经组织点必须与原来的菱形斜纹线之间空一个组织点。这样就构成了简单蜂巢组织。

例：以$\frac{1}{4}$斜纹为基础组织，绘作简单蜂巢组织图。

（1）确定组织循环的大小：$R_j = R_w = 2K_j(K_w) - 2$
$$= 2 \times 5 - 2 = 8;$$

（2）绘作以$\frac{1}{4}$斜纹为基础，$K_j = K_w = 5$的菱形斜纹，如图2-64（a）所示；

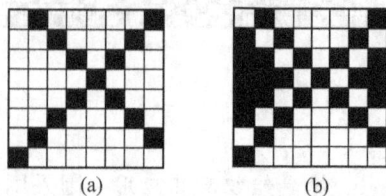

(a)　　　　　(b)

图2-64　简单蜂巢组织的绘作

（3）在其左右两侧对角区域内填绘经组织点，如图2-64（b）所示，即构成蜂巢组织。

将简单蜂巢组织加以变化可以得到变化蜂巢组织。常见的变化蜂巢组织有以下几种。

① 组织循环大小与简单蜂巢相同，在单个组织点菱形斜纹的左斜纹线的下方，隔一个纬组织点，再作一条平行的斜纹线。然后再在左、右两侧对角区域内填绘组织点。填绘时，与双条斜纹线中的一条相连，而与单条斜纹线仍空一纬组织点，如图2-65所示。这种组织具有长方形的蜂巢外观。

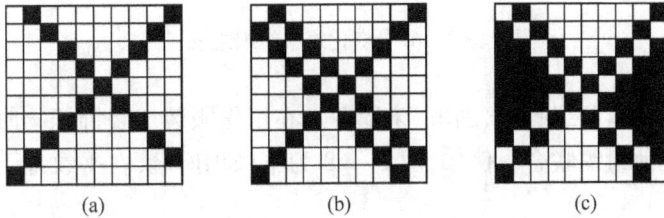

图2-65 变化蜂巢组织之一

② 将单个组织点菱形斜纹变成顶点相对且相隔一纬的上、下两个山形斜纹，如图2-66（a）所示。然后在左、右两侧对角区域内填绘经组织点，如图2-66（b）所示。这种组织具有正方形的外观。但其组织循环经、纬纱数不相等，$R_j = 2K_j - 2$；$R_w = 2K_w$。

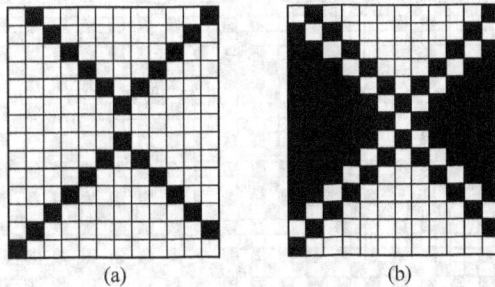

图2-66 变化蜂巢组织之二

③ 在单个组织点菱形斜纹的左斜纹线下方，隔一个纬组织点，再作一条平行的左斜纹线，如图2-67（a）所示。然后在左、右两侧对角区域内填绘经组织点，各成一个菱形区域，其经、纬最长的浮长线等于 $\left(\dfrac{R}{2} - 1\right)$。填绘时，经组织点与双条斜纹线相连，而与单条斜纹线相隔一个纬组织点。再在上、下两对角区域绘两个经组织点菱形，每个菱形上下各半，各与双条斜纹线相连，与单条斜纹线隔一个纬组织点。所绘成的组织图如图2-67（b）所示。这种组织称为勃拉东蜂巢组织。

（3）蜂巢组织的应用：用蜂巢组织所织成的织物外观美观，立体感强，比较松软，富有较强的吸水性，因此在各类织物中均有应用。

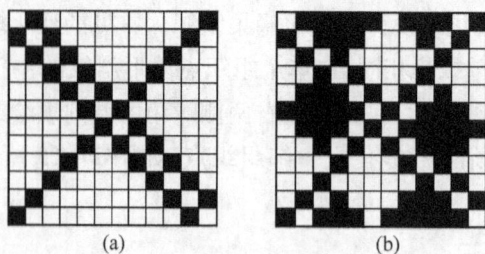

(a)　　　　　　　　　(b)

图 2 - 67　变化蜂巢组织之三

在棉织物中,常用以制织餐巾、围巾、床毯等。在用作服装或装饰织物时,常设计成各种变化蜂巢组织,或与其他组织联合。例如,图 2 - 68 为某涤棉府绸,在平纹地上,以一定花纹点缀若干变化蜂巢组织。

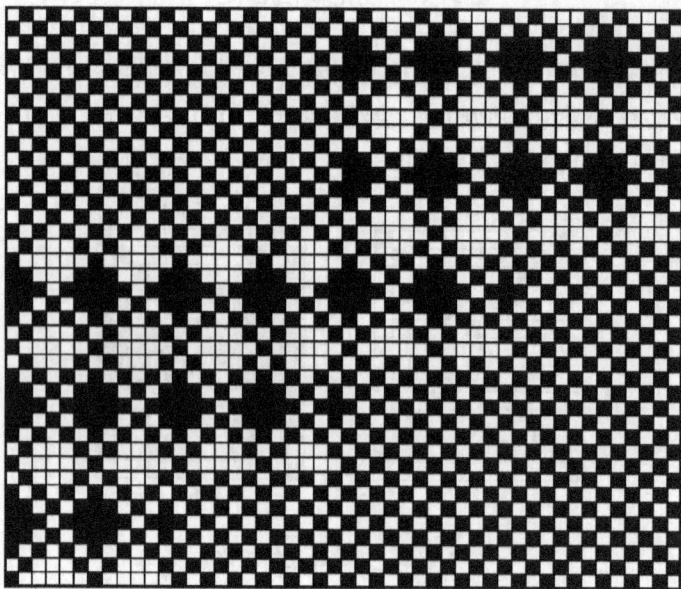

图 2 - 68　某种涤棉府绸提花蜂巢组织图

4. 凸条组织及其应用　使织物表面形成纵向、横向或斜向的凸起条纹,而反面则为纬纱或经纱浮长线的组织,称为凸条组织。凸条组织大致可分为纵凸条、横凸条和变化凸条等几类。图 2 - 69(a)、(b)为基本的纵、横凸条组织及其截面图。

(1)组织配置的特征与凸条效应的形成:凸条组织是由浮线较长的重平组织和另一种简单组织联合而成。其中简单组织起固结浮长线的作用,并形成织物的正面,故称为固结组织。如固结纬重平的纬浮长线,则得到纵凸条纹,固结经重平的经浮长线,则得到横凸条组织。重平组织则利用其浮长线使固结组织拱起,其浮线长度决定着凸条的宽度,故称为基础组织。

- 58 -

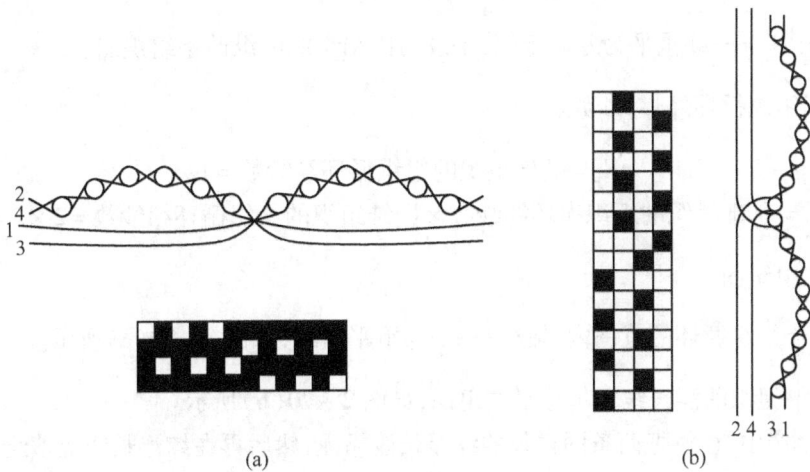

图 2 - 69 凸条组织及其截面图

从图 2 - 69(a)所示的纵凸条组织及其横切面示意图可以看出:某根纬纱,一半在织物正面与经纱交织成平纹,另一半则沉于织物的背面形成长浮线;而相邻的另一根纬纱形成的平纹组织与长浮线(在背面)互易位置;其结果是,间隔排列的纬浮长线由于张力作用,使其所跨越的经纱互相靠拢,固结组织便拱起而形成纵向凸条。在两个纵条的交界处,相邻两根经纱互相交错,交织紧密而显得凹下,使纵向凸条更加凸出而清晰。

凸条的隆起程度与重平组织的浮长、纱线的密度及张力等因素有关。适当增加浮长和纱线张力,可使凸条更加凸起而清晰。固结组织应具有足够密度,以使在织物正面不显露背面的浮长线。

(2)基本凸条组织的绘作方法。

① 选定基础组织与固结组织。

a. 固结组织应根据织物外观的要求来选择,最常用的是平纹,也可选用$\frac{1}{2}$或$\frac{2}{1}$斜纹组织。

b. 基础组织常选用$\frac{4}{4}$或$\frac{6}{6}$重平组织等。浮长线一般不小于 4 个组织点,且应为固结组织的组织循环纱线数的整倍数。浮线过短,条纹太细,不明显;浮线过长,织物过于松软,亦非所宜。

② 确定组织循环纱线数。纵凸条组织的组织循环纱线数可按下式计算:

$$R_j = 基础组织的组织循环经纱数$$
$$R_w = 基础组织的组织循环纬纱数 × 固结组织的组织循环纬纱数$$

由此将组织循环经、纬纱数的计算公式互换,则可用于计算横凸条组织的组织循环经、纬纱数。

③ 填绘组织图。

a. 在一个组织循环的范围内,填绘基础组织。

b. 在重平组织的浮长线上填绘固结组织。

例:绘作以$\dfrac{6}{6}$纬重平为基础组织,平纹为固结组织的纵凸条组织图。

(1)计算组织循环经、纬纱数。

$$R_j = 基础组织的组织循环经纱数 = 12$$

$$R_w = 基础组织的组织循环纬纱数 × 固结组织的组织循环纬纱数 = 2 × 2 = 4$$

(2)绘作组织图。

① 在一个组织循环的范围内,填绘$\dfrac{6}{6}$纬重平组织,如图2-70(a)所示。

② 在重平组织的浮长线上填绘平纹组织,如图2-70(b)所示。

在实际生产中,往往把两条同样长的纬浮长线靠拢,然后再在纬浮长线上填绘固结组织,如图2-70(c)、(d)所示。

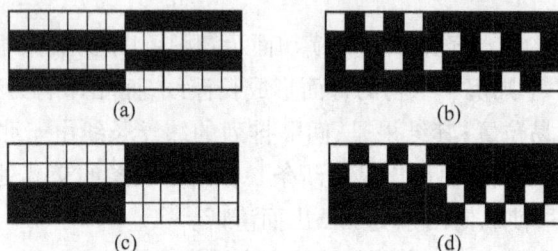

(a)　　　　　　　　　(b)

(c)　　　　　　　　　(d)

图2-70　凸条组织的绘作

为使凸条纹更加隆起与清晰,可在两凸条之间加入两根平纹组织,如图2-71中的第7、第8根经纱及第15、第16根经纱;也可以在每一凸条中间嵌入几根较粗的纱作为芯线,如图2-72

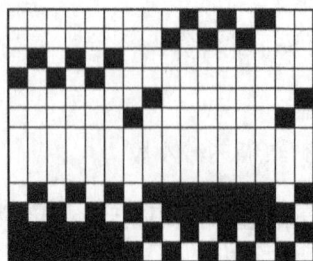

图2-71　加入平纹的凸条组织图　　　　图2-72　加平纹加芯线的凸条组织图

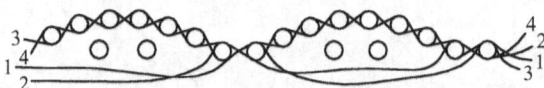

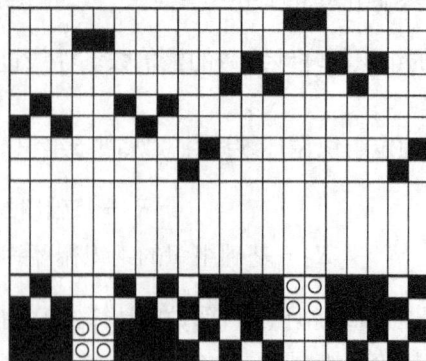

图中第 4、第 5 根经纱及第 14、第 15 根经纱即是芯线。由织物的横切面图中可看出:芯线不与任何一根纬纱相交织,它浮于纬浮长线之上,而沉于平纹组织之下,它只起衬垫作用,故可以使用较差原料的纱线。

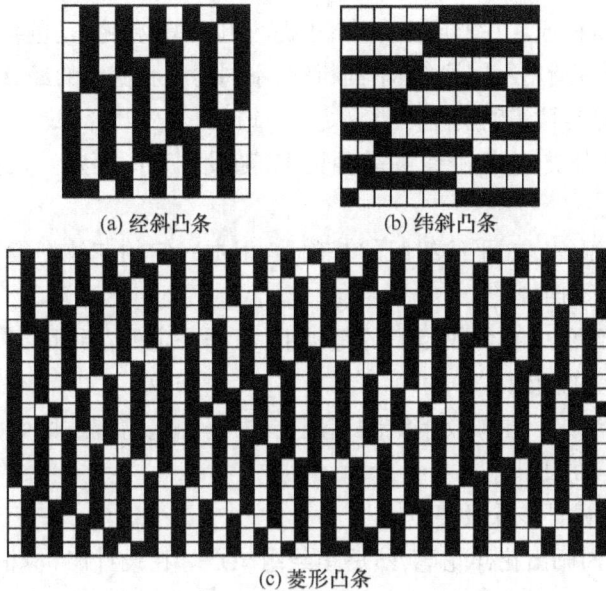

(a) 经斜凸条   (b) 纬斜凸条

(c) 菱形凸条

图 2-73   变化凸条组织图

(3) 凸条组织的变化与应用:凸条组织除了有纵向和横向凸条以外,还有斜向凸条、正反凸条和按一定图案配置的花式凸条组织等(图 2-73)。图 2-74 为某衬衫面料的上机图。

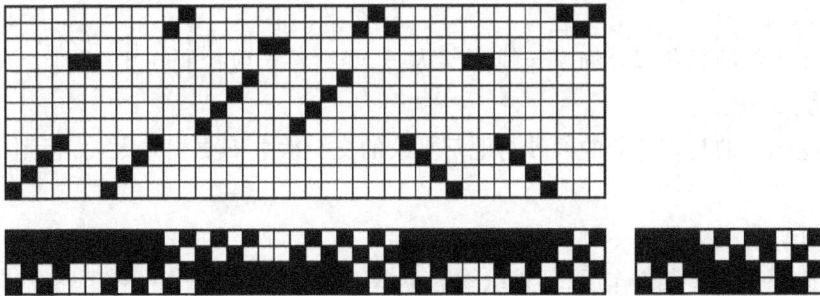

图 2-74   某凸条织物的上机图

凸条组织织物立体感强,质地松厚,富有弹性,花型变化多,装饰性强,在各类织物中均有应用。在棉色织中,用来制织女线呢、仿灯芯绒等织物,如果配色得当还可获得多色效应;在丝织的素织物中,以横凸条较为多见。

5. **小提花组织及其应用**   小提花组织是利用多臂织机织造,在织物表面运用两种或两种以上组织的变化而形成各种小花纹的组织。应用小提花组织制织的织物称为小提花织物。

小提花组织的基本特征是在较为简单的工艺过程中和生产设备(用多臂机织造)上,制织出具有线条型花纹、条格型花纹、散点花纹等外观的织物,使织物花纹图案变幻无穷并具有立体感。这类织物从整体来看,应以简单组织为地,适当加些小型花纹,即一种组织点相对集中或由经、纬浮线组成的小花纹,此小花纹可以由经组织点构成或由纬组织点构成,也可以由经、纬组织点联合组成的浮线所构成。在实际生产中,小提花组织织物多数是色织物,亦即经、纬纱全部或部分采用异色纱,或者使用不同原料、不同粗细、不同捻度和捻向的经、纬纱,亦可适当配一些花式线。小提花织物是轻薄织物的主要类型之一,应用日趋广泛。

(1)小提花织物的分类:小提花织物品种繁多,随设计意图而定。根据织物外观及组织结构,一般可分以下三大类。

① 平纹地小提花组织。在平纹组织的基础上,根据一定的花纹图案,增加或减少组织点,使织物表面呈现小花纹的组织。

② 斜纹地小提花组织。在斜纹组织的基础上,根据一定的花纹图案,增加或减少组织点,使织物表面呈现小花纹的组织。

③ 缎纹地小提花组织。在缎纹组织的基础上,根据一定的花纹图案,增加或减少组织点,使织物表面呈现小花纹的组织。

(2)小提花组织的设计步骤及要点。

① 先在意匠纸上勾画出花样轮廓,然后填绘组织点。在设计时,应根据所设计织物的经、纬向密度选择相应的意匠纸,在这种意匠纸上设计出的花样,不会因织造而发生变形。设计花样时,不强调写实而求神似。小提花组织的花纹主要起点缀作用,花纹以细巧、散点为主,不能粗糙,花纹不要太突出。

② 小提花组织所使用的综片数不能超过织机的最大容量,为了便于织造,所用综片数不宜太多,应避免画得出,而织不出的情况;可以采用省综法设计,用较少的综片制织出花型较大、变化较多的花纹。

③ 小提花组织的起花部分的浮长线不要太长,经纱浮长应控制在 3~5 个组织点为宜,纬浮长线可稍为长一些。

④ 小提花组织的起花部分的经纱与地部平纹的交织次数不要相差太大,否则,将增加工艺上的麻烦。

⑤ 每次开口的提综数应尽量均匀。

⑥ 因起花部分只起点缀作用,不是织物的主体,所以小提花织物的密度一般与基础组织织物基本相同。

图 2-75 是平纹地小提花的一个实例。设计时,先画出花样轮廓图[图 2-75(a)],再画出组织图[图 2-75(b)]。

(3)小提花组织举例。

① 平纹地小提花组织:图 2-76 为四个平纹地小提花组织图的设计实例,可以看出,平纹地小提花织物所起的花纹,可以由经浮线组成[图 2-76(a)],称为经提花;也可以由纬浮线组成[图 2-76(c)],称为纬提花;还可以由经、纬浮线共同组成[图 2-76(b)、(d)],称为经、纬

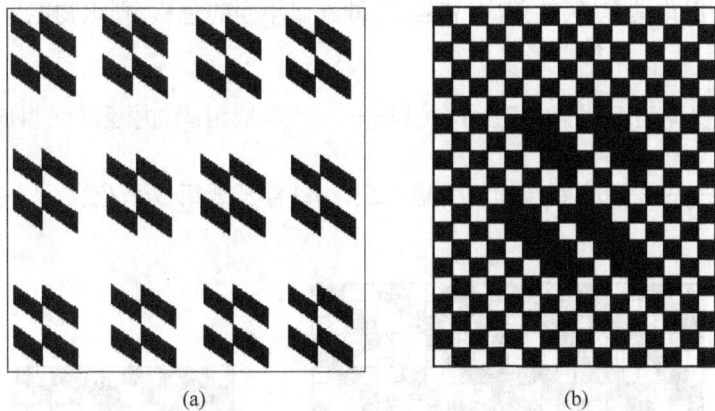

(a)

(b)

图 2-75 平纹地小提花组织的绘作方法

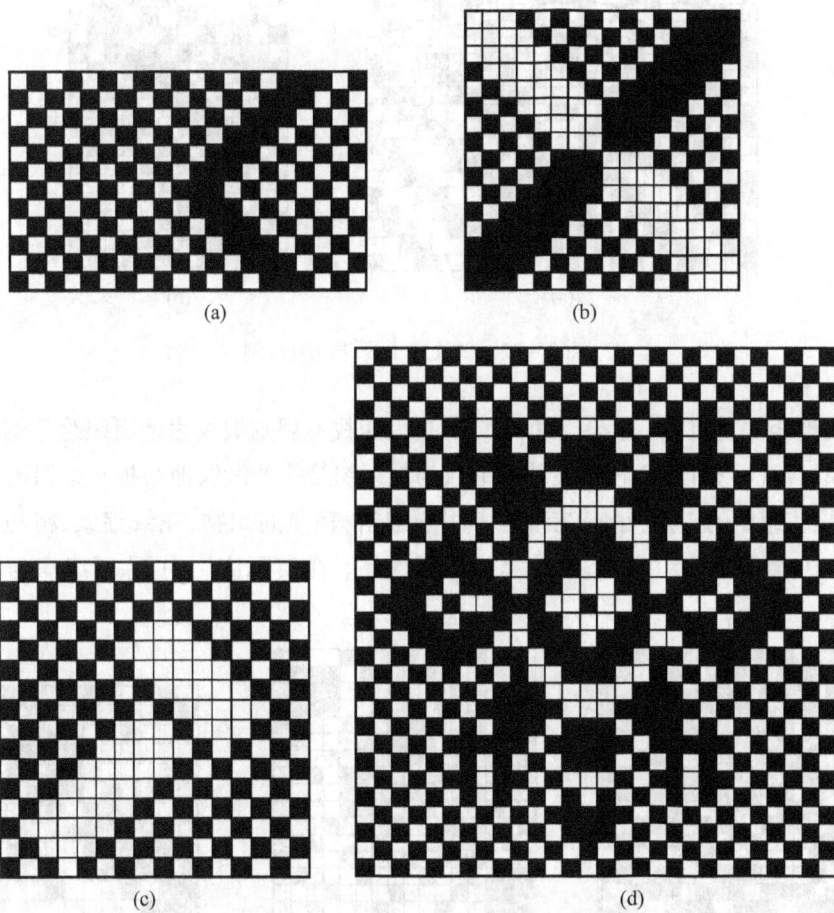

(a)

(b)

(c)

(d)

图 2-76 平纹地小提花组织举例

提花。由于经、纬提花具有经、纬效应,若经、纬纱配以不同的色彩,则织物能呈现不同色彩的花纹,更为美观。

② 斜纹地小提花组织:图 2-77(a)是以 $\dfrac{2}{2}\nearrow$ 为地组织,由经浮线组成菱形小花纹;图 2-77(b)是以 $\dfrac{1}{1}\dfrac{3}{1}$ 复合斜纹组织为地组织,由纬浮长线组成小花纹。

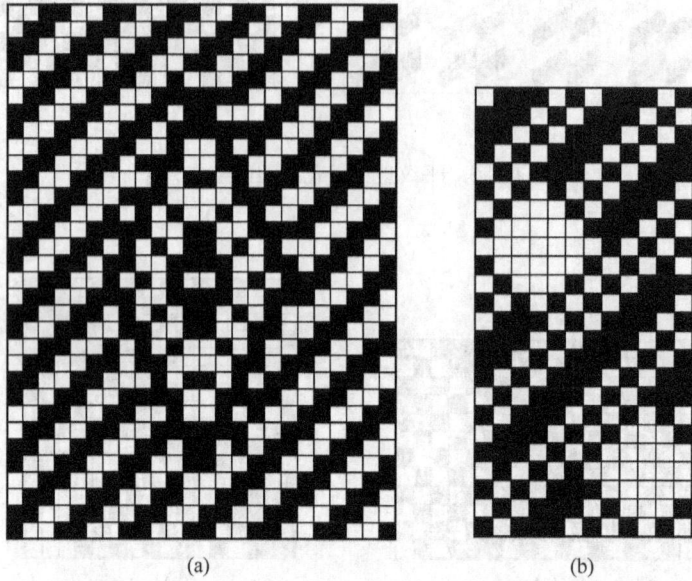

(a)　　　　　　　　　　(b)

图 2-77　斜纹地小提花组织举例

③ 缎纹地小提花组织:图 2-78(a)、(b)是以四枚不规则缎纹为地组织绘作的缎纹地小提花组织,图 2-78(c)是以 12 枚 7 飞纬面缎纹为地组织绘作的缎纹地小提花组织图。

(4)小提花组织的应用:小提花组织多用于细密、轻薄的织物,花纹细致、精巧、外观美观。在棉型织物中,多用于色织府绸、细纺等纺丝绸产品。在实际应用中,除了组织与图案的变化

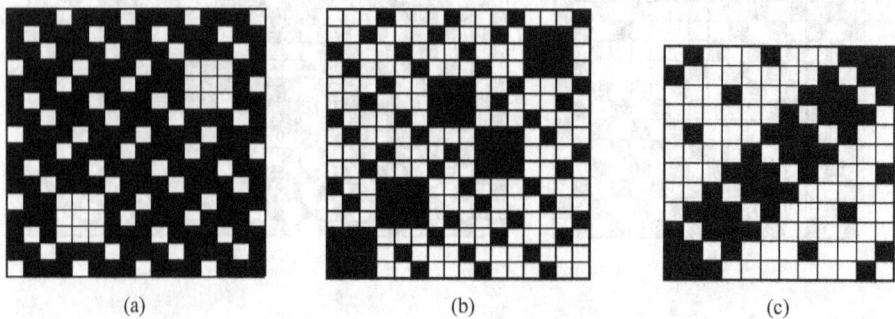

(a)　　　　　　　　(b)　　　　　　　　(c)

图 2-78　缎纹地小提花组织举例

外,还可以运用不同色经、色纬交织,也可以点缀以各种花式线、金银丝,使产品更加丰富多彩。例如,涤棉纬长丝府绸大都是平纹地小提花织物。在精梳毛织物的轻薄花呢与女式呢中也应用较多。图2-79小提花织物由A、B、C、D四部分组成,A、C部分是4枚不规则缎纹条子,B部分是平纹地上起透孔小花纹,D部分是平纹地上起菱形小花纹,织物外观为纵条纹小提花效应,花纹清晰秀丽。

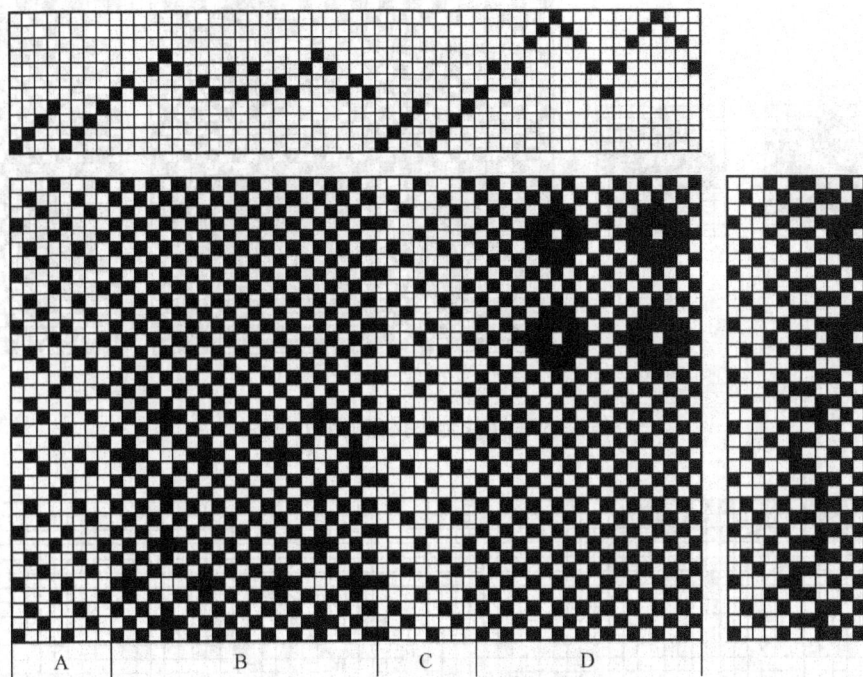

图2-79 小提花织物的上机图

除了上述各种小提花组织以外,有些联合组织也可以看作是平纹地小提花组织。图2-62(a)、(c)所示的花式透孔组织和图2-68所示的涤棉府绸提花蜂巢组织都是在平纹地上起透孔花纹、蜂巢花纹所构成的小提花组织。

织制小提花织物时,如果穿综图设计得好,改变纹板图便可以得到不同的花纹。如图2-80(e)的穿综图可以适用于几种不同的花纹,如图2-80中的(a)、(b)、(c)、(d)的花纹均适用于这种穿综法,织造时只要改变纹板图即可。图2-81为某衬衫面料的上机图。

(四)复杂组织及其应用

原组织、变化组织和联合组织,它们的共同点都是经纱或纬纱没有重叠现象,表面是经组织点处,反面一定是纬组织点;表面是纬组织点处,反面一定是经组织点。它们由一个系统的经纱和一个系统的纬纱组成,因此在绘图、上机和织造方法上都比较简单。在常见的织物组织中,有一些组织的经纬纱,至少有一种是由两个或两个以上系统的纱线组成,这些组织称为复杂组织。

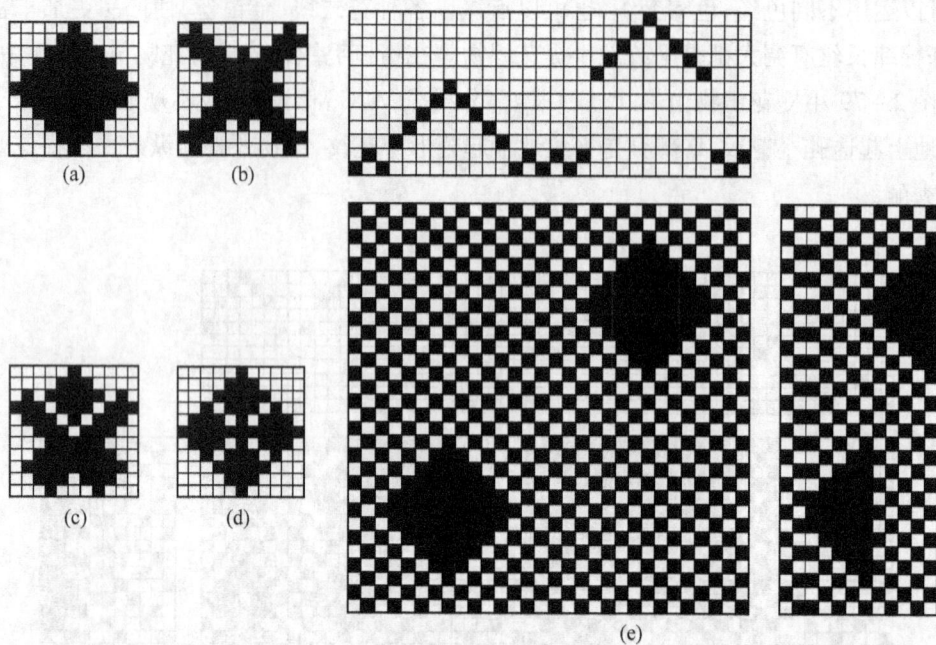

图2-80 平纹地小提花组织上机图

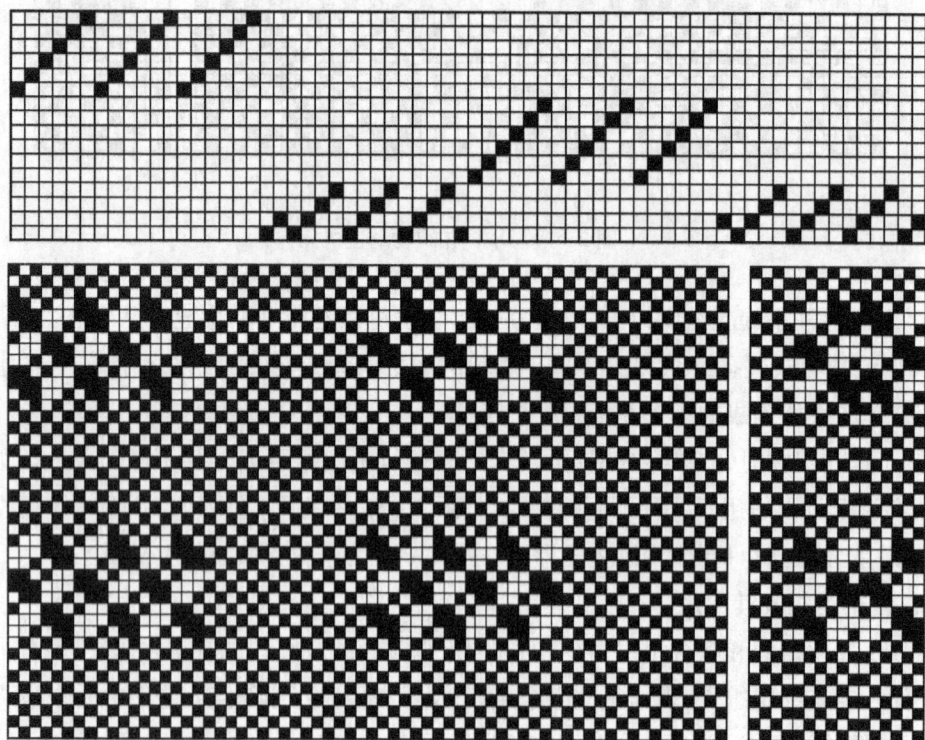

图2-81 某衬衫面料上机图

复杂组织结构能增加织物的厚度而表面致密,或改善织物的透气性而结构稳定,或提高织物的耐磨性而质地柔软,或能得到一些简单组织无法得到的性能(如模纹等)。复杂组织在服装面料中应用广泛。

复杂组织种类繁多,各种原组织、变化组织和联合组织,都可以成为复杂组织的基础。根据复杂组织的结构不同,主要分为重组织、双层组织、起毛组织、毛巾组织、纱罗组织。

1. 重组织　相邻经纱或纬纱相互重叠的组织称为重组织。常用的重组织是二重组织,它由两个系统的经纱和一个系统的纬纱或两个系统的纬纱和一个系统的经纱交织而成,前者称为经二重组织,后者称为纬二重组织。二重组织是复杂组织中最简单的组织,它的特点是:纱线在织物中重叠配置,用较细的纱线就可以增加织物的厚度和重量,又可以使织物表面细致,同时可以使织物正反面具有不同组织、不同颜色的花纹。

(1)经二重组织:经二重组织由两个系统的经纱(即表经和里经)和一个系统的纬纱交织而成。表经与纬纱交织的构成织物的正面,称为表面组

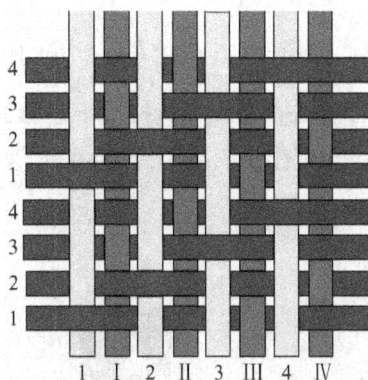

图 2-82　经二重结构示意图

织,里经和同一系统纬纱交织构成里组织,里组织正面看不到,反面也看不到,织物反面组织与里组织互为"底片翻转"的关系,反面组织形成织物反面。

为了表达清楚表里经纱与纬纱的交织情况,假设表里经纱位于同一平面上,如图 2-82所示。表经 1、2、3、4 和里经 Ⅰ、Ⅱ、Ⅲ、Ⅳ 实际上是重叠配置的,表经和纬纱交织构成表面组织 $\dfrac{3}{1}\nearrow$,里经和纬纱交织构成里组织 $\dfrac{1}{3}\nearrow$。

① 设计经二重组织时,主要掌握以下原则。

a. 表组织、里组织的选择:经二重织物的正反面显经面效应或同面效应,其基础组织可相同或不相同,但多数选择经面组织作为表面、反面组织,因此里组织多选择纬面组织。

b. 为了在织物正反面形成良好的效应,即织物表面看不到里经、织物反面看不到表经,表经的经浮长线必须比里经浮长线长,且使里经的短浮长线配置在相邻表经两长浮长线之间。

c. 根据织物的质量和用途确定表里经纱排列比。当表里经纱线密度相同时,常用 1∶1 或 2∶2;仅仅为了增加织物厚度和重量时,可采用 2∶1,此时为表经细、里经粗搭配。

d. 组织循环纱线数的确定:当表里经的排列比为 $m∶n$ 时,表组织的组织循环经、纬纱数为 R_{jm} 和 R_{wm},里组织的组织循环经、纬纱数为 R_{jn} 和 R_{wn} 时,经二重组织的组织循环纱线数可按下面的公式计算:

$$R_j = \left(\frac{R_{jm}\text{与}m\text{的最小公倍数}}{m} \text{与} \frac{R_{jn}\text{与}n\text{的最小公倍数}}{n} \right) \times (m+n)$$

$$R_w = R_{wm}\text{与}R_{wn}\text{的最小公倍数}$$

例：某经二重组织，$R_{jm} = R_{wm} = 8$，$R_{jn} = R_{wn} = 4$，表里经排列比为 $1:1$，则：

$$R_j = \left(\frac{8\text{与}1\text{的最小公倍数}}{1} \text{与} \frac{4\text{与}1\text{的最小公倍数}}{1} \right) \times (1+1) = 8 \times 2 = 16$$

$$R_w = R_{wm}\text{与}R_{wn}\text{的最小公倍数} = 8\text{与}4\text{的最小公倍数} = 8$$

② 经二重组织一般按以下步骤绘图。

a. 分别作出表组织、里组织图，如图 2 - 83(a)、(b)所示。

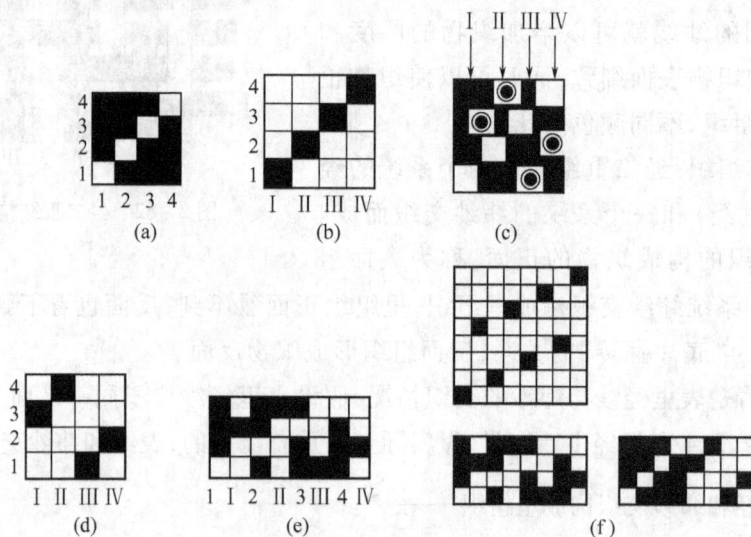

图 2 - 83　经二重组织的画法

b. 求出组织循环经纱数、组织循环纬纱数。

c. 通过辅助图，确定里组织起点。辅助图如图 2 - 83(c)所示，按"里经短浮长线配置在相邻两表经长浮长线之间"的原则，调整里组织的起点，最后确定里组织如图 2 - 83(d)所示。

d. 先填入表组织，再填入里组织，如图 2 - 83(e)所示是求得的组织图。图 2 - 84(f)是上机图。

图 2 - 84 所示是以 $\frac{3}{1}\nearrow$ 为表面组织，$\frac{2}{2}$ 方平组织为里面组织，表里经纱排列比为 $2:2$(1 表 2 里 1 表)，所绘制的异面经二重织物上机图。图 2 - 85 所示是以 5 枚 2 飞经面缎纹为表面组织，5 枚 3 飞纬面缎纹为里面组织，表里经纱排列比为 $1:1$，所绘制的双面缎纹经二重

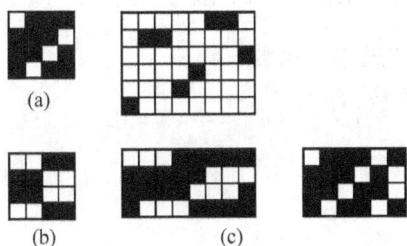

图 2 - 84　异面经二重组织上机图

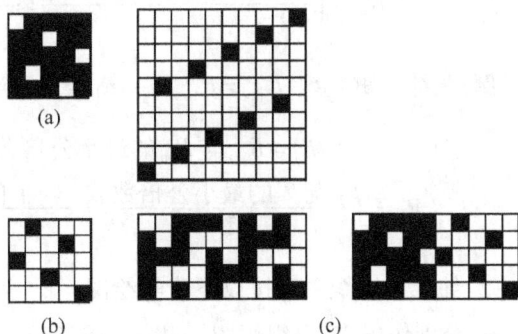

图 2 - 85　双面缎纹经二重织物上机图

织物上机图。

（2）纬二重组织：纬二重组织由两个系统的纬纱（称为表纬和里纬）与一个系统的经纱交织而成。表纬与经纱交织形成表面组织，里纬与经纱交织形成里面组织。

为了表达清楚表里纬纱与经纱的交织情况，假设表里纬纱位于同一平面上，如图 2 - 86 所示。表纬 1、2、3、4 和里纬 Ⅰ、Ⅱ、Ⅲ、Ⅳ 实际上是重叠配置的，经纱和表纬交织构成表面组织 $\frac{1}{3}\nearrow$，经纱和里纬交织构成里组织 $\frac{3}{1}\nearrow$。

① 设计纬二重组织时，主要掌握以下原则。

a. 表、里组织的选择：纬二重织物的正反面显纬面效应或同面效应，其基础组织可相同或不相同，但多数选择纬面组织作为表面、反面组织，因此里组织多选择经面组织。

b. 为了在织物正反面形成良好的效应，即织物表面看不到里纬、织物反面看不到表纬，表纬的纬浮长线必须比里纬浮长线长，且使里纬的短浮长线配置在相邻表纬两长浮长线之间。

c. 根据表里纬纱的线密度、基础组织的特性和储纬装置等条件确定表里纬纱排列比。当表里纬纱线密度相同时，常用 1∶1 或 2∶2；当表纬细、里纬粗时，可采用 2∶1。

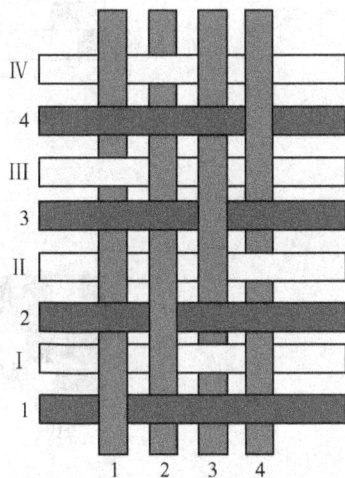

图 2 - 86　纬二重结构示意图

d. 组织循环纱线数的确定：当表里纬的排列比为 $m∶n$，表组织的组织循环经、纬纱数为 R_{jm} 和 R_{wm}，里组织的组织循环经、纬纱数为 R_{jn} 和 R_{wn} 时，纬二重组织的组织循环纱线数可按下面的公式计算：

$$R_j = R_{jm} 与 R_{jn} 的最小公倍数$$

$$R_w = \left(\frac{R_{wm} \text{与} m \text{的最小公倍数}}{m} \text{与} \frac{R_{wn} \text{与} n \text{的最小公倍数}}{n} \right) \times (m+n)$$

例: 某纬二重组织, $R_{jm} = R_{wm} = 4$, $R_{jn} = R_{wn} = 4$, 表里纬排列比为 2:1, 则:

$$R_j = R_{jm} \text{与} R_{jn} \text{的最小公倍数} = 4 \text{与} 4 \text{的最小公倍数} = 4$$

$$R_w = \left(\frac{4 \text{与} 2 \text{的最小公倍数}}{2} \text{与} \frac{4 \text{与} 1 \text{的最小公倍数}}{1} \right) \times (2+1) = 4 \times 3 = 12$$

② 纬二重组织一般按以下步骤绘图。

a. 分别作出表、里组织图, 如图 2 – 87(a)、(b) 所示。

b. 求出组织循环经纱数、组织循环纬纱数。

c. 通过辅助图, 确定里组织的起始点。辅助图如图 2 – 87(c) 所示, 按"里纬短浮长线配置在相邻两表纬长浮长线之间"的原则, 调整里组织起点, 确定的里组织如图 2 – 87(d) 所示。

d. 分别填入表组织和里组织, 图 2 – 87(e) 是求得的组织图。图 2 – 87(f) 是上机图。

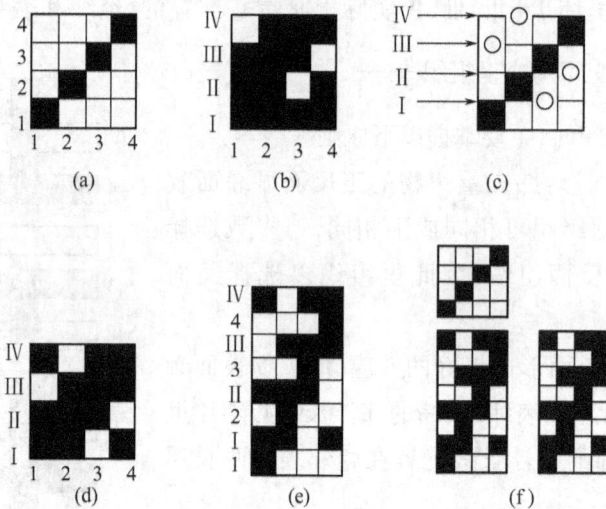

图 2 – 87 纬二重组织的画法

2. **双层组织** 双层织物是利用双层组织织制而成的。织制双层织物时, 有两个各自独立的经纱系统和纬纱系统, 在同一台织机上分别形成上、下两层独立的织物。在上层的经纱和纬纱(分别称为表经和表纬)交织形成上层织物; 在下层的经纱和纬纱(分别称为里经和里纬)交织形成下层织物。

(1)双层组织的织造原理和组织结构: 双层组织的织物表里重叠, 为了方便表达其构成原理, 假设将下层织物移过一定距离, 画在表层空隙之间, 表达上、下层的结构。图 2 – 88 所示, 是正反面都是平纹组织的双层织物示意图,图中表、里经及表、里纬的排列比均为1:1。

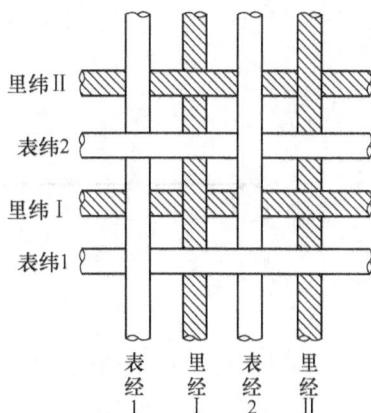

图2-88　双层织物示意图

织造双层织物时,依次按引纬比织制织物的上、下层。织上层时,引表纬时,表经按组织要求分成上、下两层与表纬交织,而里经全部沉于织物下层与表纬并不交织;织下层时,引里纬时,表经必需全部提起,里经按组织要求分成上、下两层和里纬交织,而表经与里纬并不交织。

图2-89所示是织造平纹双层织物的提综情况,表经穿第1、第2片综,里经穿第3、第4片综。提综情况如下。

如图2-89(a)所示,织上层,引表纬1时,里经全部在织口下方,第1片综上升。

如图2-89(b)所示,织下层,引里纬Ⅰ时,表经全部提起,第3片综上升。

如图2-89(c)所示,织上层,引表纬2时,里经全部在织口下方,第2片综上升。

如图2-89(d)所示,织下层,引里纬Ⅱ时,表经全部提起,第4片综上升。

由图2-89可知,织造双层织物时:

① 织下层织物引里纬时,表经必需全部上升。

② 织上层织物引表纬时,里经必需全部留在梭口下方。

(2)织制双层织物时,首先要确定的因素。

① 双层组织中表、里组织的确定。双层织物是两层独立的织物,表、里两层可用不相同的组织,但必须使两种组织交织次数接近,以免上、下织物因缩率不同而增加上机的难度。如表组织为$\dfrac{2}{2}$方平,里组织为$\dfrac{2}{2}\nearrow$,组织性质就比较接近。如表组织为平纹,里组织为5枚缎纹,则织缩不一,织造时一般要将表、里经纱分别卷绕在两个织轴上,织制会有些困难。

② 表、里经排列比的确定。表、里经排列比与采用的表里经纱线密度、织物质量要求有关,如表经细里经粗,可采用2:1;或正面要求紧密反面要求稀疏些,在表里经纱线密度相同的情况下,也采用2:1;如表里经线密度相同,或织物正反面紧密度一致,则表里经排列比可采用1:1或2:2。

③ 表里纬投纬比的确定。表里纬投纬比与表里纬纱线密度、色泽和所用织机的类型有关。现在一般采用无梭织机织制,表里纬投纬比不受机型限制,只需考虑表里纬纱线密度和色泽的因素。

(3)双层组织的绘作步骤。

① 确定表、里层的基础组织,分别作出表、里组织的组织图。如图2-90(a)、(b)所示,表、

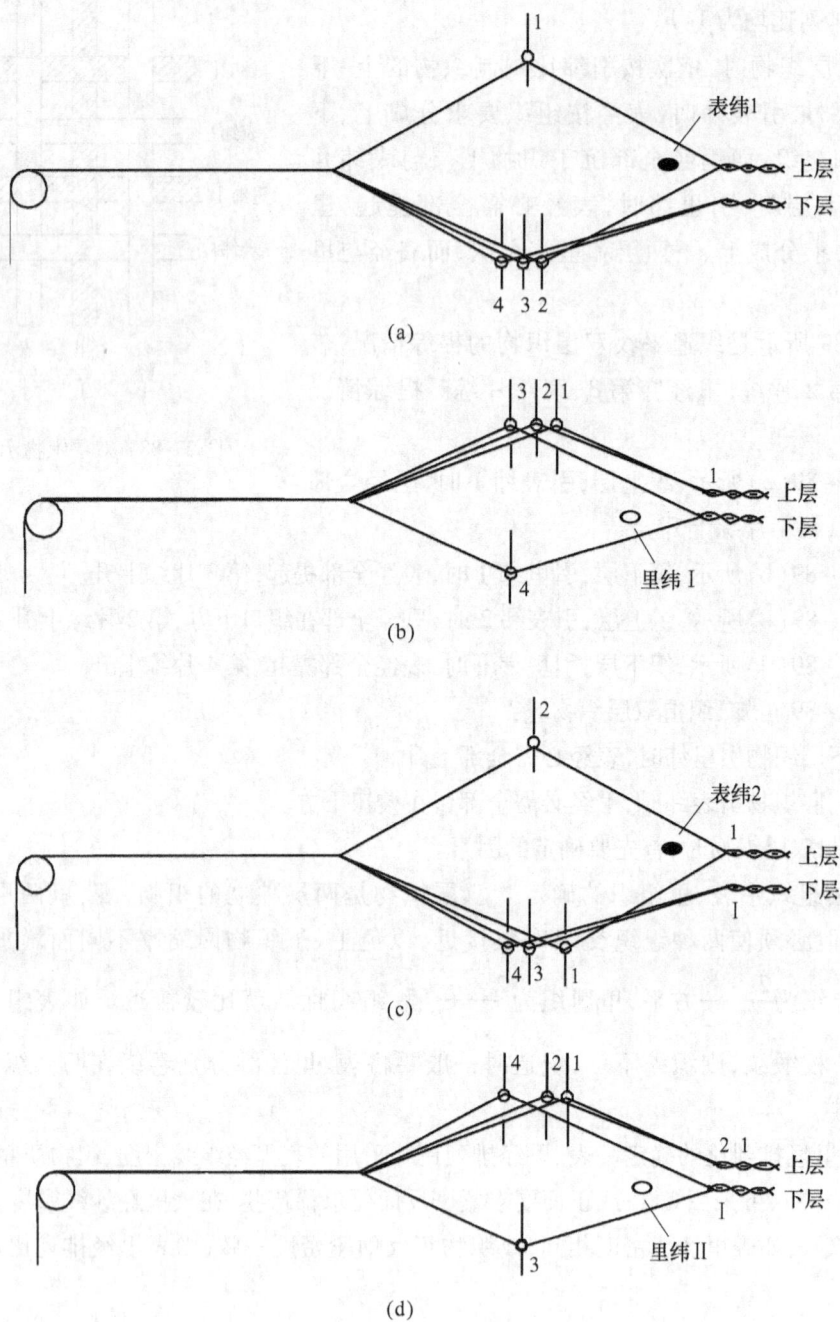

(a)

(b)

(c)

(d)

图 2 - 89　双层织造时的提综示意图

里组织均为平纹。

　　② 确定表、里经纬纱排列比,如图 2 - 90(c)所示,表经:里经为 1:1,表纬:里纬为 1:1。

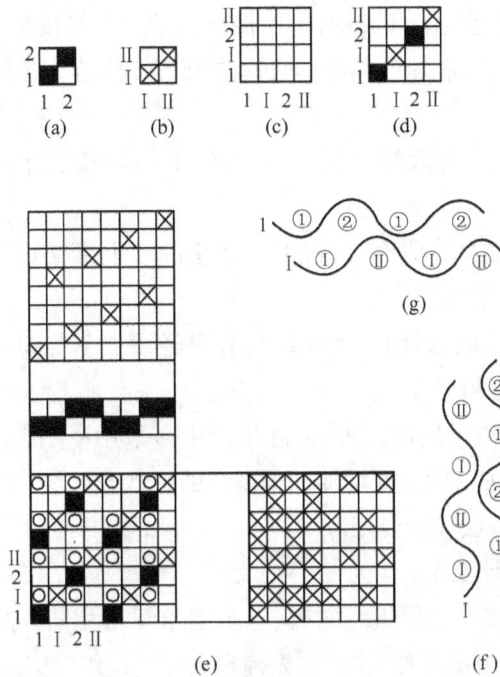

图 2-90 双层组织的绘作方法及上机图

③ 分别按照经二重组织计算 R_j、纬二重组织计算 R_w 的公式,求出 R_j 和 R_w。

如图 2-90 中:

$$R_j = 2 \times (1 + 1) = 4$$
$$R_w = 2 \times (1 + 1) = 4$$

④ 按照表里经纱的排列比、表里纬纱的投纬比,决定组织图中表经、里经、表纬、里纬的位置,并分别标上序号。如图 2-90(c)所示,图中 1、2 分别表示表经、表纬,Ⅰ、Ⅱ 分别表示里经、里纬。

⑤ 把表、里组织分别填入代表表、里组织的方格中,如图 2-90(d)所示。

⑥ 在表经与里纬相交的方格中,填入表示"织下层织物引里纬时,表经必需全部提起"的经组织点。如图 2-90(e)中符号 ⊡ 所示。图 2-90(e)为双层组织的上机图。(g)、(f)双层组织纬向、经向截面图。

双层组织设计穿综图、纹板图的方法与单层组织相同。穿综时,一般表经穿在前面的综片,里经穿在后面的综片;穿筘时,同一组的表里经穿入同一筘齿中,以便表里经上下重叠。

双层组织的织物种类繁多,下面主要介绍接结双层织物和表里换层织物。

(4)接结双层组织:双层组织的表里两层紧密地连接在一起的织物称为接结双层织物,其组织称为接对结双层组织。

① 接结方法。

a. 在织表层时,里经提起与表纬交织,构成接结,称为"里经接结"或"下接上接结法"。

b. 在织里层时,表经下降与里纬交织,构成接结,称为"表经接结法"或"上接下接结法"。

c. 在织表层时,里经提起与表纬交织,同时表经下降与和里纬交织,共同构成接结,称为"联合接结法"。

d. 在表经纱和里经纱之间,另用一种经纱与表里纬纱上下交织,把两层织物连接起来,这种接结方法称为"接结经接结法"。

e. 在表纬纱和里纬纱之间,另用一种纬纱与表里经纱上下交织,把两层织物连接起来,这种接结方法称为"接结纬接结法"。

上述五种接结方法,一般采用前三种,实际生产中多采用"下接上接结法"。后两种"接结经接结法"和"接结纬接结法",因为要增加一个系统的经纱或纬纱,用纱量增加,易使生产工艺复杂,所以除特殊需要外,一般较少使用。

② 接结双层组织的设计要点。

a. 表、里组织的选择:接结双层组织的表、里基础组织可相同,亦可不相同,大多数采用原组织或变化组织。当表、里组织不相同时,首先确定表层的组织,然后根据织物的要求再确定里层的组织。

b. 表、里层经纬纱排列比的确定:确定表、里层经、纬纱排列比时,应考虑织物的用途、织物表里层的组织、纱线线密度和织物的密度等因素。常用的排列比的 1:1、2:1、2:2 等。

c. 接结组织的确定:用来接结的纱线与上、下两层组织的交织点称为接结点。接结点在上、下两层中的配置关系,可以用"接结组织"来表示。接结组织应根据表、里两层的基础组织,纱线的排列比,纱线线密度、纱线颜色,织物密度等因素来确定。选择接结点组织时,要求表里两层结合牢固,且接结点不能露于织物表面。接结点分布的部位,对于织物正面而言,如果接结点是经组织点,则应位于表经长浮线之间;如是纬组织点,则应在表纬长浮线之间。接结点分布的方向,如表组织是斜纹一类有方向性的组织,接结点分布的方向应与表组织斜纹方向一致。

d. 组织循环纱线数的确定:接结双层组织的组织循环经、纬纱数的确定,是根据表里层基础组织的组织循环经纱数、纬纱数和表里经纬纱排列比来计算的。计算方法可参照经二重和纬二重织物的组织循环纱线数的计算方法。在使用"接结经"或"接结纬"接结方法时,则应另加上接经或接结纬的根数。

③ "下接上法"接结双层组织的绘作。

a. 选择表、里层的基础组织,为使接结点(经组织点)能隐藏,要求表组织都有一定长度的经浮线。例如,某织物选择 $\frac{2}{2}$ 方平为表组织,$\frac{2}{2}\nwarrow$ 为里组织。

b. 确定表、里层经纬纱排列比。确定该织物表里经排列比为 1:1,表、里纬排列比为 2:2,

投纬次序为:里1表2里1。

c. 计算 R_j、R_w。组织循环经纱数的计算方法同经二重组织;组织循环纬纱数则同纬二重组织。

$$R_j = \left(\frac{4\ 与\ 1\ 的最小公倍数}{1} \ 与 \ \frac{4\ 与\ 1\ 的最小公倍数}{1} \right) \times (1+1) = 4 \times 2 = 8$$

$$R_w = \left(\frac{4\ 与\ 1\ 的最小公倍数}{2} \ 与 \ \frac{4\ 与\ 1\ 的最小公倍数}{2} \right) \times (2+2) = 2 \times 4 = 8$$

d. 在一个组织循环内,分别用不同的数字符号按排列比分别标出表、里两层经纬纱,如图 2-91(c)所示。

e. 按"接结点不能暴露于织物表面"的原则确定接结组织,如图 2-91(d)所示。

f. 在表经、表纬相交处填绘表组织,以符号 ■ 表示;在里经、里纬相交处填绘里组织,以符号 ⊠ 表示;填绘引入里纬时,所有表经纱都要提起的组织点,以符号 ⊡ 表示;填绘引入表纬时,里经提起与表纬交织的接结点,以符号 △ 表示。所绘得的组织图如图 2-91(e)所示。

图 2-91(f)为经向截面图,图 2-91(g)为纬向截面图。

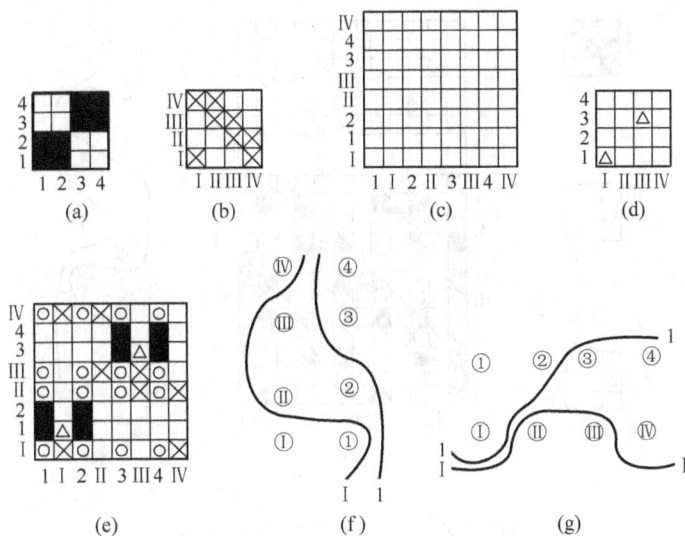

图 2-91 "下接上法"接结双层组织

绘作"下接上法"接结双层组织图时,还应注意表组织与里组织的配合。如上例,表、里组织如图 2-92(a)、(b)配置,接结组织如图 2-92(c),则从经向截面图 2-92(d)、纬向截面图 2-92(e)中可以看出表组织、里组织配合不良。

图 2-93 所示为双层毛呢组织图。图 2-93(a)为表层组织 $\frac{2}{1}\nearrow$,图 2-93(b)为里层

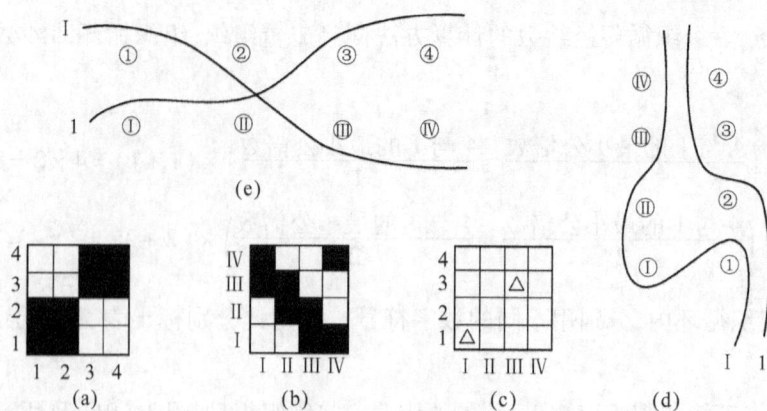

图2-92　配合不良的表里层组织举例

组织 $\dfrac{1}{2}\nearrow$,图2-93(c)为接结组织,图2-93(d)组织图和穿综图,图2-93(e)为经向截面图,图2-93(f)为纬向截面图。

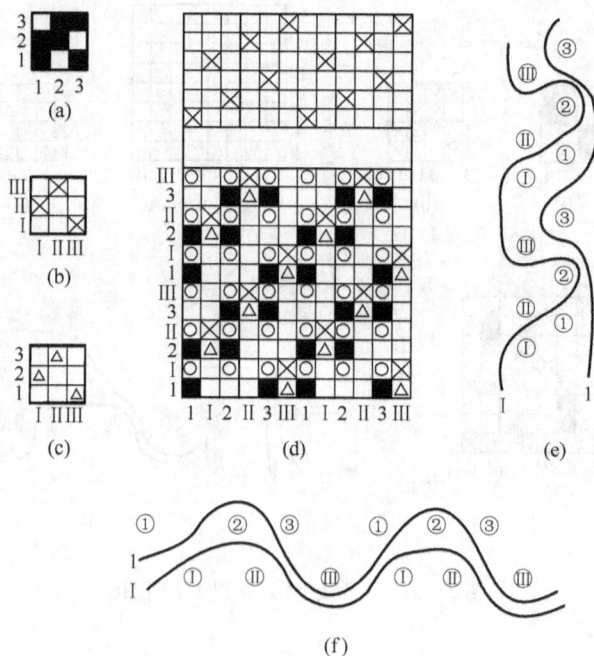

图2-93　双层毛呢组织图

④"上接下法"接结双层组织的绘制:"上接下法"接结双层组织的绘制步骤和方法与"下接上法"相似。不同之处分别是:确定表里组织时,为了不暴露"上接下法"接结点(纬组织点),

表组织应有一定长度的纬浮长遮盖里纬,如图2-94,表组织和里组织都采用$\frac{2}{2}\nearrow$;接结组织点(图中符号回)表示投入里纬时表经不提起,即表示表经的取消点,纹板图中应没有该种组织点。其他如表里层经纬纱排列比的确定、R_j和R_w的计算、接结组织的确定、各组织的填绘都与"下接上法"一致。

图2-94(a)为表组织$\frac{2}{2}\nearrow$,图2-94(b)为里组织$\frac{2}{2}\nearrow$,图2-94(c)为"上接下法"接结组织,图2-94(d)为上机图,图2-94(e)为经向截面图,图2-94(f)为纬向截面图。

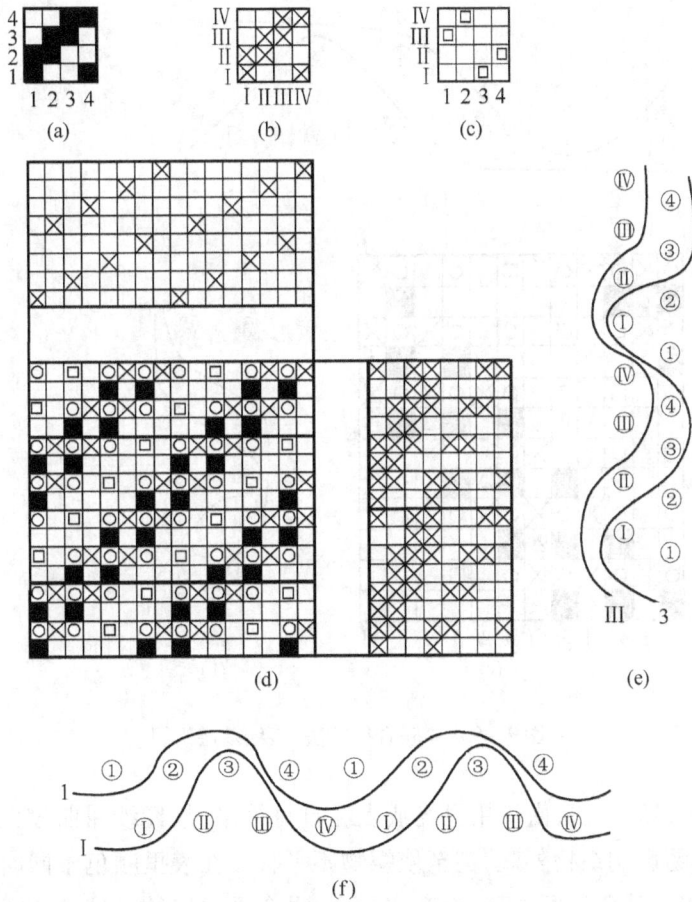

图2-94 "上接下法"接结双层组织

⑤ "联合接结法"双层组织:"联结法"双层组织是同时用上述两种接结方法构成,即将里经与表纬接结的同时,又将表经与里纬接结。接结点要求分布均匀。

图2-95(a)为表组织$\frac{3}{3}\nearrow$,图2-95(b)为里组织$\frac{3}{3}\nearrow$,图2-95(c)为采用"下接

上法"的接结组织,图2-95(d)为采用"上接下法"的接结组织,图2-95(e)为该"联合接结法"双层组织的组织图,图2-95(f)、(g)分别为该组织的经向和纬向截面图。

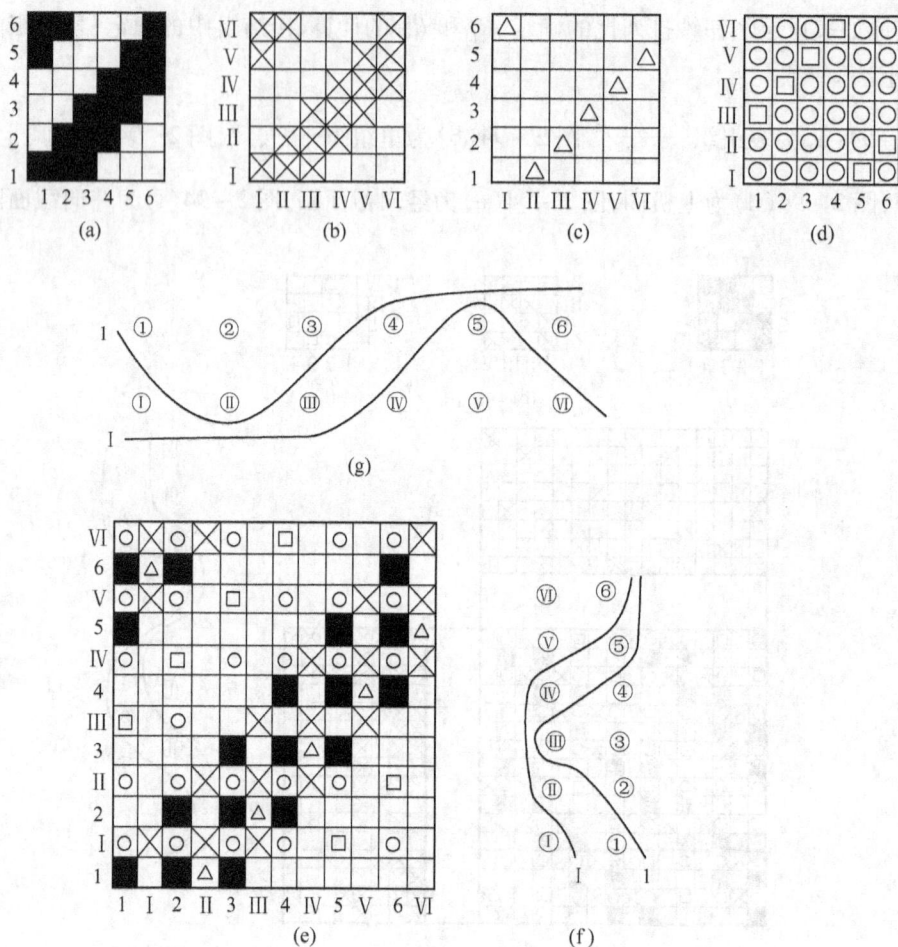

图2-95 "联合接结法"接结双层组织

采用上述三种接结方法,由于用里经或表经自身接结,故经纱屈曲较大,张力较大,两种经纱缩率不同,容易影响织物外观,甚至使织物不平整。在表里颜色不同时,若接结不妥,会产生漏底现象。当产品质量要求高,生产实际中,也会采用接结经接结法或接结纬接结法进行接结。

⑥"接结经接结法"双层组织:在表里经之间再加入一组经纱,分别与表里纬上下交织,连接上下两层。接结经在表纬之上,里纬之下进行接结。

接结经纱因与上下两层交织,屈曲度大,因此在织造时需用另一织轴;由于接结点不显露在织物正反面,接结经与表纬的交织点(经组织点)应配置在左右两表经浮长线之间;与里纬的交织点(纬组织点)应配置在里纬浮长线之间。

图 2-96 为接结经接结法双层织物的作图方法。表组织为 $\dfrac{2}{2}\nearrow$，里组织 $\dfrac{1}{3}\nearrow$，经纱排列顺序为表 1 里 1 接结经 1，纬纱排列顺序为表 1 里 1。

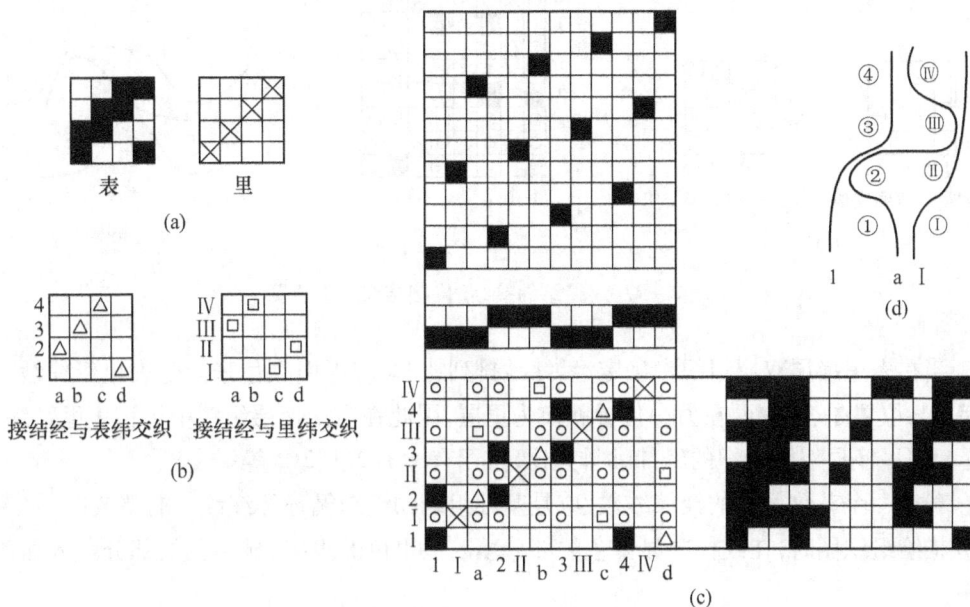

图 2-96 "接结经接结法"接结双层上机图

⑦ "接结纬接结法"双层组织：在表里纬之间再加入一组纬纱，分别与表里经上下交织，连接上下两层。接结纬在表经之上，里经之下进行接结。

由于接结点不显露在织物正反面，接结纬与表经的交织点（纬组织点）应配置在左右两表纬浮长线之间；与里纬的交织点（经组织点）应配置在里经浮长线之间。

图 2-97 为接结纬接结法双层织物的作图方法。表组织为 $\dfrac{2}{2}\nearrow$，里组织 $\dfrac{3}{1}\nearrow$，经纱排列顺序为表 1 里 1，纬纱排列顺序为表 1 里 1 接结纬 1。

（5）表里换层双层组织：表里换层双层组织的织制原理和一般双层组织相同，这种组织仅以不同色泽的表经与里经、表纬与里纬，沿着织物的花纹轮廓处交换表里两层的位置，使织物正反面利用色纱交替织造，形成花纹，同时将双层织物连接成一整体。

表里换层组织表里经纬纱的线密度、原料、颜色等均可不一。因此，如各种因素配合得当，则可织出各种花式的服用或装饰织物。

表里换层的设计要点如下。

① 先设计纹样图。

② 选定表里组织的基础组织。一般采用简单的组织作为表里换层织物的基础组织，常用的有平纹、$\dfrac{2}{2}$ 斜纹、$\dfrac{2}{2}$ 方平等组织。

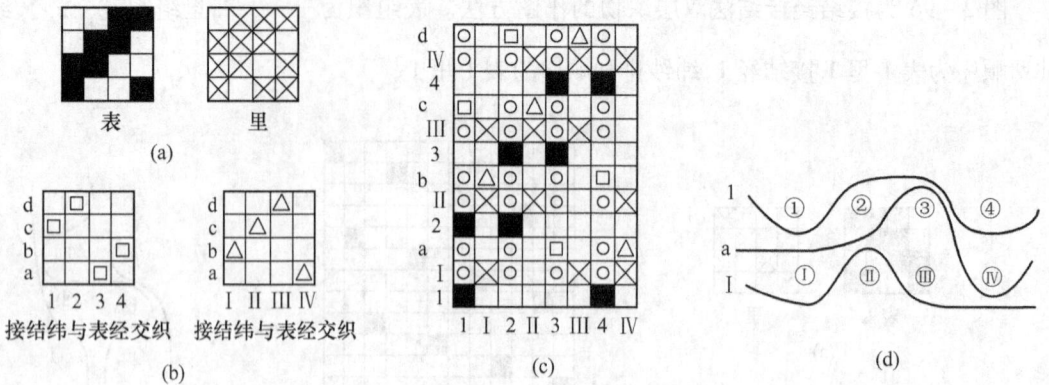

图2-97 "接结纬接结法"接结双层上机图

③ 当在表里换层双层组织中确定经、纬纱排列比时,应当用颜色来区分表里经纬纱。如甲色经纬在某位置是表层,而在另一位置就换为里层,因此在表里换层组织中不称表里经纬,应称其色泽。表里换层双层组织的经纬纱排列比,常用有1:1、2:1、2:2等。

④ 确定一个花纹循环的经纬纱数,应是基础组织的组织循环经纬纱数的整数倍。

⑤ 描绘组织图时,在纹样中显甲色的部分填入显甲色的组织,显乙色的部分填入显乙色的组织等。

如果经纱、纬纱颜色排列比均为1:1(1甲1乙),表里组织均为平纹,则显色组织(由表经和表纬在织物表面上所显现颜色的组织叫显色组织)如图2-98所示,图中"■"表示表层组织点,"⊠"表示里层组织点。

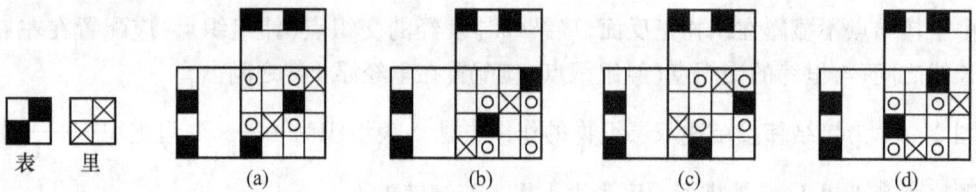

图2-98 表里换层的显色组织

图2-98(a):甲经甲纬构成表层,显甲色;图2-98(b):乙经乙纬构成表层,显乙色;图2-98(c):乙经甲纬构成表层,显乙甲色;图2-98(d):甲经乙纬构成表层,显甲乙色。

如图2-99所示的纹样为甲乙两色换色方块,如图2-99(a)所示,方块A显甲色,方块B显乙色。

A或B每一正方形中代表表、里经各4根,表、里纬各4根,因此在一个花纹循环中,组织循环纱线数:$R_j = R_w = 2 \times (4 \times 2) = 16$。图2-99(b)为填绘的组织图,其中1、2、3、…表示甲色经或甲色纬,Ⅰ、Ⅱ、Ⅲ、…表示乙色经或乙色纬;图2-99(c)为经向截面图;图2-99(d)为纬向截面图。

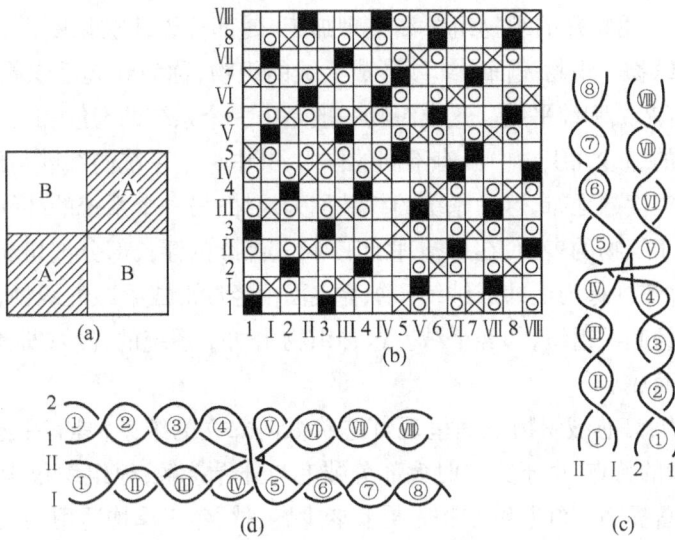

图 2 - 99　方块纹样表里换层

　　某织物纹样和结构如图 2 - 100 所示,各部分所呈现的颜色如图 2 - 100(a)所示。其色经排列为:16 灰(2 灰 2 白)×3;色纬排列为:16 灰(2 灰 2 白)×2。第Ⅰ部分:灰经灰纬成单层平纹组织;第Ⅱ部分:白经灰纬作表层组织,织物正面成白灰色,灰经灰纬作里层组织,织物反面成灰色;第Ⅲ部分:灰经白纬作表层组织,织物正面成灰白色,灰经灰纬作里层组织,织物反面成灰色;第Ⅳ部分:白经白纬作表层组织,织物正面成白色,灰经灰纬作里层组织,织物反面成灰色。

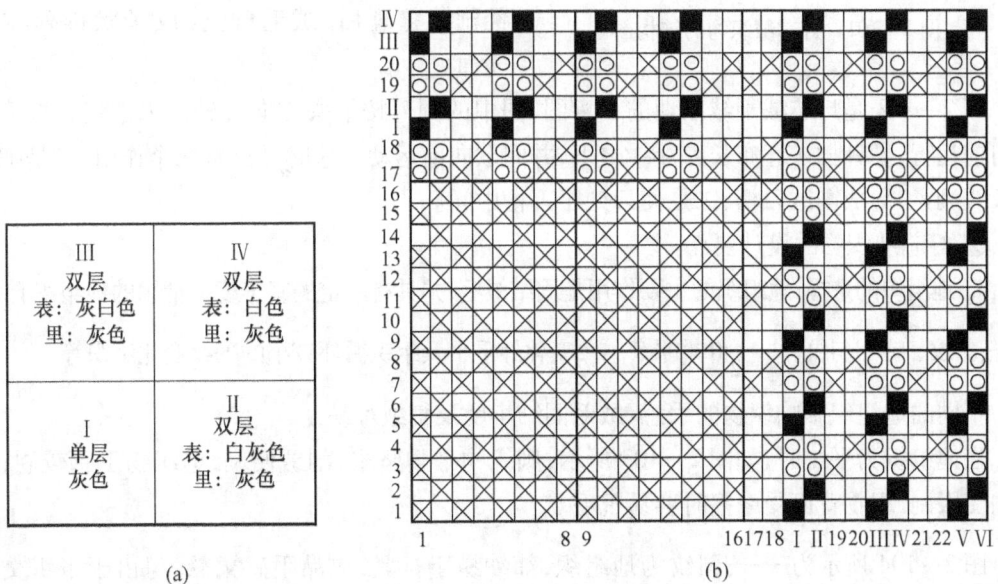

图 2 - 100　表里换层纹样图

表里换层组织在服用、装饰用纺织品中应用较多。

3. 起毛组织　利用特殊的织物组织和整理加工,使部分纱线被切断而在织物表面形成毛绒的织物称为起毛物。织物表面由纬纱形成毛绒的织物,称为纬起毛织物,其相应的组织称为纬起毛组织,如灯芯绒和纬平绒。这类织物一般是由一个系统的经纱和两个系统的纬纱交织而成的。两个系统的纬纱在织物中具有不同的作用,其中一个系统的纬纱与经纱交织形成固结毛绒和决定织物坚牢度的地布,这一系统的纬纱称为地纬;另一个系统的纬纱也与经纱交织,但以其纬浮长线被覆于织物的表面,在后整理加工时,其纬纱的浮长部分被切断,然后经过一定的加工形成毛绒,这种纬纱称为毛纬或绒纬。织物表面由经纱形成毛绒的织物,称为经起毛织物,其相应的组织称为经起毛组织,如经平绒。这种织物由两个系统的经纱(即地经与毛经),与一个系统的纬纱交织而成。

(1)灯芯绒织物:灯芯绒织物表面呈现灯芯状纵向耸立的绒条,具有手感柔软、绒条圆润、纹路清晰、绒毛丰满的特点,由于穿着时大部分绒毛与外界接触,地组织很少磨损,所以坚牢度比一般棉织物有显著提高。灯芯绒织物是男女老少春、秋、冬三季均适用的大众化织物,可制成衣、裤、帽等,用途广泛。

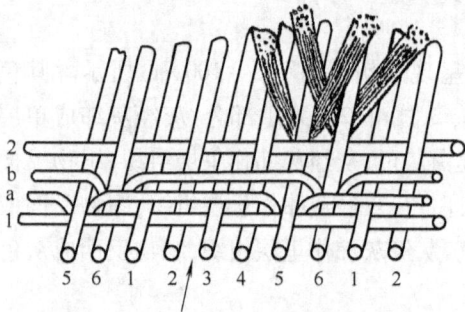

图 2-101　灯芯绒织物的结构图

① 灯芯绒织物的构成原理:图 2-101 为灯芯绒的结构图。地纬 1、地纬 2 与经纱以平纹组织交织成地布,在一根地纬织入后,织两根毛纬 a、b,毛纬的浮长为 5 个组织点,毛纬与 5、6 两根经纱(称为压绒经或绒经)交织,毛纬与绒经的交织处称为绒根。

割绒时,由 2、3 经纱之间进刀把纬纱割断,经刷绒整理后,绒毛耸立,成条状排列在织物表面。

图 2-102 是灯芯绒割绒原理的示意图,图中的圆刀按箭头方向旋转。未割坯布按箭头方向向前运行,导针插入坯布长纬浮线之下,并间歇向前运动。这时导针有两个作用:一是把长纬浮长线绷紧,形成割绒刀槽;二是使刀处于刀槽中间。

② 灯芯绒织物的设计要点。

a. 地组织的选择:地组织的主要作用是固结绒毛,并具有一定的坚牢度。常用的地组织有平纹、$\frac{2}{2}$斜纹、$\frac{2}{1}$斜纹、$\frac{2}{2}$纬重平、$\frac{2}{2}$变化经重平及组织循环较小的平纹变化组织等。

不同的地组织影响织物的手感、绒毛固结牢度及割绒难易。

当地组织为平纹时,如图 2-103 所示,则织物平整坚牢,割绒便利,但织物手感较硬,纬密增加受限制,织物背面受摩擦时容易脱毛。

图 2-104 所示为 $\frac{2}{1}$ 斜纹为地组织,纬纱易于打紧,成品手感柔软,但由于组织交织点少,所以纬密须相应增加,才能减少织物的脱毛。

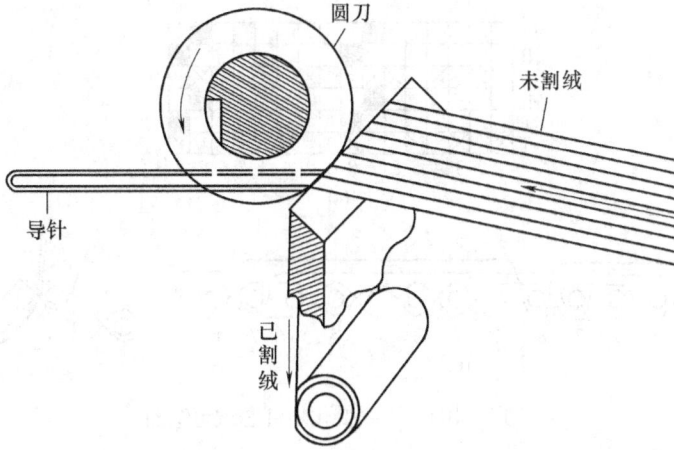

图2-102　灯芯绒割绒原理图

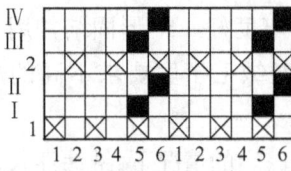

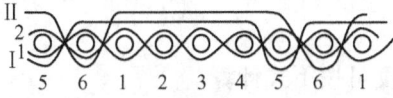

图2-103　平纹地灯芯绒组织图

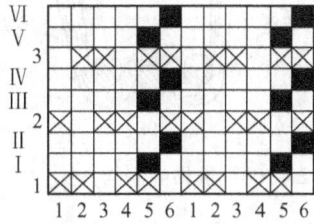

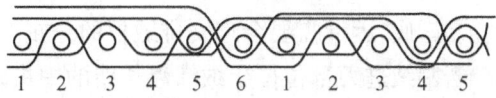

图2-104　斜纹地灯芯绒组织图

图2-105所示为平纹变化地灯芯绒组织,这种地组织兼有平纹地和斜纹地的优点。在7、8两根压绒经附近的地组织为纬重平,其余为平纹,绒根受纬重平的挤压,绒根内陷而被压紧,绒根两旁又分别受6、1两根地经保护,即绒根受到纬重平的双经保护,所以又称双经保护地。由于其他地方仍为平纹地,所以割绒进刀方便,正面耐磨情况也得到改善。

b. 绒纬组织的选择:绒纬组织由绒纬浮长线和绒根组成。选择绒纬组织要考虑三个方面:绒根的固结方式、绒纬浮长的长短及绒根的分布情况。

绒根固结方式:绒根的固结方式是指绒纬与绒经的交织规律,有V形和W形两种。

V形固结法,亦称松毛固结法,即绒纬除浮长外,仅与一根压绒经交织,如图2-106(a)所示。每一绒束的绒根在一根压绒经上,呈V形,故称为V形固结法。采用V形固结,绒纬与压绒经交织点少,纬纱容易打紧,有可能提高织物纬密,绒纬割断后,绒面抱合效果好,绒面没有沟痕,但受到强烈摩擦后容易脱毛,故适用于绒毛较短、纬密较大的灯芯绒。

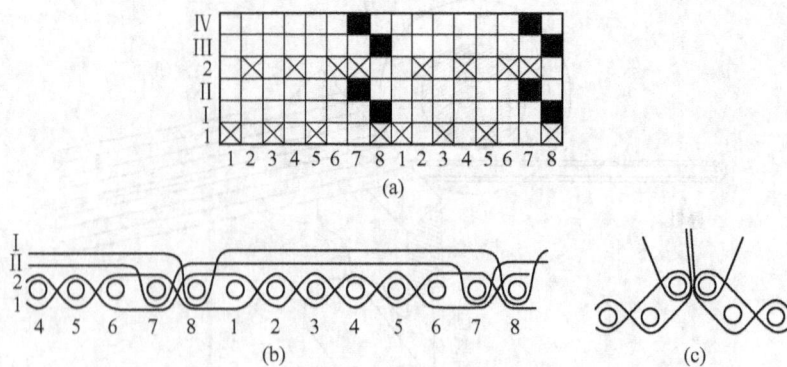

图 2 - 105　平纹变化地灯芯绒组织图

W 形固结法,亦称紧毛固结法,绒纬除浮长外,与三根或三根以上的压绒经交织,如图 2 - 106(b)所示。每一绒束的绒根植在三根经纱上,呈 W 形,所以称为 W 形固结法。采用 W 形固结,绒纬与压绒经交织点多,纬纱不易打紧,织物纬密受限制,毛绒抱合度差,但毛绒固结牢度好。W 形固结常用于织制要求绒纬固结牢固但对绒毛密度要求不高的灯芯绒织物。

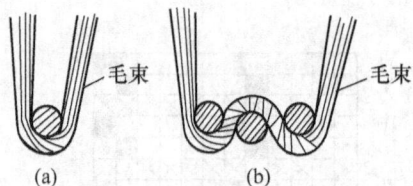

图 2 - 106　绒纬的固结方式

绒纬浮长:在经密一定的情况下,绒纬浮长决定毛绒的高度和绒条的宽窄。绒纬浮长越长,绒条也越阔,毛绒高度也越高。但绒纬浮长过长,割绒后容易露底,因此需要合理安排绒根的分布。

若割绒进刀部位位于绒纬浮长线的中央,则毛绒的高度可按下式计算:

$$h = \frac{C}{2 \times \dfrac{P_{\mathrm{j}}}{10}} \times 10 = \frac{50C}{P_{\mathrm{j}}}$$

式中:h——毛绒高度,mm;

　　　P_{j}——经纱密度,根/10cm;

　　　C——绒纬浮长线所覆盖的经纱数。

绒根分布情况:绒经较多时,需考虑绒根的分布状态;当绒根散开布置,如图 2 - 107(a)所示,则每束绒毛长短差异小,绒根分布比较均匀,整个绒条平坦;当绒根分布中间多、两边少,如图 2 - 107(b)所示,则各束绒毛长短参差,形成绒条的绒毛中间高、两侧矮。

c. 地纬与绒纬排列比的选择:地纬与绒纬排列比一般根据灯芯绒的外观要求及织物的坚牢度来选择,一般有 1∶2、1∶3、1∶4、1∶5 等,其中多选择 1∶2、1∶3。在经纬纱线密度、织物密度、织物组织相同的情况下,地纬与绒纬比值大,则毛绒密度大,织物柔软性、保暖性及外观质量均得到改善,但纬向强力低,绒毛固结差。

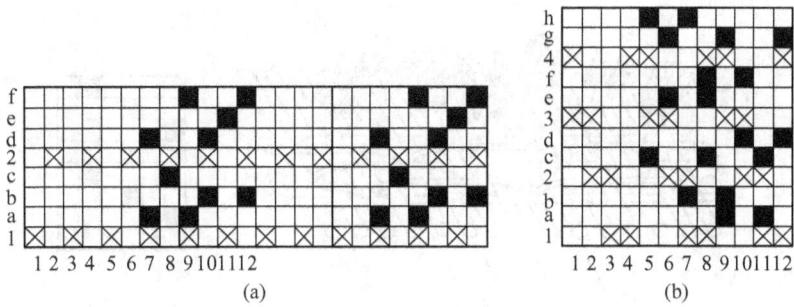

图 2-107 绒根的分布

③ 灯芯绒组织的绘作。

a. 由绒纬浮长及绒根的分布确定组织循环经纱数,由地纬与绒纬的排列比及地组织确定组织循环纬纱数。

b. 画出完全组织的大小,标出各经纬纱序号。

c. 在地纬与经纱交织处填入地组织,绒纬与压绒经交织处填入绒纬组织。绒纬与地经交织处为绒纬浮长线。

图 2-108 所示为常用的两种灯芯绒织物的上机图。

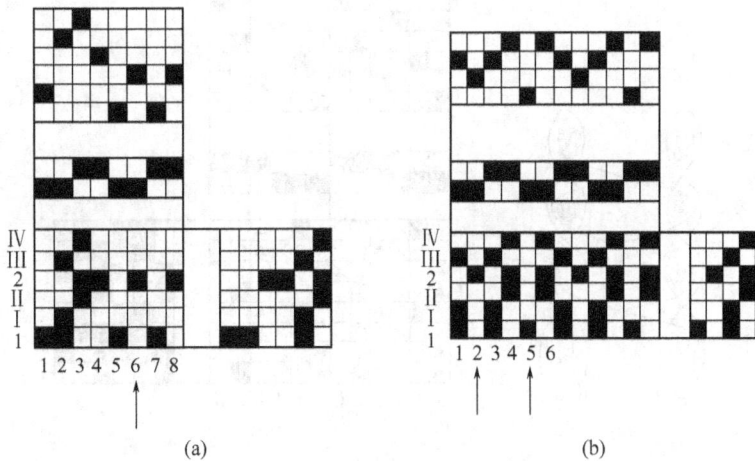

图 2-108 灯芯绒织物的上机图

(2)纬平绒:纬平绒织物的整个表面耸立着短而均匀的毛绒,绒毛平整不露地。图 2-109 (a)所示为纬平绒的结构图,地组织为平纹,地纬与绒纬的排列比为 1:3,图中 1、2 为地纬,a、b、c 为绒纬,经过开毛后形成毛束,图中箭头方向为开毛位置。图 2-109(b)为纬平绒组织图。

纬平绒绒纬的组织点彼此错开,这样有利于增加纬纱密度。绒纬以 V 形固结在经纱上,各绒纬被两根地经夹持,在开毛时,按照图中位置依次开毛,以便形成均匀紧密的平绒。

(3)经平绒:经平绒织物整个表面被由经纱形成、平整而均匀的绒毛所覆盖,绒毛长度约

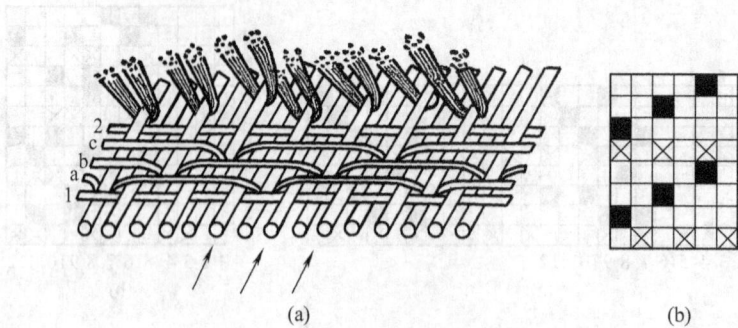

图 2-109 纬平绒结构图和组织图

2mm。目前,经平绒织物大多数采用平纹作为地组织,绒经以 V 形固结法为主,地经与绒经的排列比一般有 2:1 和 1:1 两种。

如图 2-110 所示为某经平绒单梭口织造法上机图。这种平绒织物上下两层地布均为平纹组织。地经与绒经的排列比为 2:1,表里纬纱排列比为 2:2。在图 2-110 中:a、b 为绒经,符号▲表示绒经组织点符号;1、2 为上层经、纬纱,■表示上层织物经组织点;Ⅰ、Ⅱ为下层经、纬纱,符号⊠表示下层织物经组织点;符号⊙表示引里纬时,上层经纱提起。

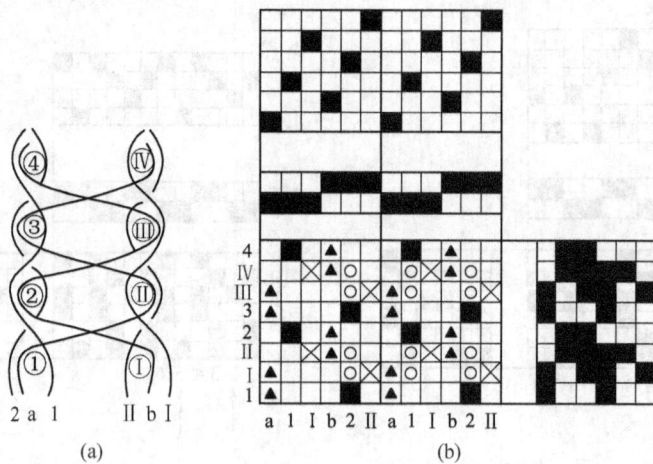

图 2-110 经平绒组织单梭口织造法上机图

穿综一般采用分区穿法:绒经需要保持小的张力,穿在前区;表经地经穿在中区;里经地经穿在后区。

穿筘时,必须注意绒经与地经在筘齿中的排列位置。因为绒经的张力小,地经张力大,如果绒经在筘齿中被夹在地经中间,那么很容易被地经夹住而影响正常的开口运动,造成绒面不良,因此,绒经在筘齿中的位置以靠筘齿边为宜。因地经张力比绒经大很多,所以将地经和绒经分别卷绕在两个织轴上。

（4）毛巾组织：毛巾组织是利用织物组织和织机特殊的送经和打纬运动的共同作用，使织物表面覆盖着由经纱形成毛圈的组织，其织物称为毛巾织物。毛巾织物具有良好的吸湿性、柔软性和保暖性，适宜作面巾、浴巾、枕巾、被单、睡衣、床毯等。

毛巾织物由两个系统的经纱（称为地经和毛经）和一个系统的纬纱交织而成。地经和纬纱交织构成底布成为毛圈附着的基础，毛经与纬纱构成毛圈。毛经与地经的排列比一般为1:1，也有2:1、1:2的。毛巾织物的基础组织一般采用$\frac{2}{1}$、$\frac{3}{1}$变化经重平、$\frac{2}{2}$经重平等。

① 毛圈的形成过程：毛巾织物表面的毛圈是由钢筘的长短打纬运动、地组织与毛组织的配合，以及地经送经运动三方面协调配合而形成的。

图2-111（a）、（b）分别为毛巾组织的地组织和毛组织，图2-111（c）为三纬毛巾的组织图，图2-111（d）为毛巾织物纵截面图，图2-111（d）中1、2表示地经，虚线a、b表示毛经。

如图2-111（d）所示，当引入第1、第2根纬纱时打纬动程较小，打纬终了时，筘离织口尚有一定距离，形成一条空档，这种打纬动程较小的打纬称为短打纬。当引入第三根纬纱之后，筘将这三根纬纱一并推向织口，这时筘的打纬动程为全程，这种打纬动程为全程的打纬称为长打纬。长打纬时，由于第1、第2根纬纱处在地经张紧的同一梭口内，因此当筘推动第3根纬纱时，能同时推动第1、第2根纬纱一起向前，因这时毛经已与第1、第2根纬纱交织，第3根纬纱带着与之相交织的毛经一起沿张紧的地经向织口移动。这样，毛经在被固定于底布中的同时，又在织物表面形成毛圈。

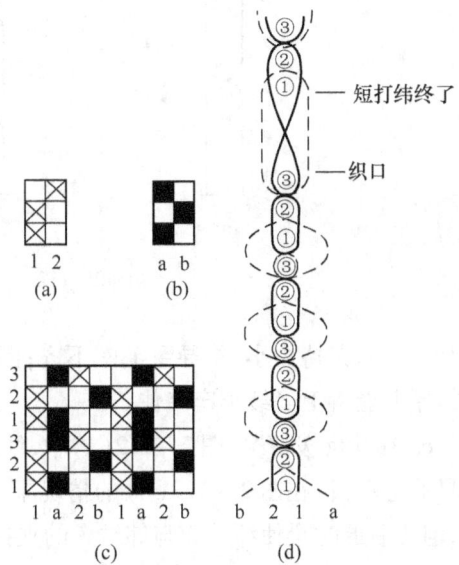

图2-111 三纬毛巾组织图

② 毛、地组织的配合：毛、地组织的配合对织物表面形成毛圈影响显著，良好的配合应满足三个要求：为了使纬纱容易打向织口，打纬阻力以小为宜；对毛经夹持牢固；纬纱不易反拨。

如图2-112所示，三纬毛巾的毛、地组织均为$\frac{2}{1}$变化经重平，但它们的起点不一样。现从三个方面进行分析比较。

a. 打纬阻力：为了易于将纬纱打向织口，打纬阻力要小。图2-112（a）中，长打纬时，三根纬纱与地经已上下交织，同时三根纬纱夹持毛经纱将沿着张力很大的地经滑动，故此打纬阻力最大。图2-112（b）、（c）的打纬阻力较小。

b. 对毛经的夹持：图2-112（a）中，纬纱1与纬纱2、纬纱2与纬纱3之间均有地经交叉，因此纬纱对地经的夹持力小；在图2-112（b）中，纬纱2与纬纱3虽能将毛经纱夹住，但纬纱1与

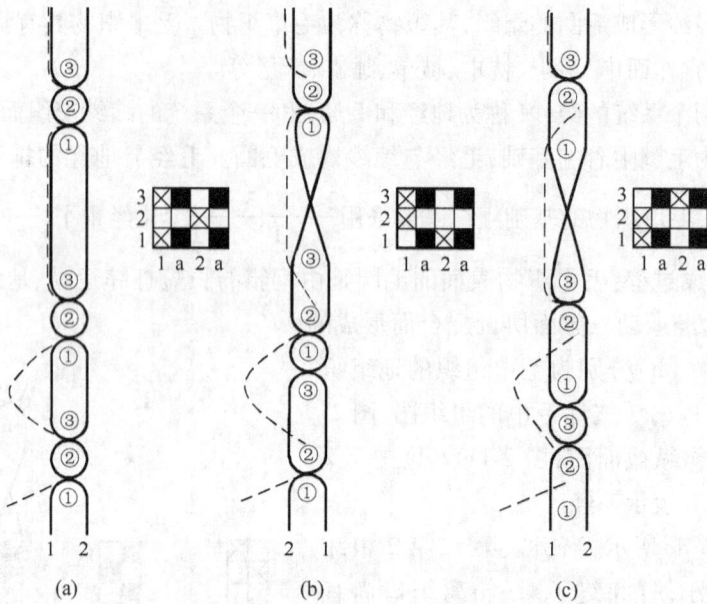

图 2 - 112　三纬毛巾毛、地组织的配合

纬纱 2 之间夹持力小,将导致毛圈不齐;图 2 - 112(c)中,纬纱 1 与纬纱 2 在同一梭口,所以容易靠紧并能将毛经纱牢牢夹住。

　　c. 纬纱反拨情况:图 2 - 112(a)中,纬纱 3 与纬纱 1 的梭口相同,长打纬后,筘后退时纬纱 3 容易后退反拨;在图 2 - 112(b)的情况下,纬纱 3 与纬纱 1 的梭口不同,纬纱 3 的反拨虽不严重,但筘后退时会使纬纱 2 与纬纱 3 的夹持力减小;而图 2 - 112(c)的配合中,即使纬纱 3 后退也不会影响纬纱 1 与纬纱 2 对毛经的夹持力,毛圈大小将不会改变。

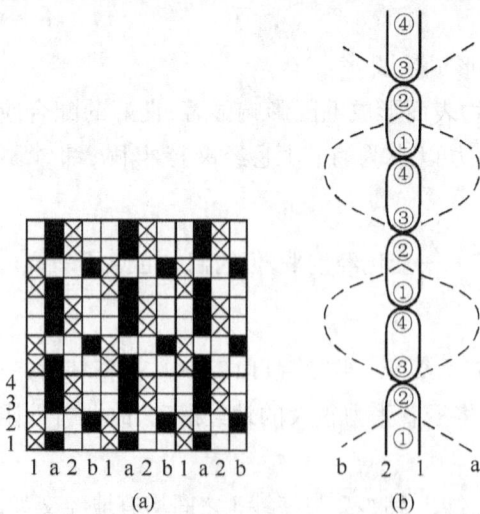

图 2 - 113　四纬毛巾组织图

　　综合以上分析,可知图 2 - 112(c)的毛、地组织的配合情况最好。目前,实际生产中均采用图 2 - 112(c)的配合方式。

　　当地组织为 $\dfrac{2}{1}$ 变化经重平时,称为三纬毛巾组织;当地组织为 $\dfrac{3}{1}$ 变化经重平或 $\dfrac{2}{2}$ 经重平时,称为四纬毛巾组织。根据品种要求和产品轻重来决定采用哪一种,如采用 $\dfrac{2}{2}$ 经重平为地组织的四纬毛巾组织,可采用三次短打纬,一次长打纬进行织制,如图 2 - 113 所示,图 2 - 113(a)为组织图,图 2 -

113（b）纵向截面图。

③ 地经与毛经的排列比及毛圈高度。

a. 地经与毛经的排列比：地经与毛经的排列比影响毛巾的毛圈密度。常用的地经与毛经排列比有：1∶1（称单单经单单毛）、1∶2（称为单单经双双毛）、2∶2（称为双双经双双毛）。

b. 毛圈高度：毛圈高度由长、短打纬之间相差的距离确定，约等于此距离的一半，并配合毛经的送经量来完成。

毛经与地经送经量之比称为毛长倍数（简称毛倍），决定毛圈的高度。不同品种对毛长倍数的要求不同，一般餐巾类为3∶1，面巾与浴巾为4∶1，枕巾与毛巾被为4∶1～5∶1，螺旋毛巾为5∶1～9∶1。

三、织物组织设计

织物组织设计是织物设计的重要组成部分，恰当与否直接影响织物的外观、手感及性能。进行织物组织设计时，应综合考虑经纬纱线原料、线密度、密度及纱线排列等因素，以取得最佳的综合效果。还应考虑生产条件，如织机类型、综片数、储纬器数等。同时，要考虑与传统织物的延续与变化，利用各类组织设计的基本规律与形式变化法则，设计出体现织物风格特征的新颖组织。

❋ 任务实施

针对设计一款男装衬衫面料的织物组织的工作任务，具体步骤如下。

步骤一　产品定位

本设计将衬衫面料定位用于高级商务男装衬衫，以获取较高的利润。

步骤二　选择经纬纱线原料和纱线线密度

高档衬衫面料要求质地柔软、轻薄、滑爽、布面细腻，还要具有舒适、免烫等特性。人们穿着衬衫普遍看好纯棉、涤棉产品，尤其是细特纯棉、涤棉面料柔软、挺滑、质地轻薄、布面细腻、滑爽如绸，还有舒适、洗后免烫等特性。因此选择细特精梳棉纱作为经纬纱，并配以高的经纬密度。

步骤三　织物组织设计

条格效应通常是衬衫面料最主要的一个外观特征，在衬衫面料的设计中，可以形成条格效应的方法有很多，如利用纱线原料的变化、纱线结构（包括种类、细度、捻度、捻向等）的变化、色纱排列、密度的变化、组织结构、织造时经纱张力不同配置等方法都可以设计出独具效应的衬衫面料。

根据市场调研可知，衬衫面料的条格效应通常是平纹、$\frac{2}{1}$及$\frac{2}{2}$等简单斜纹组织、纵条纹组织及平纹地小提花组织配置不同的色纱排列来形成，尤其是平纹地小提花薄型衬衫面料由于有轻薄、透气、花纹富于变化的特点，因而深受客商的青睐。因此采用小提花组织与细特高密相匹配。

步骤四　填写织物组织设计表（表2-1）

表2-1　织物组织设计表

品名	××-001	客户		××公司
用途	男装衬衫面料			
组织图				
备注	组织图中 a、b、c、d 可根据客户要求来定			

组织图中 ×a　×b　×c　×d

织物组织确定后，要根据经验或参考类似品种确定织物经纬密度，进行小样工艺设计（详见任务三），有条件的话进行 CAD 模拟设计（详见任务四），设计出一组配色模纹图，供客户进行初步的筛选。当客户选定后，织制小样（详见任务五）；没条件进行 CAD 模拟设计的，直接进行小样工艺设计和织制小样。将小样进行后整理，与客户一起对产品进行评审，根据客户意见进行修改，再评审，客户满意后，最后确定产品方案。织物组织设计要与纱线原料、线密度、颜色搭配及织物经纬密度一起考虑，要综合考虑几个设计因素且一般要经过多次修改，本教材不详细展开讨论。例如，本任务设计出的衬衫面料组织，经过与客户评审及修改，最终确定的织物有关设计参数见表2-2。

表2-2　织物组织设计参数表

坯布规格	JC 7.3×2×JC 14.6×484×393.5 （JC80/2 英支×JC 40 英支×123×100）
组织图	
各部分经密（根/10cm）	平纹部分:333;斜纹部分:501;小花部分:666。
经纱排列	2 红综 1 粉红 22 漂白 1 粉红 2 红综 36 漂白 2 橙红 2 粉红 20 漂白 2 粉红 2 橙红 36 漂白
纬纱排列	漂白

组织图中 ×2　×6

✳ 实训

某客户要求设计如图2-114所示服装用面料的织物组织,请设计适合的织物组织并填写织物组织设计表(样表)(表2-3)。

(a)女装衬衫

(b)连衣裙

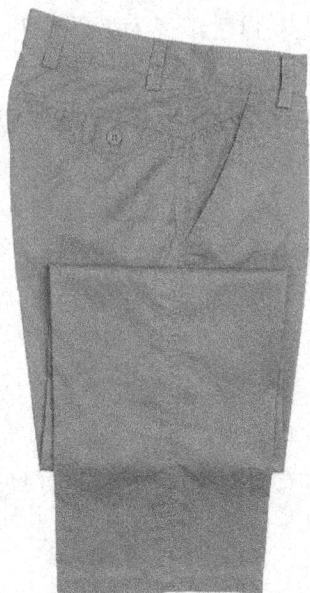
(c)男装休闲裤

(d)男装西裤

图2-114 服装面料

表 2-3 织物组织设计表（样表）

品　名		客　户	
用　途			
组织图			
备　注			

❋ 知识扩展

一、绉组织及其应用

在日常生活中,我们经常会看到一些起绉的织物,如某些女线呢、女式呢、绉纹呢、乔其纱、泡泡纱等,这些织物的外观不平整、有起绉的效应。为了使织物表面起绉,可采用的方法是多种多样的。如可利用化学方法对织物进行后处理,利用织造时不同的经纱张力,利用不同捻向的强捻纱间隔排列,或利用织物组织等。下面仅介绍利用织物组织使织物表面获得起绉效应的方法。这类织物的起绉,主要是由织物组织中不同长度的经、纬浮线,在纵横方向错综排列,则结构较松的长浮组织点受结构较紧的短浮组织点的作用,而在织物中微微凸起,使织物表面形成满布分散且规律不明显的微微扭曲的细小颗粒状,形如起绉。使织物呈现起绉外观的组织称为"绉组织"。它所织成的织物较平纹织物手感柔软、厚实、弹性好、表面反光柔和。

(一)绉组织的构作要点

一个好的绉组织应使织物表面形成的微微扭曲的颗粒细小且无明显规律,并便于织造。为此,构作绉组织必须注意以下几点。

(1)织物表面的经、纬组织点,不能有明显的斜纹、条子或其他规律出现。不同长度的经、纬浮线配置得越复杂,则越能掩盖其规律性,那么织物表面起绉的效果就越好。因此,组织循环大些,效果就会好些,但应注意尽量减少生产中的复杂程度,如综片不宜过多,每片综的载荷应尽量相近。

(2)在一个组织循环内,每根经纱与纬纱的交织次数应尽量一致,相差不要过大,以使每根经纱的缩率趋于一致。否则将影响梭口的清晰度及织物外观。

(3)在组织图上,经(或纬)浮线不宜过长,且不应有大群相同的组织点(经或纬组织点)集中在一起,以免影响起绉效果。

(二)绉组织的绘作方法

绉组织的绘作方法很多,现将常用的构成绉组织的方法介绍如下。

1. 增点法　选择两个或两个以上原组织或变化组织,确定以其中一个组织为基础,然后按另一种组织的规律在其上增加组织点构成绉组织。图 2-115(a)即为在平纹组织的基础上,按四枚不规则缎纹的规律增加经组织点而构成的绉组织。它的作图方法是先在 8×8 的范围内画平纹组织,然后再在奇数经纱和偶数纬纱相交处,按四枚不规则缎纹填绘经组织点而成。图 2－115(b)是在八枚三飞加强缎纹的基础上,按四枚不规则缎纹的规律增加经组织点而构成的。

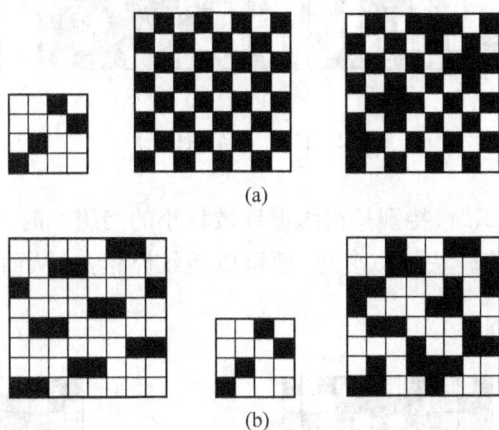

图 2－115　绉组织(一)

2. 以一种组织纱线移绘到另一种组织纱线间构成绉组织　采用此法绘制绉组织时,系将一种组织的经(或纬)纱移绘到另一种组织的经(或纬)纱之间。在移绘时,两种组织的经纱可采用 1:1 的排列比,亦可采用其他排列比。图 2－116(c)即为由图 2－116(a)、(b)两种组织的经纱按 1:1 的排列比绘成的绉组织。当经纱排列比为 1:1 时,采用此法绘制的绉组织其组织循环经纱数为两种基础组织的组织循环经纱数的最小公倍数乘以2,组织循环纬纱数等于两种基础组织的组织循环纬纱数的最小公倍数。图 2－116(d)为常用的一种小绉纹组织。

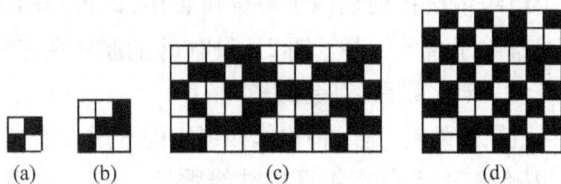

图 2－116　绉组织(二)

3. 调整同一种组织的纱线次序构成绉组织　用这一方法绘作绉组织时,一般以有长短浮长线的变化组织作为基础组织,然后按构成绉组织的外观要求,变更基础组织的经(或纬)纱的排列次序而成。图 2－117(b)是以 $\frac{3}{2}\ \frac{1}{2}\ \frac{1}{2}\nearrow$ 为基础组织,采用 1、5、9、2、6、10、3、7、11、4、8 的经纱排列顺序绘制成的绉组织。图 2－117(d)是以 $\frac{3}{1}\ \frac{1}{1}\ \frac{1}{2}\ \frac{1}{1}\ \frac{3}{1}\nwarrow$ 为基础组织,采用 1、6、11、3、8、13、5、10、2、7、12、4、9 的纬纱排列顺序绘制成的绉组织。

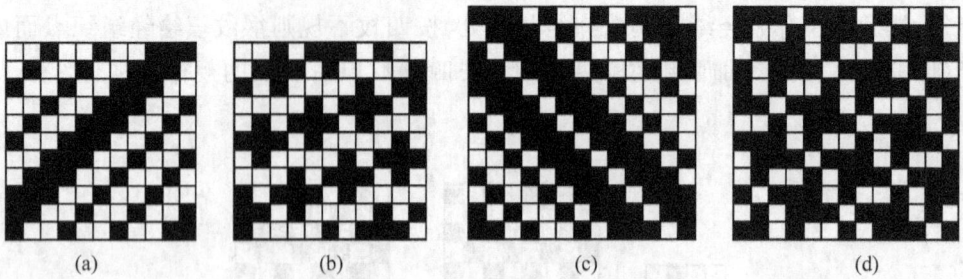

图 2 – 117　缎组织(三)

4. 旋转法　设计缎组织时,特别是组织循环数较小的缎组织时,一般情况下往往会出现直向、横向或斜向的纹路,用旋转法加以变化,便可以使纹路消失,从而使缎组织外观更为匀称。如图 2 – 118 所示。

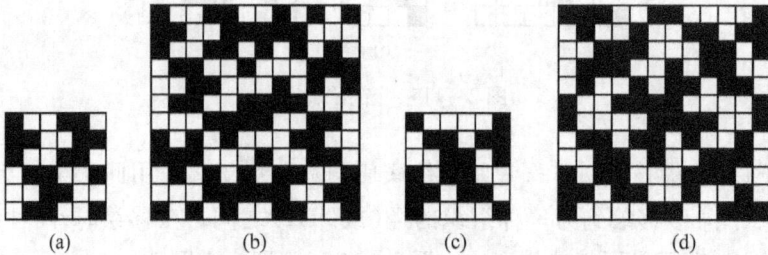

图 2 – 118　缎组织(四)

图 2 – 118(a)的外观比较单调,同时在织物表面有直条纹出现,将其的经、纬纱线循环扩大一倍并分成四个等分,然后将图 2 – 118(a)依次逆时针旋转 90°得到其他三个组织,将图 2 – 118(a)和旋转所得的三个组织依次排列在四个等分位置中,即得到图 2 – 118(b)。图 2 – 118(b)的外观较为多变,而且消除了直条纹路。图 2 – 118(c)的原外观有斜向纹路,经旋转合并后得到图 2 – 118(d),其小花纹外观较别致,且起缎较均匀。

应用旋转法可改善缎组织的外观,是一种构作缎组织的常用方法,但设计时必须注意其经、纬组织循环数不能过大,因旋转时经、纬组织循环纱线数扩大了一倍,所以,如果要在多臂机上织造,则只适合在组织循环数较小的基础组织图形上应用。

5. 省综设计法　由上述各种方法绘制的缎组织均因受到综片数的限制,组织图都不可能太大,因此,在织物中经、纬纱的交织情况必然还会呈现出一定的规律性,以致影响织物的外观。目前,在生产实际中,为了获得起缎效果较好的织物,常采用一种扩大组织循环的省综设计方法,这种方法可以在使用较少综片数的情况下,按照上述绘作缎组织的原则,合理安排经、纬纱的沉浮规律,从而获得缎效应较好的缎组织。

省综设计法绘制缎组织的步骤和方法如下。

(1)选定综片数。一般是根据生产实际需要和织机设备条件来选定,通常为 4 片、6 片和 8

片。在生产实际中,因 4 片综变化范围较小,不够理想,因此一般多用 6 片综或 8 片综进行织造。

(2)设计穿综图。设计穿综图时,应遵守以下几条原则。

① 确定穿综循环数。穿综循环数等于绉组织的经纱循环数,最好即为综片数的整数倍,同时又与纹板数相呼应为宜。如所选定的综片数为 6,则穿综循环可采用 24、36、48、…。

② 确定穿综方法。将整个穿综循环分为若干份,每一份等于用综片数,并保证在整个穿综循环中,每片综框上穿入的综丝数应尽量相同。例如,某绉组织其经纱循环数为 24 根,如果采用 6 片综,则可将一个穿综循环分为四份,每片综上应穿有 4 根综丝,即把 24 根经纱分为四组,分别按穿综规律穿入 6 片综内,如穿综图 2 - 119 所示。

③ 穿综时应保证在同一片综内,相邻穿入的 2 根综丝必须最少间隔 3 根经纱的位置(首尾循环时也要注意这一情况),这样可避免绉组织出现直条纹路。

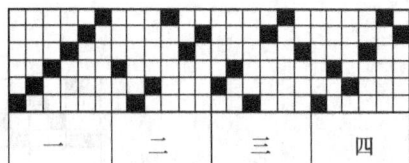

图 2 - 119 穿综图(一)

④ 在同一穿综循环内,每组综片的穿综方法是自由的,但各组的穿综方法都应不相同,即在一个大的穿综循环内,不应有小的穿综循环出现。

现以采用 6 片综为例,设计几个不同的穿综图,穿综如图 2 - 120 所示。其中,图 2 - 120(a)

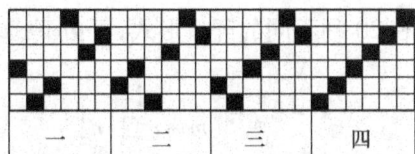

(a)

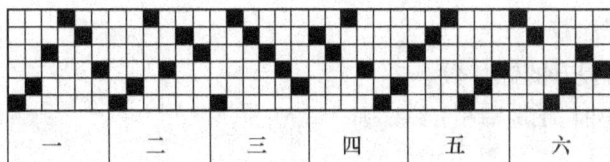

(b)

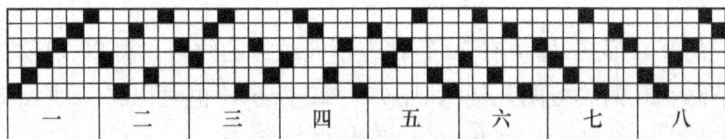

(c)

(d)

图 2 - 120 穿综图(二)

为穿综循环等于 24;图 2-120(b)为穿综循环等于 36;图 2-120(c)为穿综循环等于 48;图 2-120(d)为穿综循环等于 90。

从以上设计的各穿综图可看出,虽然只用 6 片综,但可以织出经纱循环各为 24、36、48 以及 90 的绉组织,当然还可以设计出其他更多的穿综图,在此不再枚举。

这里对使用 4 片综设计穿综图的情况作一分析。假设仍以某经纱循环数为 24 根的绉组织为例,将其穿入 4 片综内,如图 2-121 所示。可以看出,各相邻两组穿综循环的经纱中,必有一片综片上相邻 2 根综丝只能间隔 2 根经纱的位置,因此使用 4 片综织造时不易得到良好的绉效应。

图 2-121 穿综图(三)

(3)设计纹板图。设计纹板图时,一般先根据选定的综片数,确定植有不同纹钉的纹板数。实际生产中,每次投纬时应提升一半综片数,根据排列组合的原则,如果采用 6 片综,每次应提升 3 片不同排列的综片,则可有 20 种不同的开口形式,可由下式求得:

$$C = C_m^n = \frac{m!}{(m-n)!\ n!}$$

式中:C——不同形式的开口次数,即植有不同纹钉的纹板数;

m——使用的综片数;

n——每次开口提升的综片数。

例如:采用 6 片综时,即 $m=6$,$n=3$,则:

$$C = \frac{6!}{(6-3)!\ 3!} = \frac{1 \times 2 \times 3 \times 4 \times 5 \times 6}{1 \times 2 \times 3 \times 1 \times 2 \times 3} = 20$$

有 20 次不同的开口形式,即应有 20 行植有不同纹钉的纹板。将 20 块纹板进行随机排列,可设计出纬纱循环为 20 的纹板图几例,如图 2-122 所示。也可以将每块纹板重复应用一次,随机排列出纬纱循环为 40 的纹板图几例,如图 2-123 所示。

为了达到良好的绉效应,在设计纹板时应注意。

① 由于绉组织是以长短经、纬浮长交错配置而成的,因此在排列纹板时,相邻两块纹板必须有一处在管理同一片综的纹孔位置上,连续植有纹钉,这样才能保证经浮长的出现。

② 纹板图上的每一纵行或横行上,连续的经浮长或纬浮长不应太长,因为浮长过长,不易卷缩拱起,影响颗粒状起绉外观。特别是在使用较粗的经纬纱进行设计时,尤其要注意这一点,为保证省综设计法设计的绉组织的织物表面起绉细腻,一般应使纹板纵行上的连续浮点数不超

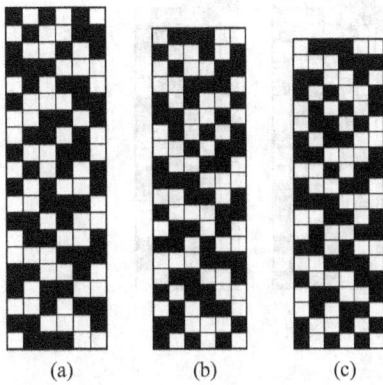

图2-122　纹板图(一)

图2-123　纹板图(二)

过2个,纹板横行上的连续浮点数不超过3个。也就是说,在管理同一片综的一列纹孔位置上,不应出现超过2块纹板连续植有纹钉;在同一块纹板上,也不应出现连续植有3个以上的纹钉数。

③ 纹板图上每一纵行的交织次数应尽量一致。

④ 纹板图上每一横行的经组织点数与纬组织点数尽量相等。

⑤ 设计纹板图时,可选择若干个组织循环纱线数等于用综片数或为用综片数的约数、浮沉规律为对称规律的组织(如平纹、$\frac{2}{1}\ \frac{1}{2}$、$\frac{3}{3}$等),按某种排列比依次沿横向填绘于纹板图中。

(4)绘作组织图。用任何一个编排好的穿综图与纹板图均可以求出相应的绉组织图,一般在绘作绉组织时,其组织循环经、纬纱数不宜相差太大。

如图2-124所示是由经纱穿综循环数为24(即组织循环经纱数为24),纹板循环数为20(即组织循环纬纱数为20)绘作的绉组织织物的上机图。图2-125所示是由经纱穿综循环数为48(即组织循环经纱数为48),纹板循环数为40(即组织循环纬纱数为40)绘作的绉组织织物上机图。

由以上各图中可知,构成绉组织的方法虽然是多种多样的,但无论采用哪一种方法,都必须注意所构成的绉组织应保证其织物表面的起绉效果。如起绉效果不良,可用改变基础组织或改变作图方法等加以改进。

(三)绉组织的应用

绉组织在各种织物中都有应用。在棉织品的色织物中用得较多,在毛织物、化纤织物、化纤混纺织物及丝织物中也都有应用。图 2 – 124、图 2 – 125 是两个在棉织物中的应用实例。

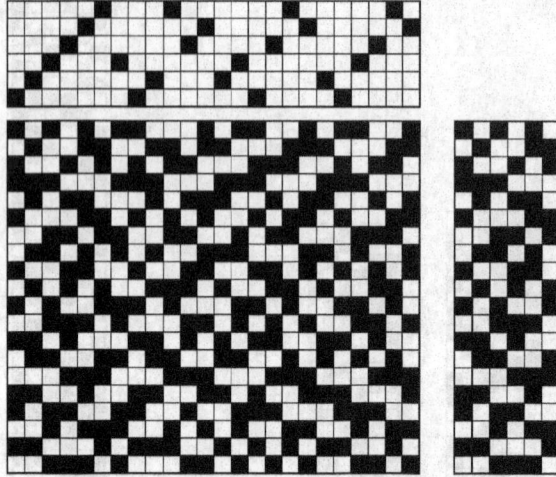

图 2 – 124　绉组织织物上机图(一)

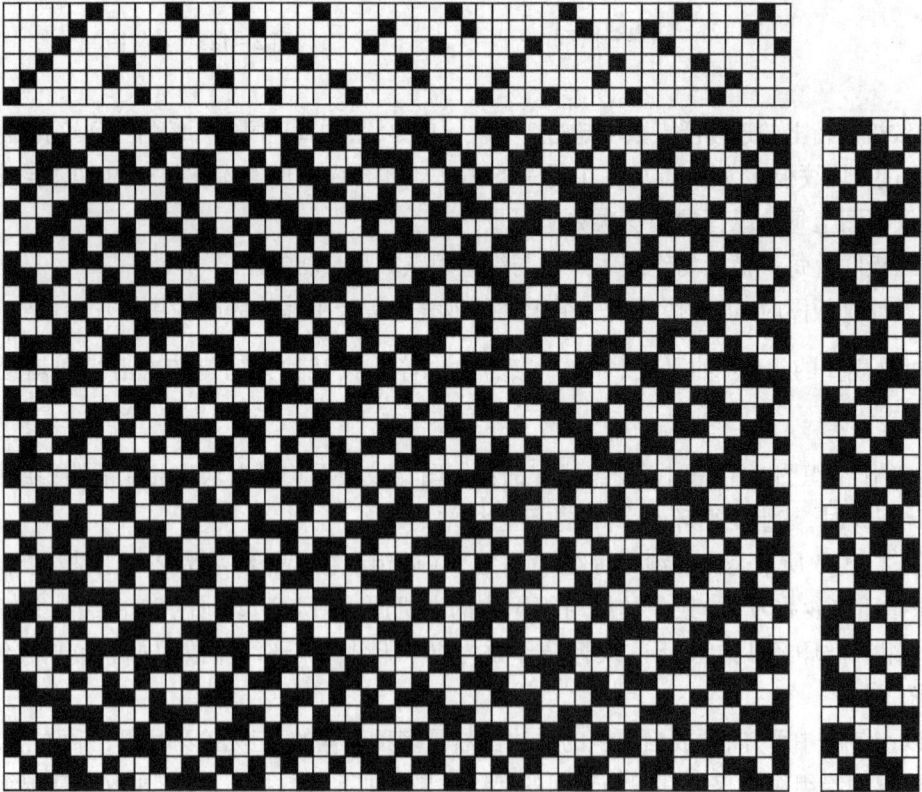

图 2 – 125　绉组织织物上机图(二)

二、网目组织及其应用

用这种组织制织的织物表面呈现特殊的外观,即在平纹或斜纹地布上,有间隔分布的曲折长浮线呈现于织物表面,成网络状,所以把这种组织称为网目组织。图 2-126 所示为两种简单网目组织,织物表面的网络状长浮线可以是经纱,也可以是纬纱。网络状长浮线为经纱时称为网目经,所形成的网目组织称为经网目组织,如图 2-126(a)所示;网络状长浮线为纬纱时称为网目纬,所形成的网目组织称为纬网目组织,如图 2-126(b)所示。图 2-126 中的曲折线条分别表示网目经和网目纬在织物中所呈现的状态。

(一)组织配置的特征与网目效应的形成

现以经网目组织为例,说明网目组织的特征与网目的形成原理。

1. 地组织的特征　网目组织的地组织通常为平纹组织,也可以选用原组织斜纹。

2. 网目经与牵引纬的配置　在一个组织循环中,每隔一定根数的地经纱,配置有单根或双根网目经,网目经的浮沉规律由经长浮线与单个(或双个)纬组织点所组成,通常为 $\frac{3}{1}$、$\frac{5}{1}$、$\frac{7}{1}$ 等。两条网目经之间的地经根数为奇数,其根数的多少视网目的大小而定。

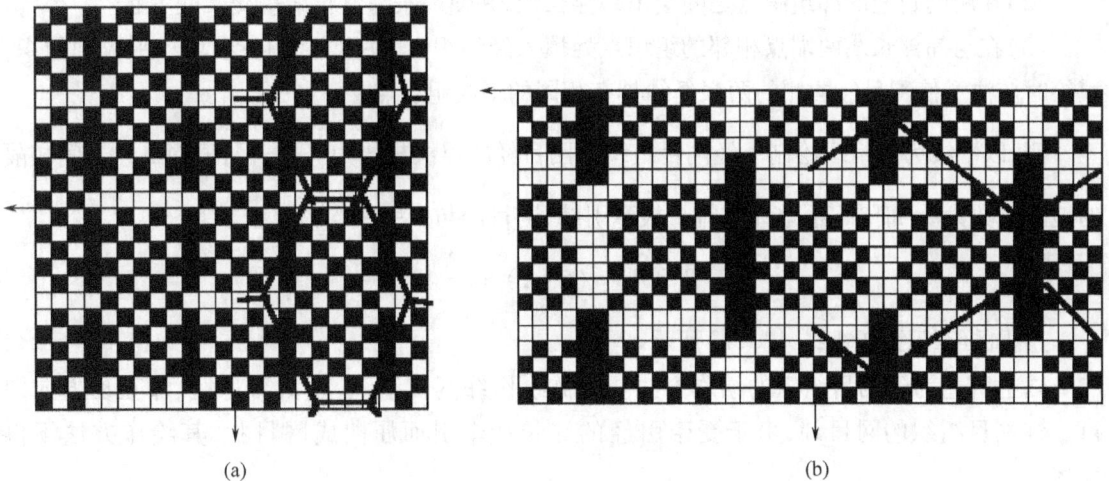

(a)   (b)

图 2-126　两种简单的网目组织

在一个组织循环中,每隔一定根数的纬纱配置一条具有长浮线纬纱,此纬纱被称为牵引纬。两条牵引纬之间相隔的纬纱根数,一般也是奇数,且等于网目经的连续经浮点数。相邻两条牵引纬必须交叉配置,在图 2-126(a)中,第 1 根牵引纬的浮长线安排在第 4 与第 10 根经纱(即第 1 和第 2 根网目经)之间,而第 2 根牵引纬(即第 7 根纬纱)的浮长线,则安排在第 10 与第 16 根经纱(即第 2 和第 3 根网目经)之间。

3. 网目效应的形成　如图 2-126(a)所示,网目经两侧的经纱的沉浮规律为相同的平纹组织点,有相互靠拢的倾向,从而把网目经长浮线挤出,并浮于织物表面。

牵引纬的浮长线跨越于两条网目经之间,而其两端为平纹组织点,故纬浮长线就把两条网目经向一起拉拢。由于相邻两条牵引纬的纬浮长线是交叉配置的,因此,网目经就呈现出曲折波形,并与纬浮长线一起形成网络状。

(二)网目组织的绘作方法

根据上述组织特征,便可绘作组织图。现以简单经网目组织为例,综述其步骤如下。

1. 确定地组织   一般以平纹组织为地组织,也可以原组织斜纹作地组织的。

2. 配置网目经与纬浮长线   根据织物的使用要求,确定每条网目经的经纱根数、网目经的沉浮规律以及两条网目经之间相隔的地经纱根数;确定每条牵引纬的纬纱根数、牵引纬的浮长线以及相邻两根牵引纬之间相隔的纬纱根数。

3. 确定完全组织的大小

$$R_j = (两条网目经之间的地经纱根数 + 每条网目经的经纱根数) \times 2$$

$$R_w = (两条牵引纬之间的纬纱根数 + 每条牵引纬的纬纱根数) \times 2$$

4. 填绘组织图

(1)在网目经上,按其沉浮规律填绘组织点。

(2)在两网目经的纬组织点之间空出纬浮长线,并使两条纬浮长线呈交叉配置状。

(3)在与纬浮长线两端点相邻的组织点处填入经组织点,并以此为起点,填绘平纹地组织,填绘时应注意使网目经两侧的两根经纱具有相同的平纹组织点。

例:以平纹为地组织绘制一经网目组织。网目经的浮沉规律为$\dfrac{5}{1}$,两根网目经之间相隔的地经根数为5,每隔5根地纬安排1根牵引纬,网目经与牵引纬均为单根。

$$R_j = R_w = (5 + 1) \times 2 = 12$$

绘得的组织图如图2-126(a)所示。

以上所述为经网目组织的绘作方法。如欲绘作纬网目组织,则只需将经、纬互易方向即可。纬网目组织的网目纬,由于受牵引经的浮长线牵引而屈曲成网目状,其绘作方法不再详述。

(三)网目组织的变化与应用

将网目经(纬)与牵引纬(经)的根数、长短与位置等加以变化,可以得到各种变化网目组织。

网目经(纬)与牵引纬(经)取不同根数、不同纱线线密度或不同颜色时,可以获得或粗壮、或细巧、或不同色彩的网目。如图2-126(b)所示的纬网目组织,其网目纬及牵引经均为双根并列。

变化网目经(纬)或牵引纬(经)的长度,可以获得不同波形与大小的网目组织。为了获得更为显著的网目经(纬)的曲折效应,可在牵引纬(经)的上下(或左右)取消部分地组织点。

网目组织也可以用斜纹作地组织,如图2-127(b)所示。

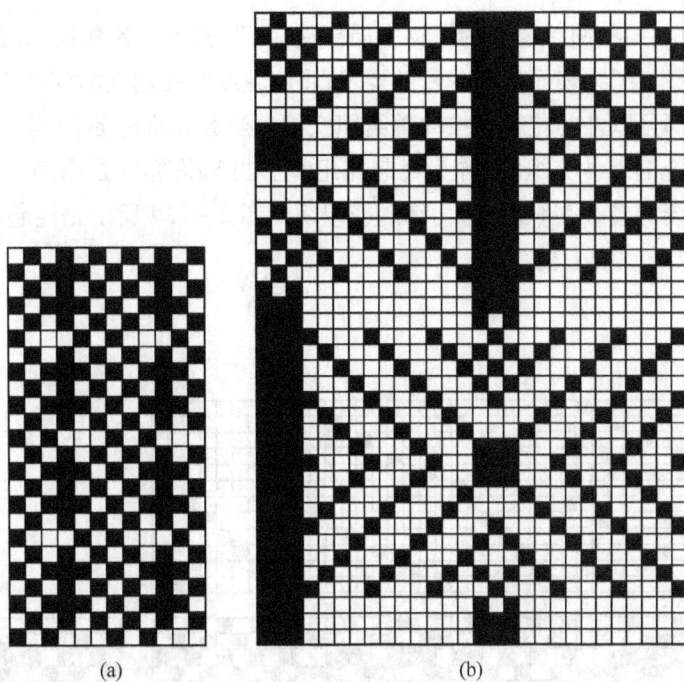

图 2 - 127　变化网目组织

　　网目组织织物表面波形曲折变化,图案色彩美观,立体感强,具有较好的装饰性,在棉、丝织物中多用作装饰织物,如窗帘、高档音响设备的装饰用绸等。在棉型细纺、府绸等织物上也可在部分平纹地上地点缀以网目组织。图 2 - 128 为某衬衫面料的上机图。

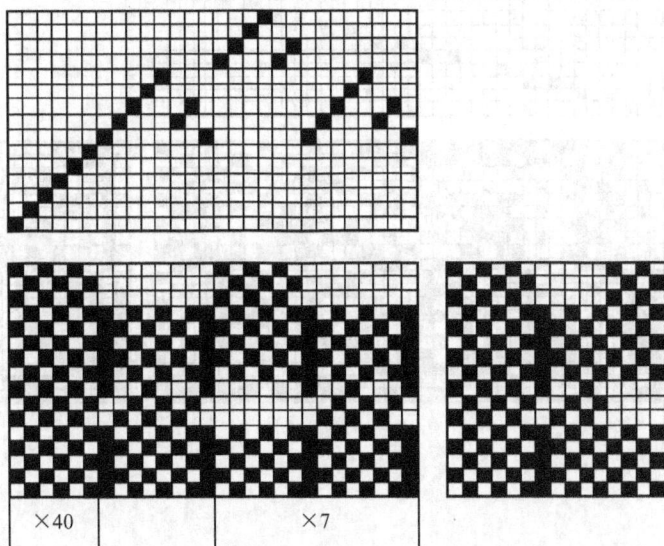

图 2 - 128　某衬衫面料的上机图

三、起花组织

二重组织可以在一些简单组织的织物中局部使用,形成各式各样局部起花的花纹,称为起花组织。起花组织中,织物表面按照花纹的要求,将起花纱线在起花时浮在织物表面,不起时沉于织物反面,起花部分以外的花纹仍按简单组织交织。当起花部分是由两个系统的经纱(花经和地经)与一个系统的纬纱交织时,称为经起花组织。当起花部分是由两个系统的纬纱(花纬和地纬)与一个系统的经纱交织时,称为纬起花组织。图 2 – 129 所示是经起花织物上机图。图 2 – 130 所示是纬起花织物上机图。

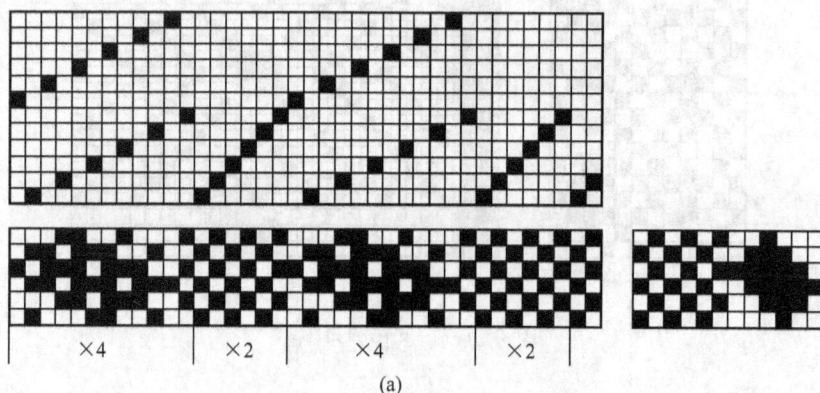

(a)

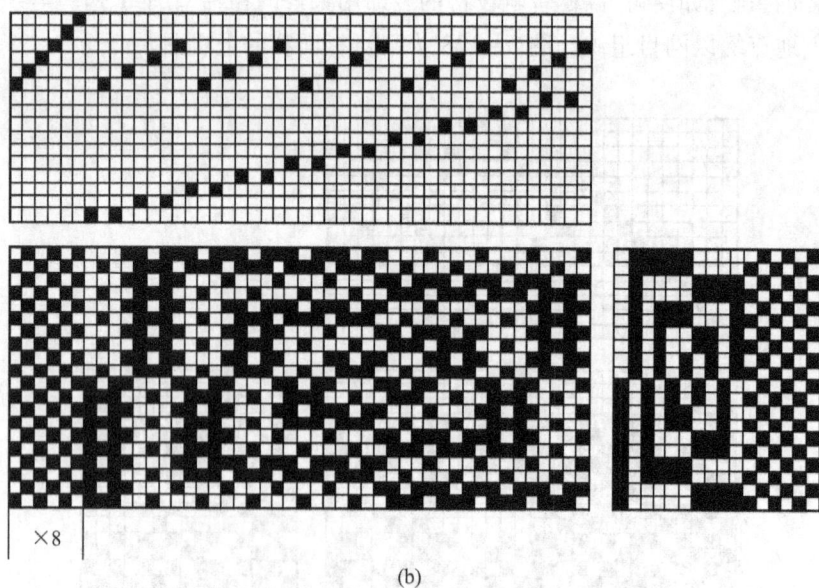

(b)

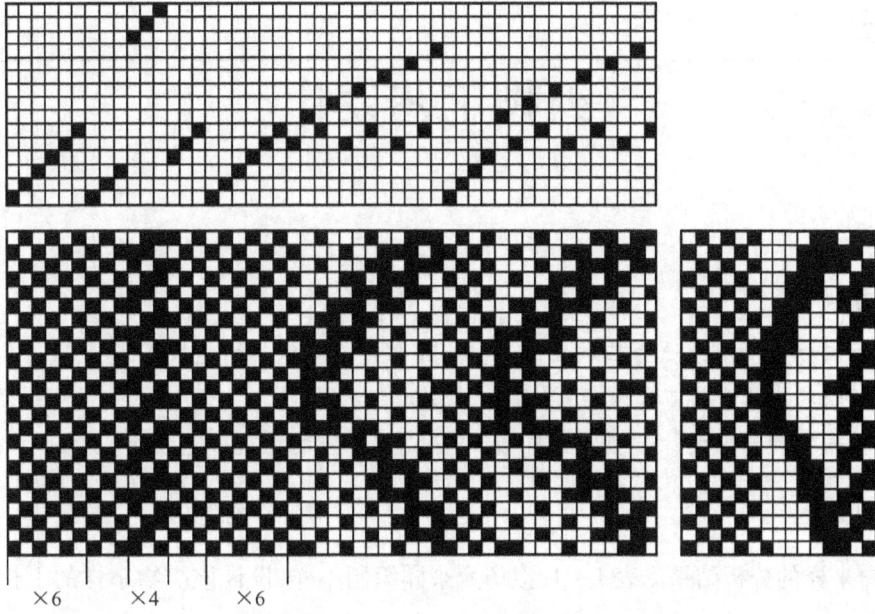

(c)

图 2 - 129　经起花织物上机图

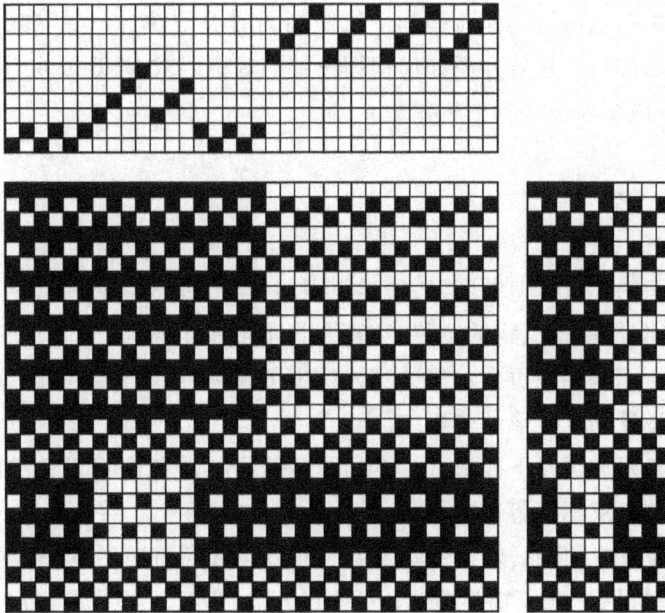

图 2 - 130　纬起花织物上机图

任务三

织物工艺设计

✿ 学习目标

- 了解织物上机图设计的基本知识、内容,并掌握常见织物的上机图设计。
- 了解织物小样上机工艺参数,并掌握其设计的方法。
- 能根据织物要求设计合理的上机图,并制订出相应的上机工艺参数。

✿ 任务引入

某客户来样的分析结果见表1-4,拟仿照来样织制小样,设计该织物小样的上机图和上机工艺参数。

✿ 任务分析

合理的织物上机图是该织物能否顺利上机织制的前提条件,恰当的参数是织物的外观、风格是否符合要求的关键。本任务介绍如何根据设计的规格要求、外观要求、风格要求,设计出织物的上机图,并制订该织物小样的上机参数。

✿ 相关知识

一、上机图设计

上机图是指导织物上机装造的图解,包括组织图、穿筘图、穿综图和纹板图。组织图描绘织物经纬纱的交织规律,能反映织物的纹路;穿筘图指示上机织制时,钢筘的每筘齿穿入数;穿综图反映织物生产时所用综框总页数和经纱穿入综框的顺序;纹板图控制综框的运动规律,是钉植纹钉、纹纸打孔、设计踏盘外形的依据。

设计上机图时必须满足以下要求,以方便生产和操作,避免出现设计出的上机工艺无法实现或生产出的实物与要求不符等情况。

(1)满足织物的规格、组织、外观和风格要求。织物有不同的外观和纹路,如斜纹织物有"匀、深、直"的斜向纹路,透孔织物具有均匀分布的小孔,双层织物具有表层和里层等。为了使织物能获得相应的外观和纹路,上机图必须符合不同的组织要求。

同组织的不同织物,如粗平布和府绸,由于规格及风格完全不一样,尽管都是平纹织物,但上机图并不相同。

(2)满足生产设备的要求。上机图中,穿筘图、穿综图与生产设备关系密切。

穿筘图中设计的每筘齿穿入数与钢筘筘号有着直接关联,通常以选择的每筘齿穿入数来确定钢箆的箆号,生产设备中应该备有相应箆号的钢箆。

穿综图决定织制某织物时所使用的综框片数,如果设计出的综框片数超出织机或小样机的最大容量,该织物不能生产。所以,在设计组织图和穿综图前应了解织机或小样机的最大综片数,避免出现可以画出而织不出的情况。

(一)常见织物的上机图设计

1. 平纹织物的上机图设计 在生产经密较小的平纹织物时,可采用两片综框、顺穿法,如图 3 - 1(a)所示;织制中等密度的平纹织物,如市布、青年布时,有梭织机一般采用两片复列式综框、飞穿法,如图 3 - 1(b)所示,无梭织机多使用四片综框、顺穿法,如图 3 - 1(c)所示;在织制高经密平纹织物,如府绸、防羽绒布时,为了降低综丝密度,减少经纱受到的摩擦,有梭织机采用四片复列式综框、飞穿法,如图 3 - 1(d)所示,无梭织机可使用八片综框、顺穿法或飞穿法。

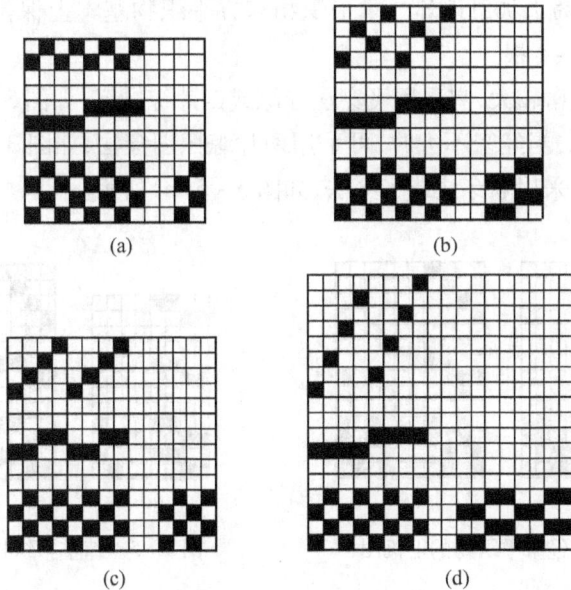

(a)   (b)

(c)   (d)

图 3 - 1 平纹织物的上机图

根据经密选择合适的每箆穿入数,棉平纹织物常用 2~4 入。

2. 斜纹、缎纹织物的上机图设计 生产斜纹织物时,可采用顺穿法,综框片数是其组织循环纱线数,如图 3 - 2(a)所示。当织物的经密较大时,有梭织机多数采用复列式综框、飞穿法,无梭织机可使用片数为两倍组织循环数的综框、顺穿法或飞穿法,如图 3 - 2(b)所示。

生产缎纹织物时,多数采用顺穿法,如图 3 - 3 所示。

织制斜纹和缎纹织物时采取正织还是反织要根据实际需要来决定。采用正织时,易在布面上发现百脚、跳花、纬缩等织疵,但不易发现断经,开口机构耗电多,拆坏布时容易损伤经纱;反织时则相反。决定后采用相应的正织组织图或反织组织图。

根据经密选择合适的每箆穿入数,常用 2~4 入。

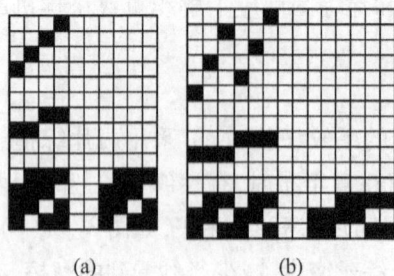

图 3 - 2　斜纹织物的上机图　　　　　　图 3 - 3　缎纹织物的上机图

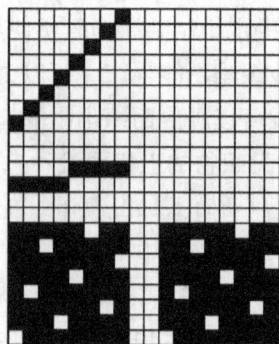

3. 重平、方平织物的上机图设计　重平织物和方平织物基本上保留了平纹织物的上机要求。每筘齿穿入数为 2~4 根。

经重平织物通常经密较大,宜采用飞穿法穿综或四片综顺穿,如图 3 - 4 所示。

纬重平织物的上机,当经密不大时,可采用两片综照图穿法,如图 3 - 5(a)所示;经密较大时,成倍增加综框片数,采用顺穿法或飞穿法,如图 3 - 5(b)所示。

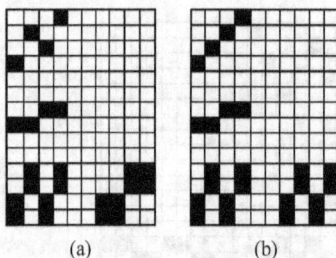

图 3 - 4　经重平织物的上机图　　　　图 3 - 5　纬重平织物的上机图

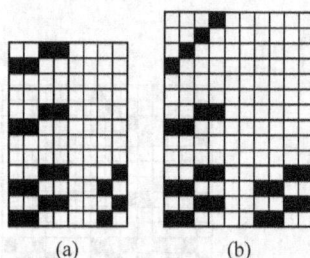

方平织物常采用顺穿法穿综或两片综照图穿法,如图 3 - 6 所示,也可以用两片复列式飞穿。

纬重平和方平织物穿筘时,每筘齿穿入数可等于组织循环经纱数或为其一半。注意:当交织规律相同的经纱穿在同一个筘齿中(图 3 - 6),纱线会移位相互缠绞,这种现象在经纱只有一种颜色的织物中不太显著,可以忽略,但是对色经根数不是组织循环经纱数倍数的色织条格织物,纱线的移位缠绞会明显影响织物外观,解决方法是将交织规律相同的经纱分别穿在不同的筘齿中,如图 3 - 7 所示。

4. 斜纹变化组织织物的上机图设计　设计经密较小的加强斜纹织物的上机图时,穿综可采用组织循环经纱数的综框、顺穿法,如图 3 - 8(a)所示。当加强斜纹织物的经密较大时,一般采用复列式综框、飞穿法,无梭织机常采用两倍组织循环经纱数的综框、飞穿法或顺穿法,如图 3 - 8(b)所示。每筘齿穿入数在棉织物中一般是 2~4 人,在毛织物中最高可达 6~8 人。

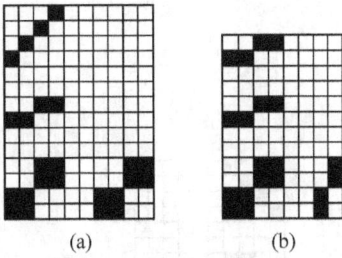

图 3 - 6　方平织物的上机图　　　　图 3 - 7　色织条格方平织物的上机图

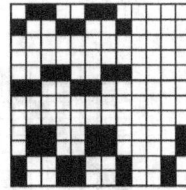

织制复合斜纹织物时,因其组织循环较大($R_j \geqslant 5$),较多采用顺穿法,如图 3 - 9 所示。穿筘时,棉织中每筘 2 ~ 4 入,毛织中每筘 4 ~ 6 入。

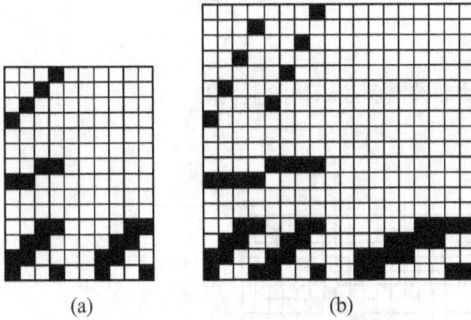

图 3 - 8　加强斜纹织物的上机图　　　　图 3 - 9　复合斜纹织物的上机图

在织制经山形斜纹织物和经破斜纹织物时,穿综采用照图穿法,如图 3 - 10 所示;织制纬山

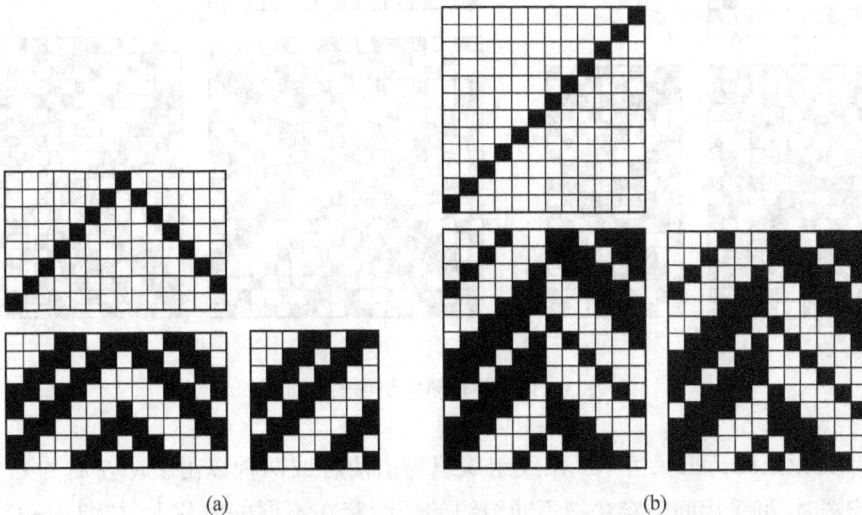

图 3 - 10　经山形斜纹织物和经破斜纹织物的上机图

形斜纹织物和纬破斜纹织物时,穿综可采用顺穿法,如图 3 – 11 所示;织制菱形斜纹织物时,采用顺穿法或照图穿法,如图 3 – 12 所示。

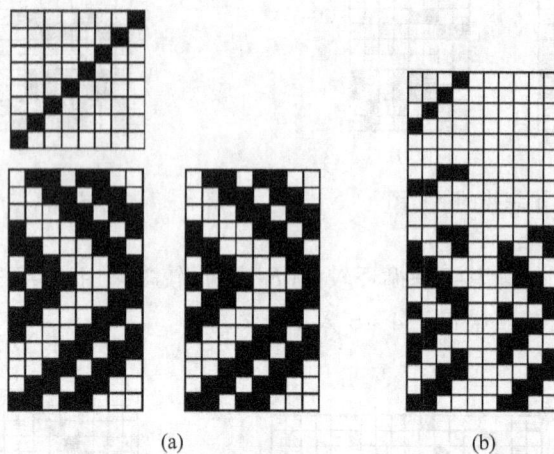

图 3 – 11　纬山形斜纹织物和纬破斜纹织物的上机图

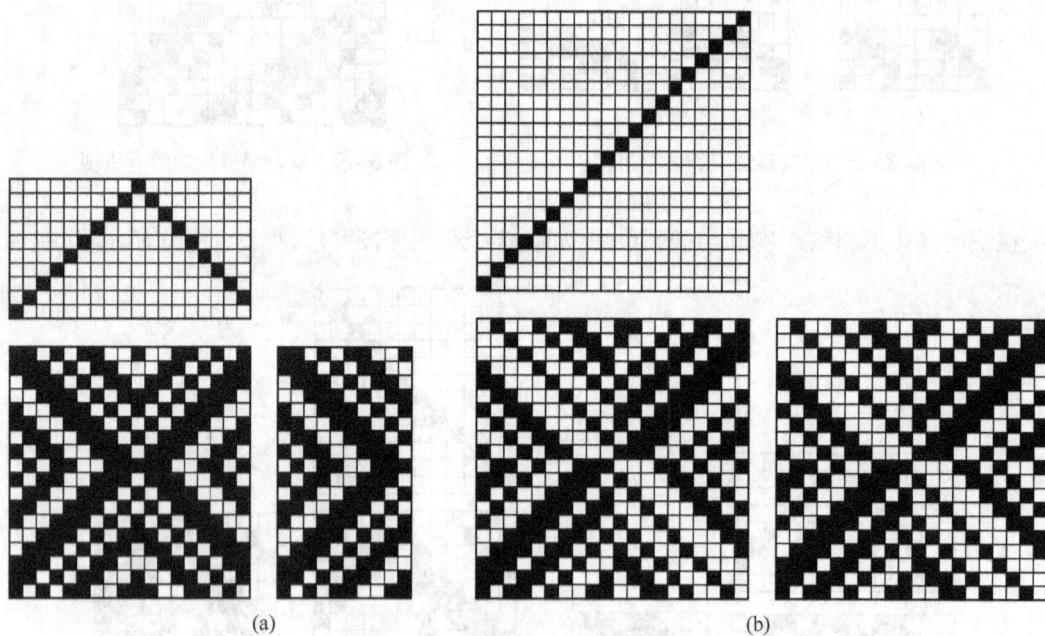

图 3 – 12　菱形斜纹织物的上机图

5. 条格组织织物的上机图　纵条纹组织织物由两种或两种以上组织左右并列而构成,因此设计穿综图时,可采用间断穿法把不同组织的经纱穿在不同的综片上,如图 3 – 13(a)所示,也可以采用照图穿法以节省综框片数,如图 3 – 13(b)所示。

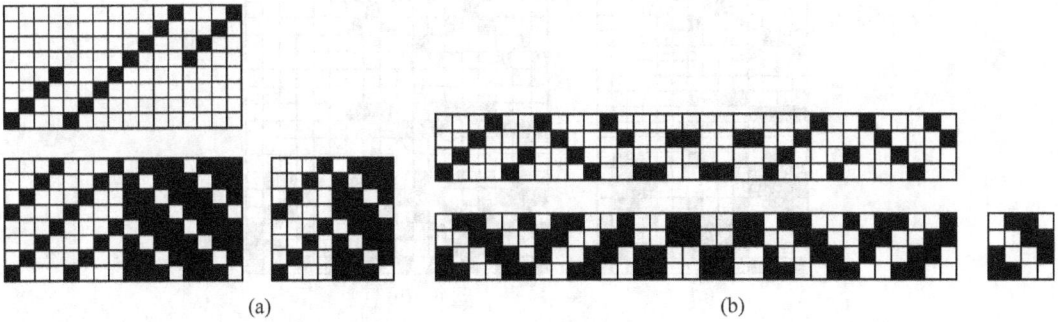

(a)

(b)

图3－13　纵条纹组织织物的上机图

方格组织织物采用间断穿法来穿综,如图3－14所示。

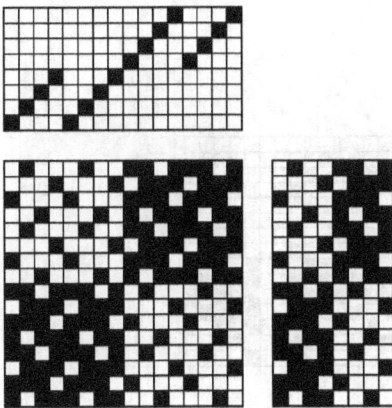

图3－14　方格组织织物的上机图

6. 绉组织织物的上机图　组织循环较小的绉组织织物可采用顺穿法,如图3－15(a)所示;组织循环较大的绉组织织物常用照图穿法,如图3－15(b)所示。

7. 透孔组织织物的上机图　在设计透孔组织织物的上机图时,为了使形成的孔眼明显,应将相互靠拢的一组经纱穿在同一筘齿内,如图3－16(a)所示。有时为了使孔眼更突出,甚至在每组经纱之间空出一两个筘齿,如图3－16(b)所示。简单的透孔组织一般采用四片综的间断穿法。

8. 蜂巢组织织物的上机图　蜂巢织物的上机可采用顺穿法或照图穿法,如图3－17所示。

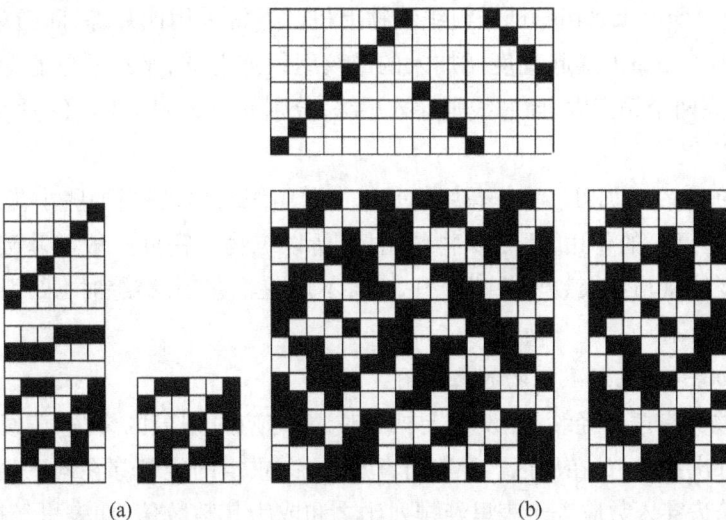

(a)

(b)

图3－15　绉组织织物的上机图

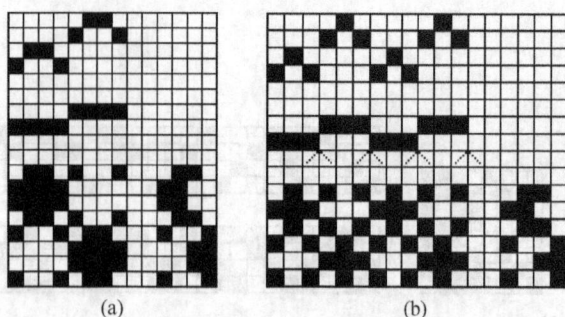

图3-16 透孔组织织物的上机图

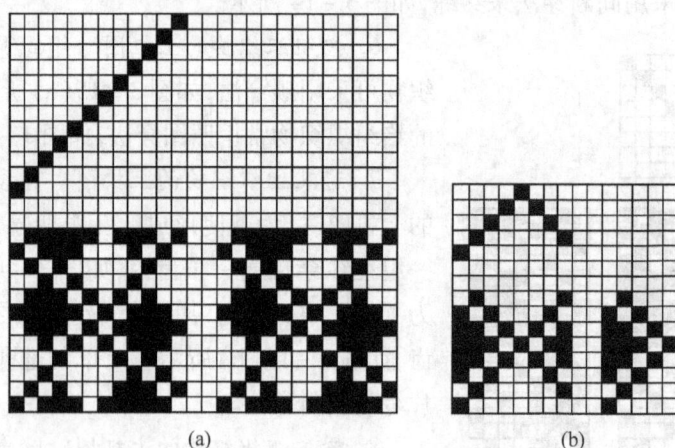

图3-17 蜂巢组织织物的上机图

9. 凸条组织织物的上机图 凸条组织织物上机时通常采用四片综、间断穿法,如图3-18 (a)所示。为了增加凸条的隆起程度而加入的平纹组织或芯线,平纹经纱宜穿入前综,而且这两根经纱要分穿在两个筘齿内,而芯线则穿入后综,分别如图3-18(b)、(c)所示。为了节省动力,可以采用反织法。

10. 小提花织物的上机图 小提花织物是以简单组织为地,适当加些小花纹而构成的。由于起花部分主要起点缀的作用,不是织物的主体,所以织物的密度一般与基础组织织物相同。穿筘时,起花的经纱每筘穿入数与基础组织一致,不用花筘穿法;穿综时,采用照图穿法或间断穿法,如图3-19所示。

11. 重组织织物、接结双层织物的上机图

(1)重经织物具有两组经纱,在设计上机图时,穿综应采用分区穿法,表经提升次数多,穿在前区,里经提升次数少,穿在后区。穿筘时,应把同一重组的经纱穿在同一筘齿内,使之更好地重叠,所以每筘齿穿入数应等于表里经排列比之和或为其整数倍,如表里经排列比为1:1则穿入数为2人或4人,2:2时穿入数为4人,2:1时穿入数为3人,如图3-20所示。

(a)

(b)

(c)

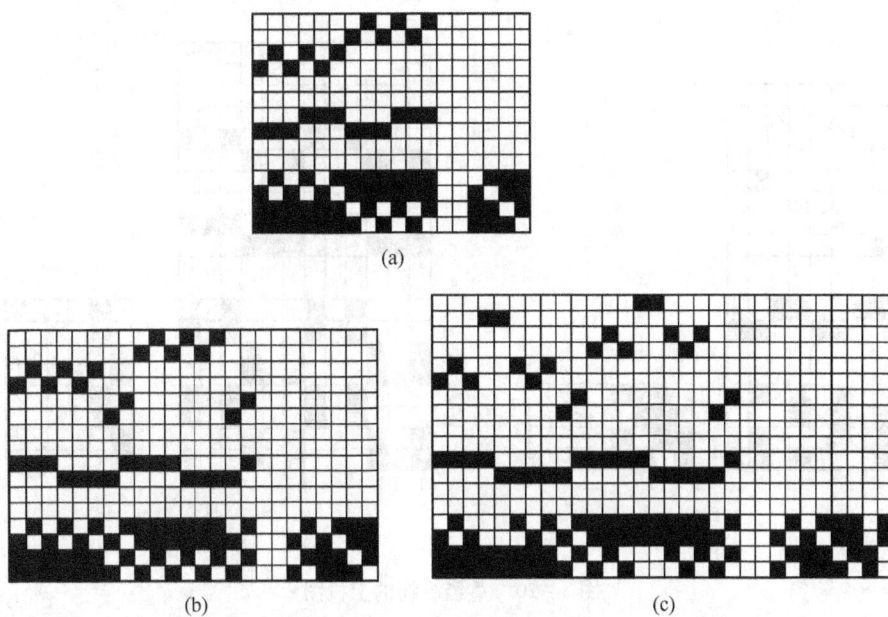

图 3 - 18　凸条组织织物的上机图

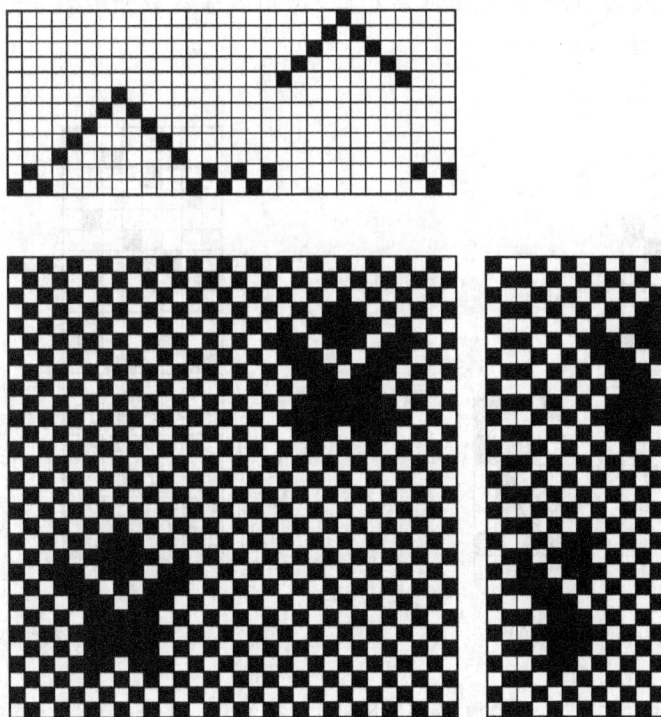

图 3 - 19　小提花织物的上机图

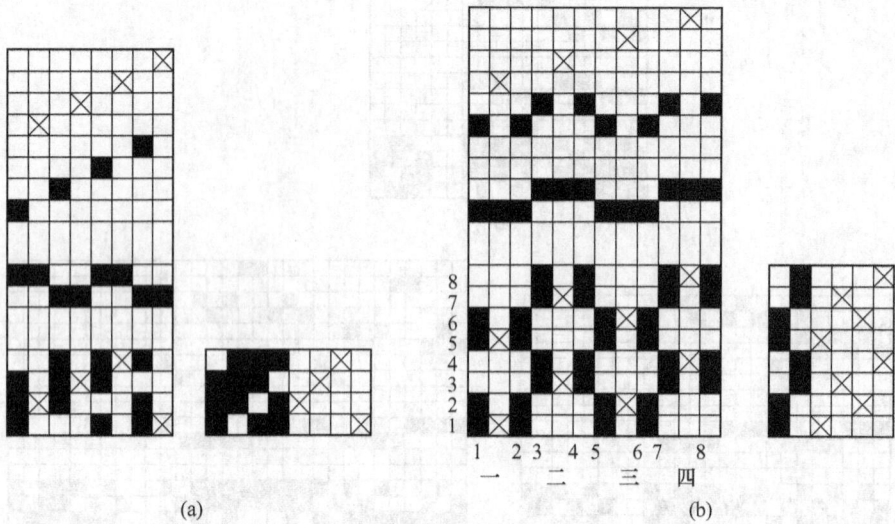

图 3 - 20 重经织物的上机图

（2）重纬织物只有一组经纱，一般采用顺穿法穿综，综框页数等于重纬组织的经纱循环数。因重纬织物需有较大的纬密，而经密通常不高，每筘齿穿入数一般为 2～4 入。如图 3 - 21 所示。

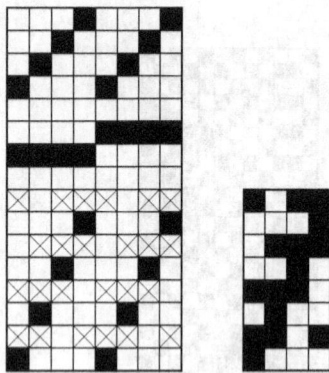

图 3 - 21 重纬织物的上机图

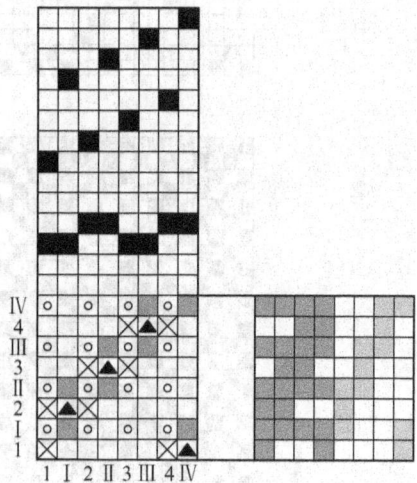

图 3 - 22 "下接上"接结双层织物的上机图

（3）接结双层织物在生产上多数采用"下接上"接结法，其上机要点与重经织物相同，如图 3 - 22 所示。

12. 毛巾织物的上机要点

（1）穿综：为了形成清晰梭口，穿综时，毛经穿入前区，地经穿入后区，如图 3 - 23 所示。

（2）穿筘：织制毛巾织物时，筘号不宜太高，因毛经很松，筘号过高会增加织造困难。穿筘时将相邻一组地经与毛经穿入同一筘齿内，如毛经：地经为1:1时，则将相邻的1根地经和1根毛经穿入同一筘齿。同理，当毛经：地经为2:1或1:2时，每筘齿应穿入相邻的三根经纱。

毛巾织物的地经主要采用棉单纱，毛经纱的捻度也较一般织物小，以满足毛巾织物吸湿性和柔软性方面的要求。

（二）布边的上机图设计

织物左右最外侧都有布边，布边外观应平直整齐、不卷边。为了防止织物在印染整理加工时撕裂，布边质地应结实。因此，设计布边的上机图时应注意以下事项。

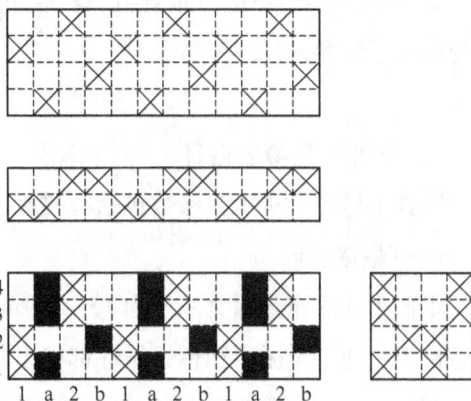

图3-23 四纬毛巾上机图

（1）布边经纱的每筘齿穿入数通常比布身经纱大，以此增大布边密度，使布边坚牢度更好。对某些布身密度已较大的织物，布边密度可与布身相同，布边的穿入数则同布身一样。

（2）布边穿综方便，尽可能利用布身组织的综框，即不增加综片数。

常用的布边组织有平纹、$\frac{2}{2}$经重平、$\frac{2}{2}$纬重平、$\frac{2}{2}$方平、$\frac{2}{2}$斜纹等。

（3）织物以有梭织机织制并采用经重平或方平作布边组织时，设计上机图要注意以下事项。

① 因有梭织机引纬时纬纱是连续的，当左右两侧的边组织起点相同时，不能形成布边，如图3-24所示。

解决的方法是两侧的边组织错开一纬，并注意投纬方向，图3-25是布身组织为$\frac{2}{2}\nearrow$，布边组织为$\frac{2}{2}$经重平的织物上机图。

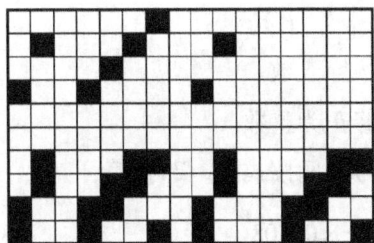

图3-24 不能形成布边示意图

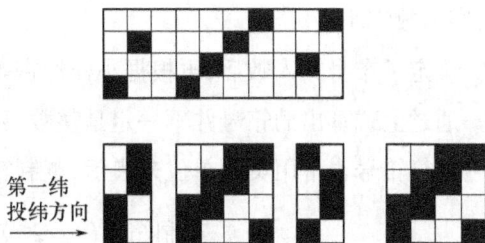

图3-25 边组织错开一纬后的织物上机图

当织物采用无梭织机生产时，由于无梭引纬时，每一纬都是断开不连续的，所以无需特别设计边组织的起点，可直接采用图3-24所示的上机图。

② 边组织经纱不能与布身组织经纱穿入同一片综时,边组织经纱应穿前综(提升次数多),布身组织经纱穿入后综。

二、上机工艺参数设计

织物小样的上机工艺参数包括有幅宽、总经根数、筘号、筘幅等。

(一)幅宽设计

织物小样的布身幅宽一般为 15~20cm。当本色织物或单色织物的组织循环很小,或者色织条格织物的组织循环和色经循环都很小,小样的宽度可为 15cm;当组织循环或色经循环接近甚至超过 20cm,小样必须要有一个组织循环或色经循环以上的幅宽,以保证织出的小样能体现出完整的循环效果。

因小样幅宽较窄,布边宽度通常每边取 0.5~1cm,当小样的组织为容易发生卷边的组织时,如三原组织的斜纹和缎纹等,布边宽度应取较大值。

(二)筘号设计

筘号通过式(3-1)算出初始值:

$$公制筘号(齿/10cm) = \frac{P'_j \times (1 - a_w)}{布身每筘齿穿入数} \qquad (3-1)$$

式中:P'_j——小样经密,根/10cm;

a_w——纬纱织缩率。

每筘齿穿入数的选择应结合织物的外观要求、组织结构、经纱粗细、筘号等因素综合考虑。如在经密一定的情况下,选用较小的每筘齿穿入数时,经纱分布均匀,布面筘路不明显,但筘号相应较大,而筘号越大,钢筘筘齿间距就越小,经纱与筘片之间的摩擦就会增大,容易增加断头率;选用较大的每筘齿穿入数时,筘号较小,经纱与筘片间的摩擦也减少,但经纱分布不均匀,筘痕明显。一般经密较大的织物和要经过后整理的织物,穿入数可大些;色织物和直接销售的坯布,穿入数宜小些。

确定了布身穿入数后,再根据小样经密等因素确定布边穿入数。

通过上式算出的筘号并不一定是整数,还需四舍五入修正为整数。

钢筘筘号也常用英制单位来表示,英制筘号与公制筘号之间按式(3-2)换算:

$$英制筘号(齿/2英寸) = 公制筘号 \times 0.508 \qquad (3-2)$$

(三)总经根数设计

小样的总经根数以式(3-3)计算:

$$小样总经根数 = 小样布身根数 + 小样单侧布边根数 \times 2 \qquad (3-3)$$

其中, 小样布身根数 $=\dfrac{P'_{\mathrm{j}}}{10}\times$ 小样幅宽

$$小样单侧布边根数 = \dfrac{布边每筘齿穿入数}{布身每筘齿穿入数}\times\dfrac{P'_{\mathrm{j}}}{10}\times 单侧布边宽度$$

布身根数、单侧布边根数和总经根数应取整数, 并注意布身根数和单侧布边根数尽可能修正为各自每筘齿穿入数的整数倍。

(四) 筘幅设计

小样筘幅的计算如式 (3-4):

$$小样筘幅(\mathrm{cm}) = 小样布身筘幅 + 小样单侧布边筘幅\times 2 \tag{3-4}$$

其中:
$$小样布身筘幅 = \dfrac{小样布身根数}{布身每筘齿穿入数\times 公制筘号}\times 10$$

$$小样单侧布边筘幅 = \dfrac{小样单侧布边根数}{布边每筘齿穿入数\times 公制筘号}\times 10$$

❖ 任务实施

由表 1-4 物分析结果可知, 拟织制的织物小样其规格为 $27.8\times27.8\times343\times256,\dfrac{2}{2}\nearrow$ 色织物, 坯布要经过后整理。根据以上资料, 该小样的工艺设计步骤如下。

步骤一　确定上机图

该面料所用纱线的粗细中等, 经纬密度偏大, 穿综时可采用 4 页顺穿法, 每筘齿穿入数选择 2 人。

布边组织采用 $\dfrac{2}{2}$ 经重平, 其缩率与布身基本一样, 而且可以利用布身组织的综框, 不需增加综页数。两侧布边组织起点应随着小样机引纬方式的不同而作出不同的选择。当小样机是无梭引纬 (如剑杆引纬) 时, 因每一纬都是从同一侧引出, 纱线不需折回, 所以两侧布边组织起点相同即可, 上机图如图 3-26 所示。当采用有梭引纬方式的小样机织制时, 为形成良好的布边, 左右两侧 $\dfrac{2}{2}$ 经重平要错开一纬, 上机图如图 3-27 所示。

由于布身成品经密已达 343 根/cm, 因此布边的穿入数与布身相同即可, 不需加大。

步骤二　计算上机工艺参数

由于客户来样是经过整理的成品布, 所以要将面料分析得出的经、纬密度换算成坯布经、纬密度, 然后再进行上机工艺参数的计算。

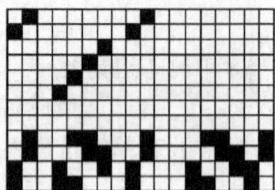

图 3-26　无梭引纬时的上机图

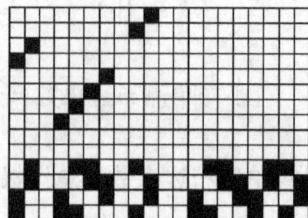

图 3-27　有梭引纬时的上机图

由式(3-5)和式(3-6)得出式(3-7)：

总经根数 = 布身经纱数 + 布边经纱数

$$= 坯布幅宽 × 坯布经密 + 边纱根数 × \left(1 - \frac{布身每筘穿入数}{布边每筘穿入数}\right) \qquad (3-5)$$

$$= 成品幅宽 × 成品经密 + 边纱根数 × \left(1 - \frac{布身每筘穿入数}{布边每筘穿入数}\right)$$

$$坯布幅宽 = \frac{成品幅宽}{1 - 幅缩率} \qquad (3-6)$$

$$坯布经密 = 成品经密 × (1 - 幅缩率) \qquad (3-7)$$

同理，$$坯布纬密 = 成品纬密 × (1 - 长缩率) \qquad (3-8)$$

根据企业生产经验,染整幅缩率取 5.8%,染整长缩率取 4.7%,则客户来样的坯布经、纬密计算如下：

$$坯布纬密 = 成品纬密 × (1 - 长缩率) = 256 × (1 - 4.7\%) = 243.968(根/10cm)$$

$$坯布经密 = 成品经密 × (1 - 幅缩率) = 343 × (1 - 5.8\%) = 323.106(根/10cm)$$

坯布经密取 323 根/10cm,纬密取 244 根/10cm。

该小样的上机工艺参数如下。

1. 幅宽　因为布身组织循环很小,色经循环也比较小,小样幅宽取 15cm 左右。布身的组织为$\frac{2}{2}\nearrow$,卷边性不明显,因此单侧布边宽度取 0.5cm 即可。

2. 每筘齿穿入数　布身 2 人,布边 2 人。

3. 筘号

$$初算公制筘号 = \frac{323 × (1 - 4.5\%)}{2} = 154.2,取 154 齿/10cm$$

4. 小样布身根数

$$初算布身根数 = \frac{323}{10} \times 15 = 484.5(根)$$

该织物的组织循环为 4,色经循环为 160 根,每筘齿穿入数 2 入,所以布身根数取 480 根。

5. 小样单侧布边根数

$$初算单侧布边根数 = \frac{2}{2} \times \frac{323}{10} \times 0.5 = 16.2(根)$$

布边组织循环为 2,每筘齿穿入数 2 入,所以单侧布边根数取 16 根。

6. 小样筘幅

$$小样总经根数 = 480 + 16 \times 2 = 512(根)$$

$$小样布身筘幅 = \frac{480}{154 \times 2} \times 10 = 15.6(cm)$$

$$小样单侧布边筘幅 = \frac{16}{154 \times 2} \times 10 = 0.5(cm)$$

$$小样筘幅 = 15.6 + 0.5 \times 2 = 16.6(cm)$$

步骤三 填写小样织制工艺设计表(表 3 - 1)

表 3 - 1 小样织制工艺设计表

设计项目	设 计 内 容				
织物规格	27.8 × 27.8 × 323 × 244				
色纱排列	经纱排列	33 宝蓝 7 黄色 33 宝蓝 7 卡其 33 宝蓝 7 红色 33 宝蓝 7 天蓝			
	纬纱排列	5 红色 25 宝蓝 5 卡其 25 宝蓝 5 黄色 25 宝蓝 5 天蓝 25 宝蓝			
参 数	经纱根数	地经(根)	480	每筘齿穿入数	地经	2 入
		边经(根)	32		边经	2 入
	筘号(齿/10cm)	154		穿筘幅(cm)	16.6	
穿综顺序	边经:1、3 地经:1、2、3、4				
提综顺序	(1)1、2;(2)1、4;(3)3、4;(4)2、3				

✳ 实训

按表3-2～表3-5的面料分析结果,设计小样的上机图和上机工艺参数,并填写面料小样织制工艺设计表(表3-6)。

表3-2 面料分析表(一)

分析项目	分 析 结 果			
织物正反面				
织物经纬向				
密度(根/10cm)	经	614	纬	378
缩率(%)	经	8.5	纬	4.5
线密度(tex)	经	11.7(特白、天蓝) 5.8×2(深蓝)	纬	11.7
原 料	经	棉	纬	棉
织物组织				
色纱排列	经:52特白1深蓝16天蓝1深蓝(共70根)			
	纬:特白			
织物规格	(11.7+5.8×2)×11.7×614×378 (50英支+100英支/2)×50英支×156根/英寸×96根/英寸			

表3-3 面料分析表(二)

分析项目	分 析 结 果
织物正反面	
织物经纬向	

续表

分析项目		分 析 结 果			
密度(根/10cm)	经	511.5		纬	338.5
缩率(%)	经	8.3		纬	4.5
线密度(tex)	经	13 （漂白） 7.3×2 （深蓝、浅蓝）		纬	13 （漂白） 7.3×2 （深蓝、浅蓝）
原 料	经	棉		纬	棉
织物组织		漂白→ ↑ 漂白			
色纱排列		经:33 漂白 3 深蓝 33 漂白 3 浅蓝(共 72 根)			
		纬:20 漂白 2 深蓝 20 漂白 2 浅蓝(共 44 根)			
织物规格		(13 +7.3×2) ×(13 +7.3×2) ×511.5 ×338.5			

表 3 - 4 面料分析表(三)

分析项目		分 析 结 果			
织物正反面					
织物经纬向					
密度(根/10cm)	经	472		纬	307
缩率(%)	经	9.5		纬	5.6
线密度(tex)	经	7.3×2		纬	7.3×2
原 料	经	棉		纬	棉
织物组织		 ×13			

分析项目	分 析 结 果
色纱排列	经:1 漂白 $\dfrac{2\text{粉蓝}6\text{漂白}}{6\text{次}}$ 2 粉蓝 43 漂白 $\dfrac{1\text{粉蓝}1\text{漂白}}{2\text{次}}$ 3 漂白 $\dfrac{1\text{啡色}1\text{漂白}}{2\text{次}}$ 3 漂白 4 粉蓝 2 漂白 4 啡色 2 漂白 4 粉蓝 4 漂白 $\dfrac{1\text{啡色}1\text{漂白}}{2\text{次}}$ 3 漂白 $\dfrac{1\text{粉蓝}1\text{漂白}}{2\text{次}}$ 43 漂白(共 180 根)
	纬:漂白
织物规格	7.3×2×7.3×2×472×307(80 英支/2×80 英支/2×120 根/英寸×78 根/英寸)

表 3-5 面料分析表(四)

分析项目	分 析 结 果		
织物正反面 织物经纬向			
密度(根/10cm)	经	496(平均) 其中: 416(平纹);697(斜纹)	纬	307
缩率(%)	经	9.7	纬	5
线密度(tex)	经	7.3×2	纬	14.6
原料	经	棉	纬	棉
织物组织			
色纱排列	经:1 红 35 白 1 红 27 白(共 64 根)		
	纬:白		
织物规格	7.3×2×14.6×496×307		

表 3 – 6 面料小样织制工艺设计表(样表)

织物规格						
色纱排列	经纱排列					
	纬纱排列					
参数	经纱根数	地经(根)		每箔齿穿入数	地经(根)	
		边经(根)			边经(根)	
	箔号(齿/10cm)			穿箔幅(cm)		
穿综顺序						
提综顺序						

❋ 知识扩展

一、以数字和文字表示上机图

设计织物上机工艺时,工厂常把上机图以数字结合文字来表示,不画图。如生产某山形斜纹的工艺单上,上机工艺为:

穿综:1、2、3、5、6、7、8、7、6、5、4、3、2。

箔号与每箔齿穿入数:142 齿/10cm,2 入。

提综:(1)1、4、7、8;(2)1、2、5、8;(3)1、2、3、6;(4)2、3、4、7;(5)3、4、5、8;(6)1、4、5、6;(7)2、5、6、7;(8)3、6、7、8。

从上述上机工艺可知,织物组织是以 $\frac{3}{2}\frac{1}{2}$ 复合斜纹为基础,K_j 为 8 的山形斜纹,使用 8 片综框生产。

二、无备用钢箔时的解决方法

当算出的钢箔箔号没有备用时,为了不增加生产成本,可以考虑采用备用的、相差一两个齿数的钢箔,应注意的是,由此造成的经密变化应该在允许范围内。如果箔路对织物外观的影响不严重或者箔路在印染整理时可以消除,也可以重新选择每箔齿穿入数,使用相应箔号的钢箔是工厂里有的。

三、色织物劈花

劈花是指确定经纱的色纱循环起止点位置。

在色织条格织物的大生产上,设计该织物的上机工艺时还必须对色经循环进行劈花,以保证织物在使用上达到拼幅与拼花的要求,不造成浪费,同时有利于浆纱排头及织造整理的加工生产。劈花的原则是:

(1)劈花的位置一般选择在色泽较浅、条形较宽的地组织部位,并使织物两边的色经排列对称或接近对称,以便于拼花、拼幅,同时织物有良好的外观。

(2)劈花应选择在比较紧密的地方,要避开织物的松结构部位(如色织提花处、缎条的缎纹处、泡泡纱的起泡区等),以免花型不清、后整理时拉破布边、卷边等。

(3)尽量避开经向有毛巾线、结子线、低捻花线等花式线的部位。

(4)要注意织物中各组织的特点,满足其穿筘要求,如透孔组织要求将相互靠拢的一组经纱穿在同一筘齿内,使织物孔眼清晰;在纵凸条组织中,两凸条之间的两根平纹要求分穿在两个筘齿内,使凸条效应更明显。

(5)要注意整经的增减头。

例:某全棉色织格布,总经根数为 8352 根,边纱为 40 × 2 根,色经循环 424 根/花,色经排列为:16 白,16 浅绿,109 白,16 浅绿,97 白,170 浅绿,请劈花。

解:计算全幅花数:(8352 - 40 × 2) ÷ 424 = 19 花 + 216 根

参考以上劈花原则,劈花结果为:

第一到第十九花色纱排列为:103 白,16 浅绿,97 白,170 浅绿,16 白,16 浅绿,6 白。

加头(216 根)色纱排列:103 白,16 浅绿,97 白。

这样使得织物左侧与右侧的白色纱根数与密度接近。

因织制小样的目的是看客户或设计人员对设计的织物外观、风格、色彩搭配、色纱排列等效果是否满意,工艺参数选择是否妥当,不满意则修改到满意为止,然后再按认可的小样正式投产,与劈花的作用无关,所以设计织物小样的上机工艺时,无需对小样劈花。

四、花式穿筘织物的上机设计

花式织物多采用纵条纹组织,且各组织的经密不同,需采用花式穿筘法。因此,在设计其上机图和上机参数时,需按设计意图选择各组织适当的每筘穿入数,正确计算相关参数。以任务二设计的夏季高级商务男装衬衫面料为例说明。

步骤一 确定上机图

从任务二的表 2 - 2 可知,该男装衬衫面料规格是 JC 7.3 × 2 × JC 14.6 × 484 × 393.5,采用了纵条纹组织,由三种组织搭配而成。平纹部分的经密为 333 根/10cm;斜纹部分的经密为 666 根/10cm;小花部分的经密为 501 根/10cm。由于三种组织的经密不同,各自的每筘穿入数也应不同。

以平纹为基础,计算其余组织与平纹的经密比值,从而得到该面料三种组织各自的每筘穿入数。

斜纹与平纹的经密比值为：

$$\frac{P_{j斜}}{P_{j平}} = \frac{666}{333} = 2$$

小花与平纹的经密比值为：

$$\frac{P_{j花}}{P_{j平}} = \frac{501}{333} = 1.5045 \approx \frac{3}{2}$$

根据经验，平纹部分取每筘穿入数为 2 入，则斜纹部分取 4 入，小花部分取 3 入。

穿综采取间断穿法。

该布边男装衬衫面料的组织以小花部分占优势，面料的缩率也主要受其影响，所以布边组织应选择较为牢固，又与小花部分缩率接近的组织。经综合考虑，从小花部分提取两根经纱的规律作为布边组织，并采取与小花部分相同的每筘穿入数：3 入。

花式穿筘男装衬衫面料的上机图如图 3-28 所示。

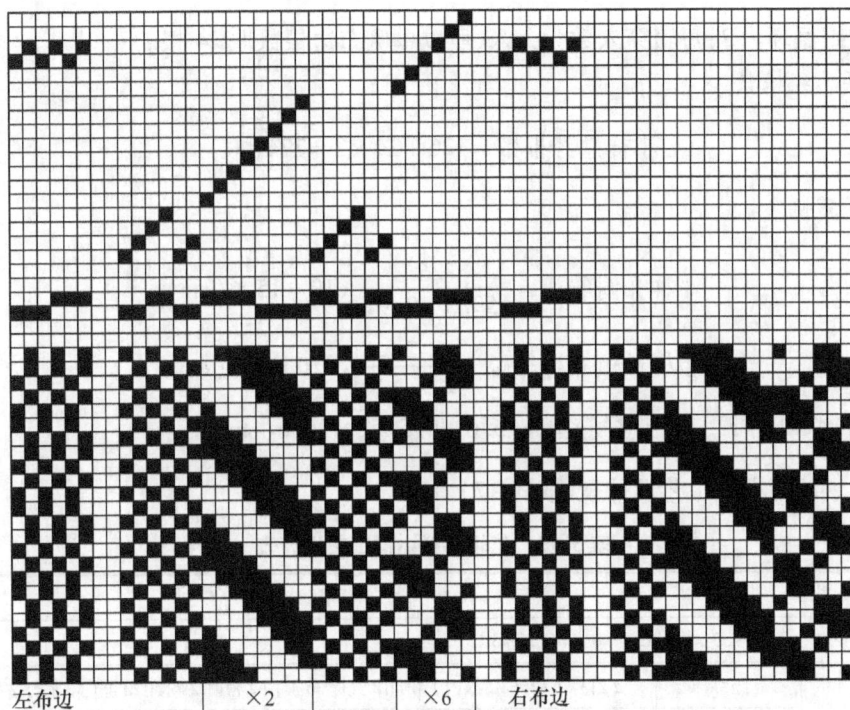

图 3-28 花式穿筘男装衬衫面料的上机图

步骤二 计算上机工艺参数

根据企业生产经验，纬缩率取 4.2%。该面料小样的上机工艺参数如下。

1. **幅宽** 小样布身幅宽取 15cm，单侧布边宽度取 0.5cm。

2. **每筘齿穿入数** 布身平纹部分 2 入，斜纹部分 4 入，小花部分 3 入，布边 3 入。

3. **筘号** 先算出一个组织循环的平均每筘穿入数，再与平均经密一起确定筘号。

$$平均每筘穿入数 = \frac{循环经纱根数}{循环筘齿数} = \frac{128}{44} = 2.91（人）$$

$$筘号 = \frac{平均经密 \times (1 - 纬缩率)}{平均每筘穿入数} = \frac{484 \times (1 - 4.2\%)}{2.91} = 159.34，取 159.5 齿/10cm。$$

4. 小样布身根数 以该面料的平均经密初算布身根数：

$$\frac{484}{10} \times 15 = 726（根）$$

布身根数取 726 根。

5. 小样单侧布边根数 布边的每筘穿入数与小花部分相同,因此布边经密与小花经密一样,直接用布边经密初算单侧布边根数：

$$\frac{501}{10} \times 0.5 = 25.1（根）$$

布边组织循环为 2,每筘穿入数为 3 人,所以单侧布边根数取 24 根。

6. 小样总经根数

$$小样总经根数 = 726 + 24 \times 2 = 774（根）$$

7. 小样筘幅

$$小样布身筘幅 = \frac{726}{159.5 \times 2.91} \times 10 = 15.6（cm）$$

$$小样单侧布边筘幅 = \frac{24}{159.5 \times 3} \times 10 = 0.5（cm）$$

$$小样筘幅 = 15.6 + 0.5 \times 2 = 16.6（cm）$$

步骤三 填写小样工艺设计表(表 3 - 7)

表 3 - 7 花筘面料小样工艺设计表

设计项目		设 计 内 容				
织物规格		JC 7.3 ×2 × JC 14.6 ×484 ×393.5				
色纱排列	经纱	2 红棕 1 粉红 22 漂白 1 粉红 2 红棕 36 漂白 2 橙红 2 粉红 20 漂白 2 粉红 2 橙红 36 漂白				
	纬纱	漂白				
参数	经纱根数	地经(根)	726	每筘穿入数	地经	2 人、3 人、4 人
		边经(根)	48		边经	3 人
	筘号 (齿/10cm)	159.5		穿筘幅(cm)		16.6
穿综顺序		边经:15、16 地经:1、2、3、4、1、2;(5、6、7、8、9、10、11、12) ×2;1、2、3、4、1、2;(13、14、15、16、17、18) ×6				

设计项目	设 计 内 容			
提综顺序	1	2、4、5、6、7、8、14、15、18	2	1、3、5、6、7、12、13、14、15
	3	2、4、5、6、11、12、13、14、16	4	1、3、5、10、11、12、15、17、18
	5	2、4、9、10、11、12、16、17、18	6	1、3、8、9、10、11、13、16、17
	7	2、4、7、8、9、10、14、15、18	8	1、3、6、7、8、9、13、14、15
	9	2、4、5、6、7、8、13、14、16	10	1、3、5、6、7、12、15、17、18
	11	2、4、5、6、11、12、16、17、18	12	1、3、5、10、11、12、13、16、17
	13	2、4、9、10、11、12、14、15、18	14	1、3、8、9、10、11、13、14、15
	15	2、4、7、8、9、10、13、14、16	16	1、3、6、7、8、9、15、17、18
	17	2、4、5、6、7、8、16、17、18	18	1、3、5、6、7、12、13、16、17
	19	2、4、5、6、11、12、14、15、18	20	1、3、5、10、11、12、13、14、15
	21	2、4、9、10、11、12、13、14、16	22	1、3、8、9、10、11、15、17、18
	23	2、4、7、8、9、10、16、17、18	24	1、3、6、7、8、9、13、16、17

任务四

织物 CAD 模拟设计

❋ 学习目标

- 了解使用织物 CAD 软件进行织物模拟设计的一般流程。
- 掌握使用织物 CAD 软件进行织物模拟设计的主要工具以及步骤。
- 能够使用织物 CAD 软件进行织物模拟设计。

❋ 任务引入

利用织物 CAD 软件,根据任务一中客户来样分析结果及任务三所设计的小样工艺,进行织物模拟设计,得出织物模拟设计效果图。客户来样的织物规格、组织、色纱排列等主要设计参数如下。

(1)织物坯布规格:27.8×27.8×323×244(21 英支×21 英支×82 根/英寸×62 根/英寸)。

(2)织物组织: $\frac{2}{2}$ ↖ 。

(3)穿综:边经 1、3;地经 1、2、3、4。

(4)色纱排列见表 4-1。

表 4-1　色纱排列

经纱排列	色纱名称	宝蓝	黄色	宝蓝	卡其	宝蓝	红色	宝蓝	天蓝
	根数	33	7	33	7	33	7	33	7
纬纱排列	色纱名称	红色	宝蓝	卡其	宝蓝	黄色	宝蓝	天蓝	宝蓝
	根数	5	25	5	25	5	25	5	25

(5)纹板:1、2;1、4;3、4;2、3;

(6)织物名称:格子斜纹。

❋ 任务分析

本任务是利用织物 CAD 软件——Hi-Tex 机织设计软件来模拟设计织物,得出织物配色模纹图。

❋ 相关知识

一、进入 Hi-Tex 织物 CAD 界面

在电脑上安装完 Hi-Tex 后,双击图标 ▦ 启动 Hi-Tex 织物 CAD。启动界面后,电脑自

动进入如图 4-1 所示的 Hi-Tex 织物 CAD 界面。

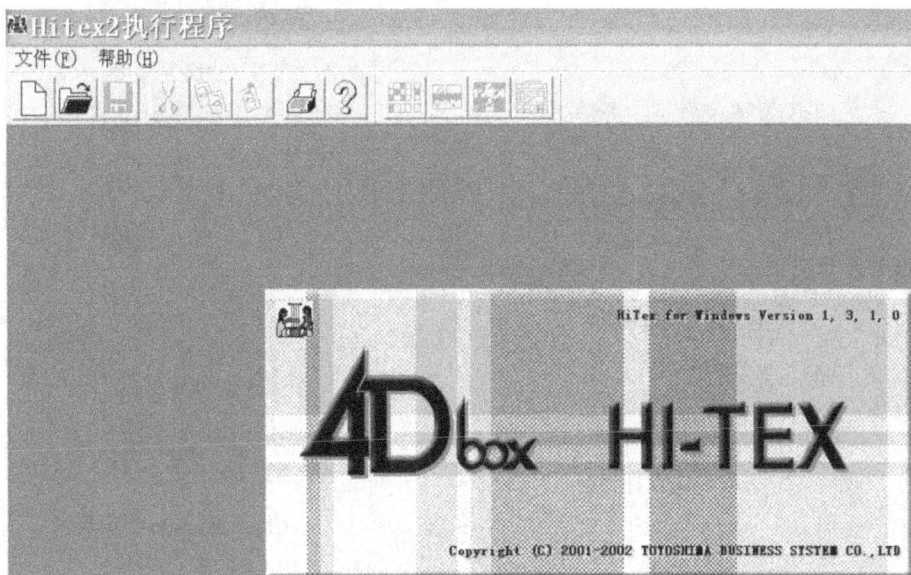

图 4-1 Hi-Tex 织物 CAD

二、设计上机图

(一)进入上机图设计界面,选择组织尺寸

如图 4-2 所示,单击 Hi-Tex 织物 CAD 界面的顶端菜单文件,在下拉菜单中选择新建进入组织设计界面,弹出选择组织尺寸对话框,如图 4-3 所示。根据实际情况选择组织尺寸,并且命名组织名,然后点击确定,进入如图 4-4 所示的上机图设计界面。图 4-5 所示为上机图设计界面的顶端菜单栏。

(二)绘制、编辑上机图

1. 利用描图工具任意描画上机图　利用上机图设计界面的描图工具可以分别绘制、编辑组织图、穿综图、纹板图,描图工具上的工具介绍如图 4-6 所示。可以在绘图状态和编辑状态之间转换。单击 ✎ 切换到在绘图状态,鼠标变成小画笔 ✎ ,此时可以在组织图区域、纹板图区域、穿综图区域绘画。单击 ▦ 切换到编辑状态,此时可以使用编辑工具进行上机图的编辑。

2. 编辑上机图　在编辑状态下可以对上机图进行编辑修改。点击 ▦ 可以选择所要编辑的上机图,然后利用如图 4-7 所示的编辑菜单栏进行编辑。

先用 ▦ 选定范围,然后点击菜单栏进行剪切、拷贝、粘贴、经纬组织点反转、旋转。

3. 转换菜单　使用转换菜单可以在组织图、纹板图、穿综图之间自动转换,如图 4-8 所示。

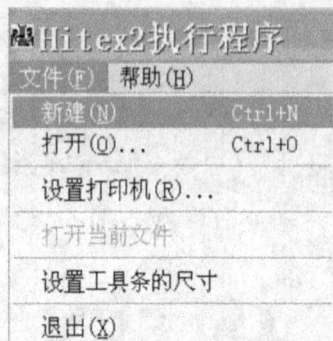

图 4-2　新建组织设计界面

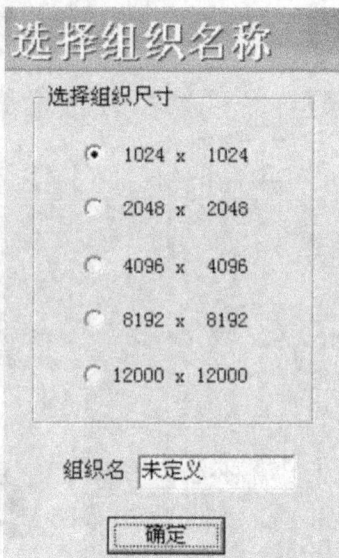

图 4-3　选择组织尺寸

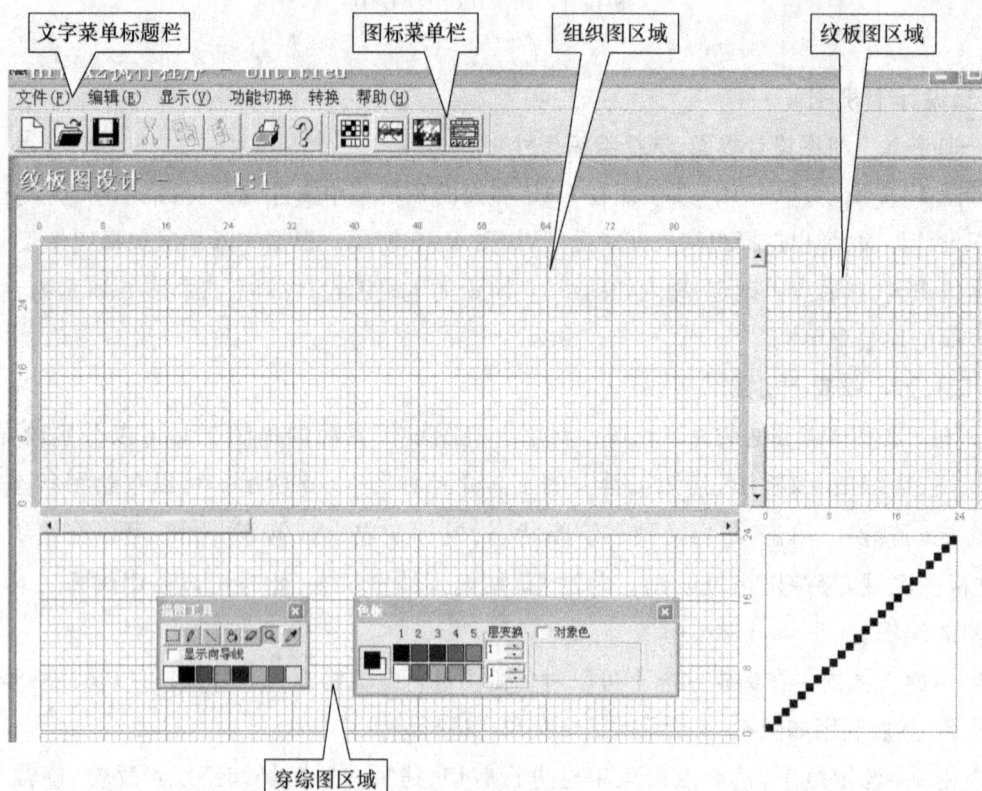

图 4-4　上机图设计界面

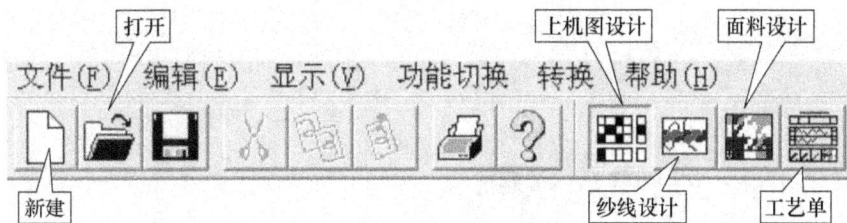

图 4 - 5　上机图设计界面的顶端菜单栏

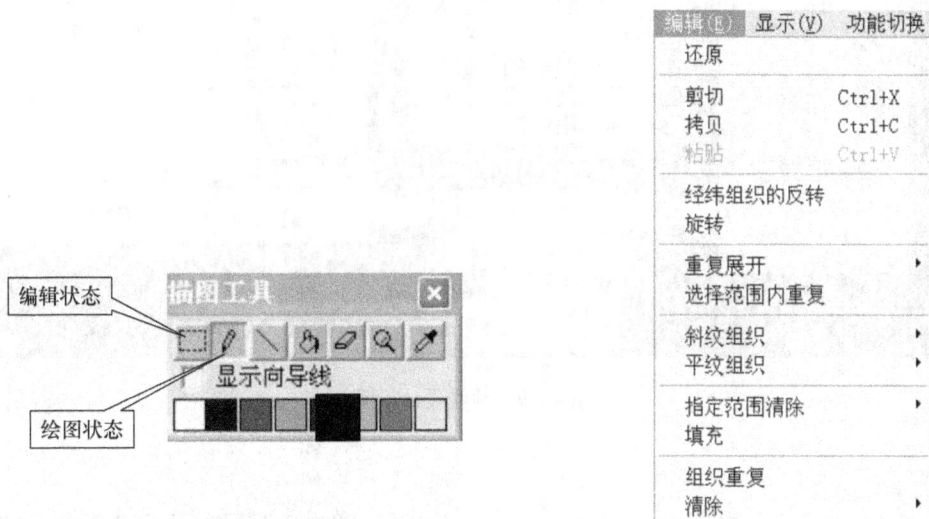

图 4 - 6　描图工具

图 4 - 7　编辑菜单栏

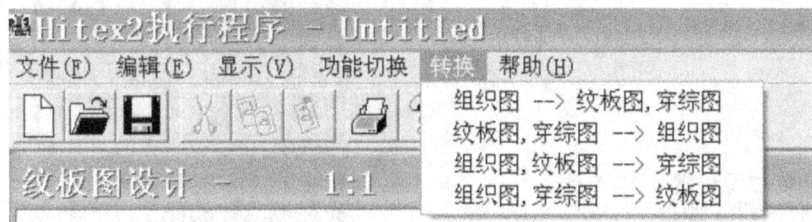

图 4 - 8　转换菜单

三、设计纱线

(一)进入纱线设计界面

在快捷图标工具条中点击纱线设计按钮图标 ，进入如图 4 - 9 所示的纱线设计界面。纱线设计界面有纱线设计显示区域、色板、捻纱窗口、混纱、绒毛设置窗口。

(二)选择纱线支数对应的直径

如图 4 - 10 所示，点击顶端菜单栏的纱线支数菜单的设置纱线支数，弹出纱支选择

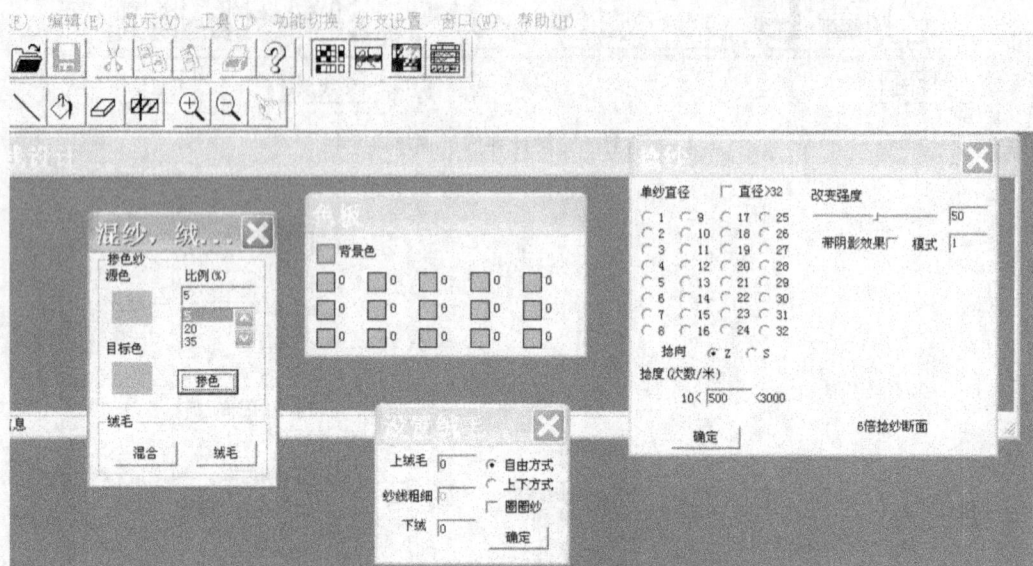

图4-9 纱线设计界面

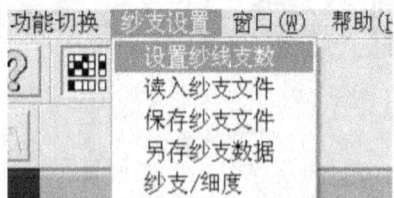

图4-10 设置纱线支数

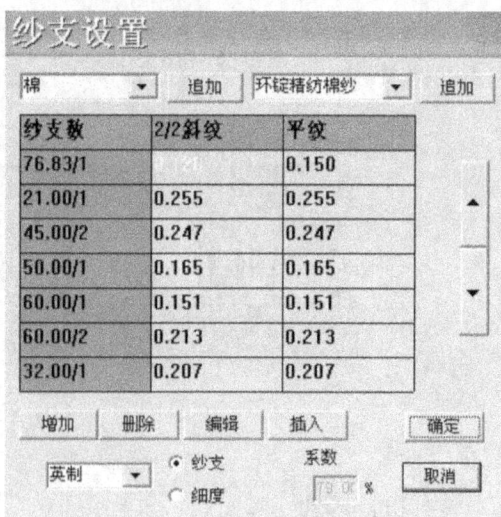

图4-11 纱支选择窗口

窗口,如图4-11所示。选择纱线种类、再选择纱线子类及纱线的细度单位,最后选择所需纱线支数对应的直径,点击确定后,纱线设计区域出现确定直径的纱线,如图4-12所示。

图 4 – 12　确定纱支的纱线

(三)选择纱线颜色

点击色板图 4 – 13 上任一颜色,弹出如图 4 – 14 所示的颜色设置窗口,可以选择所需要的颜色。

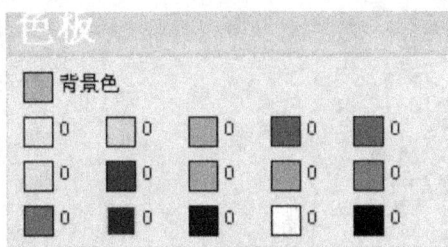

图 4 – 13　色板

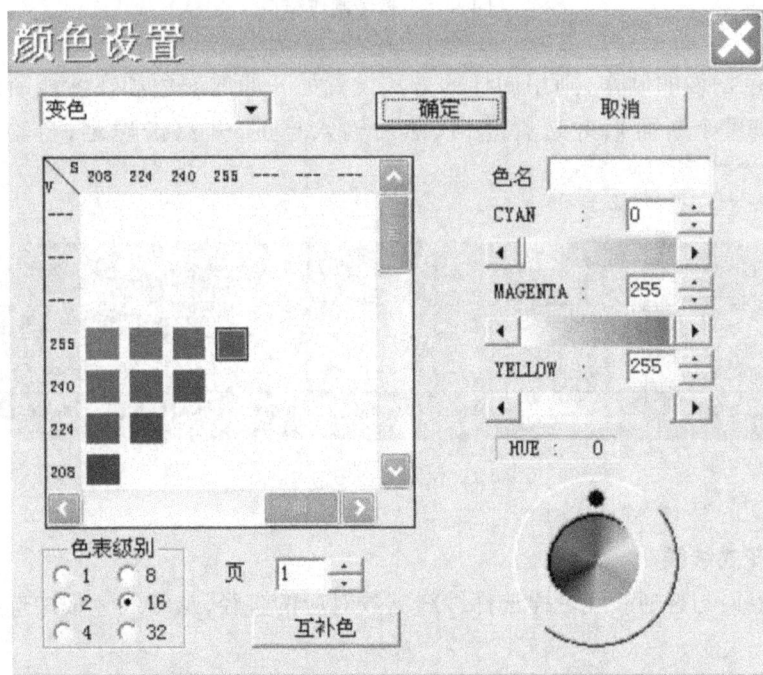

图 4 – 14　颜色设置窗口

(四)选择单纱直径(点数)

在如图 4 - 15 所示的捻纱(股线)制作窗口可以设置捻度、捻向、单纱直径,并自动作成捻纱。选择单纱直径,决定纱线断面点数(即纱幅点数)。在纱线断面处选择合适位置,点击一下,纱线截面就填充所选择的颜色。

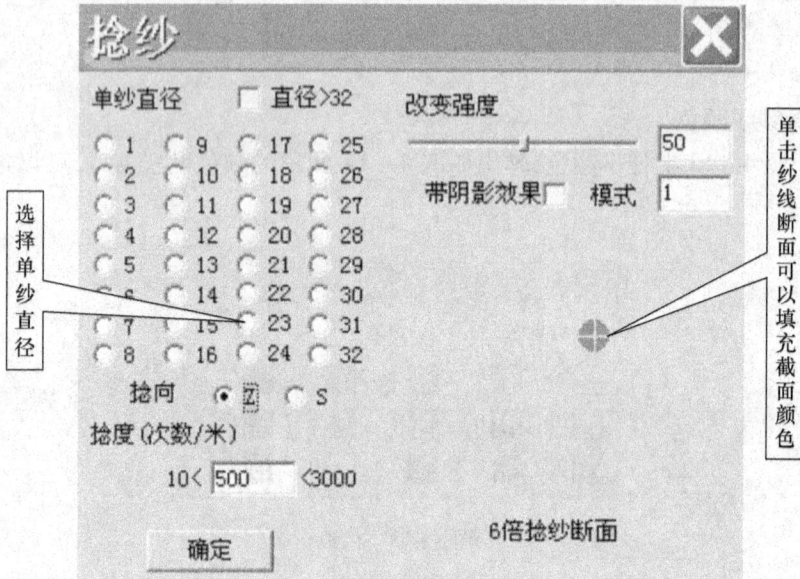

图 4 - 15 捻纱制作窗口

如果是两色捻纱的制作,则用同样的方法设置另一股的颜色和在纱线断面中的大小及位置(必须充满整个断面),并选择捻向,然后输入捻度,并点击确定,自动生成捻纱(图 4 - 16)。

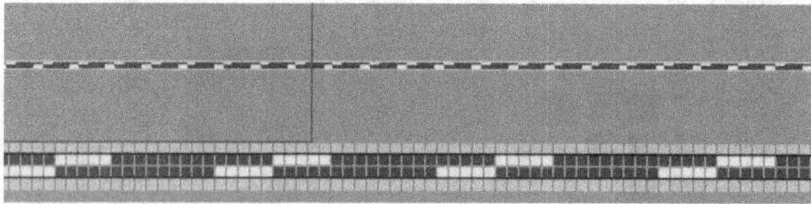

图 4 - 16 自动生成捻纱

(五)设计花式纱线

(1)绘制捻纱:与普通纱线一样选择纱线支数对应的直径,从纱线色板中选择任一颜色作成捻纱。

(2)设置绒毛:在如图 4 - 17 所示的设置绒毛长度窗口,设置绒毛长度。分别在上绒毛、下绒毛处输入绒毛长度,此时圈圈纱必须打钩表示选中,然后确定。绒毛方式可以选择自由方式或上下方式。

（3）利用纱线描画工具画出圈圈（结子）的形状，如图 4 - 18 所示是纱线描画工具。

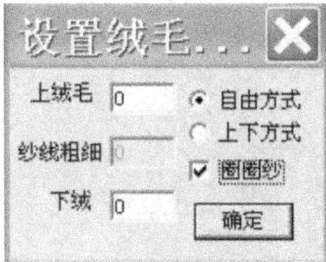

图 4 - 17 设置绒毛长度窗口

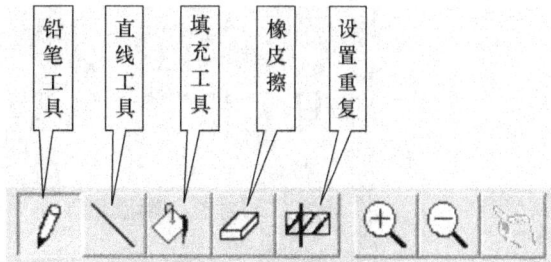

图 4 - 18 纱线描画工具

纱线形状描画完一个重复后，选择描画工具中的设置重复范围工具，点击画面中重复单位的末端处来设置重复范围（也可描完整根纱线）

（4）点击编辑菜单中的重复，从而整根纱线制作完成。

（5）预览、保存、打印纱线：点击文件菜单，可以保存、预览、打印纱线。

四、制作面料

（一）纱线准备

在快捷图标工具中点击"面料设计"按钮图标 ，进入图 4 - 19 所示的面料设计界面。

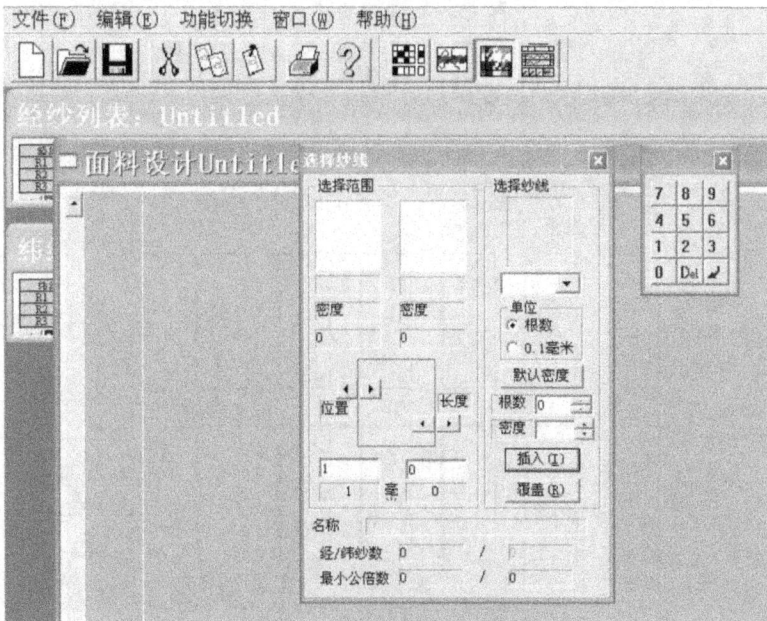

图 4 - 19 面料设计界面

点击如图 4-20 所示的功能切换菜单的纱线准备,弹出纱线准备窗口如图 4-21 所示。纱线准备有经纱准备和纬纱准备,它们的操作步骤是相同的。

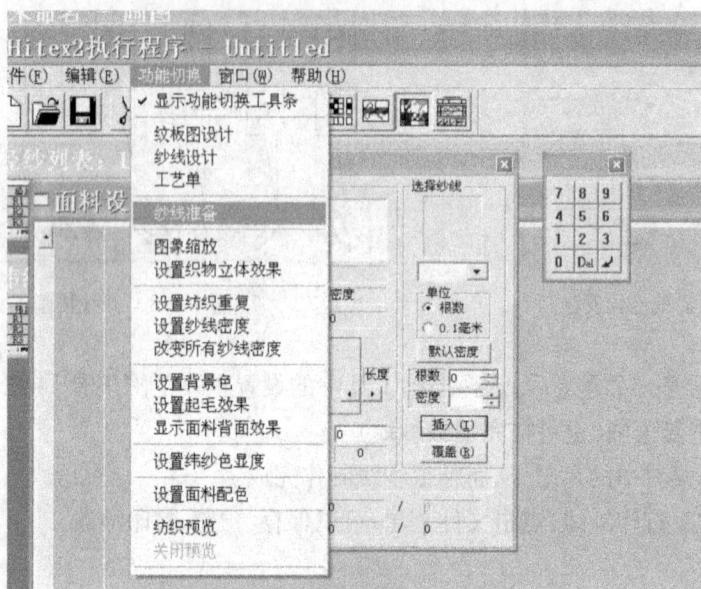

图 4-20　纱线准备菜单

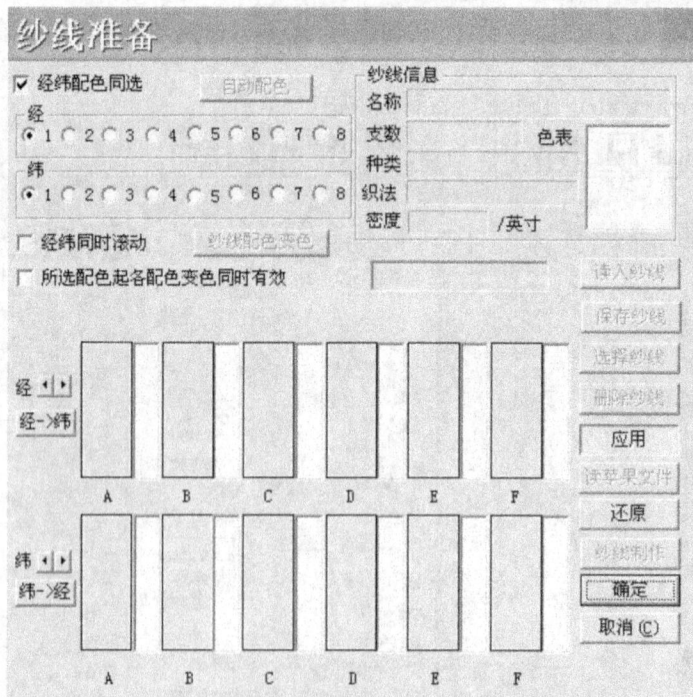

图 4-21　纱线准备窗口

在如图 4 – 21 所示的纱线准备窗口中，有两排字母分别是经纱、纬纱的代号。先点击选择所需要准备的纱线代号，然后点击纱线准备窗口中的“选择纱线”按钮，纱线设计窗口的纱线会自动读取到纱线框中，表示该纱线已经选择该字母为代号，可以在下面的操作中使用。

(二)制成配色模纹图

纱线准备好后，在纱线准备窗口点击确定，自动显示如图 4 – 22 所示的选择纱线窗口，可以进行纱线选择、排列。

1. 纱线排列　点击如图 4 – 22 所示选择纱线位置，显示已准备好的纱线，指定需要输入的纱线，或直接通过键盘键入 A、B 等字符来选择纱线。在相应框内进行所需排列的纱线根数以及密度设置。重复操作，分别进行每根经纱和纬纱的排列。

2. 配色模纹图　设置好经纬的条纹排列数据后，在面料制作窗口上会显示所设计的面料仿真效果图。

3. 纺织预览　面料制作窗口上所显示的面料仿真效果图是放大的，纺织预览功能可以显示真实比例的面料效果图，如果选择放大倍数可以看到相对应放大倍数的面料效果。

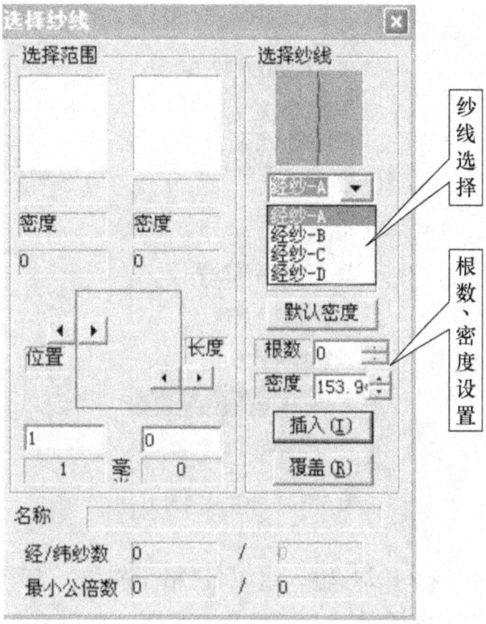

图 4 – 22　选择纱线窗口

在图 4 – 23 所示的窗口中，选择功能选项菜单中的“纺织预览”。

(三)保存设计面料

点击文件菜单中的“保存”或“另存为”，将面料以 tbw 格式进行保存(这种格式需用双九软件才能打开)。点击文件菜单中的“保存图像”，则将面料保存为图片格式。如图4 – 24所示为图片保存。

✻ 任务实施

针对面料的模拟设计任务，操作步骤如下。

步骤一　进入织物界面

在电脑桌面上双击 Hi – Tex 机织设计软件快捷方式图标，进入织物 CAD 设计界面，再单击图标进入织物设计界面。

步骤二　设计织物组织

在织物 CAD 设计界面，单击图标进入织物组织设计界面。此时，选择组织尺寸为默认

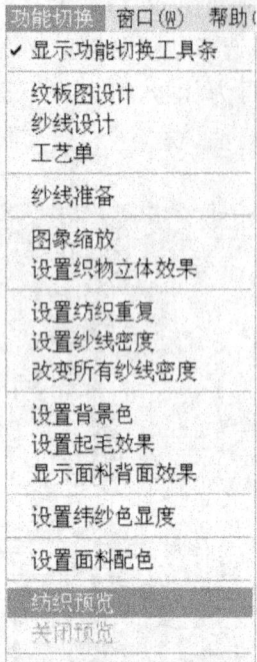

图 4 - 23　纺织预览

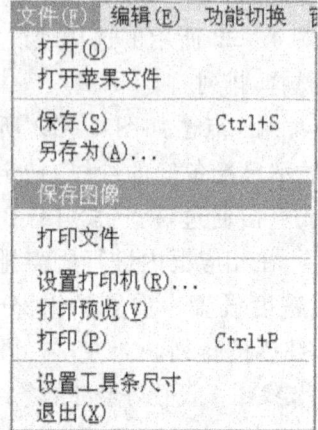

图 4 - 24　保存图像

的 1024×1024,输入组织名"格子斜纹",如图 4 - 25 所示。点击确定就进入组织设计界面,如图 4 - 26 所示。

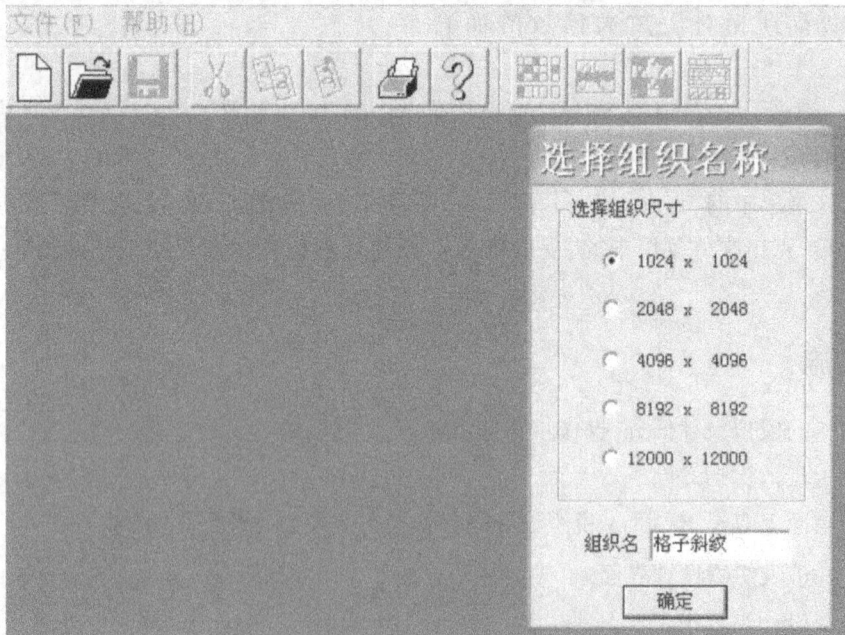

图 4 - 25　进入织物组织设计界面

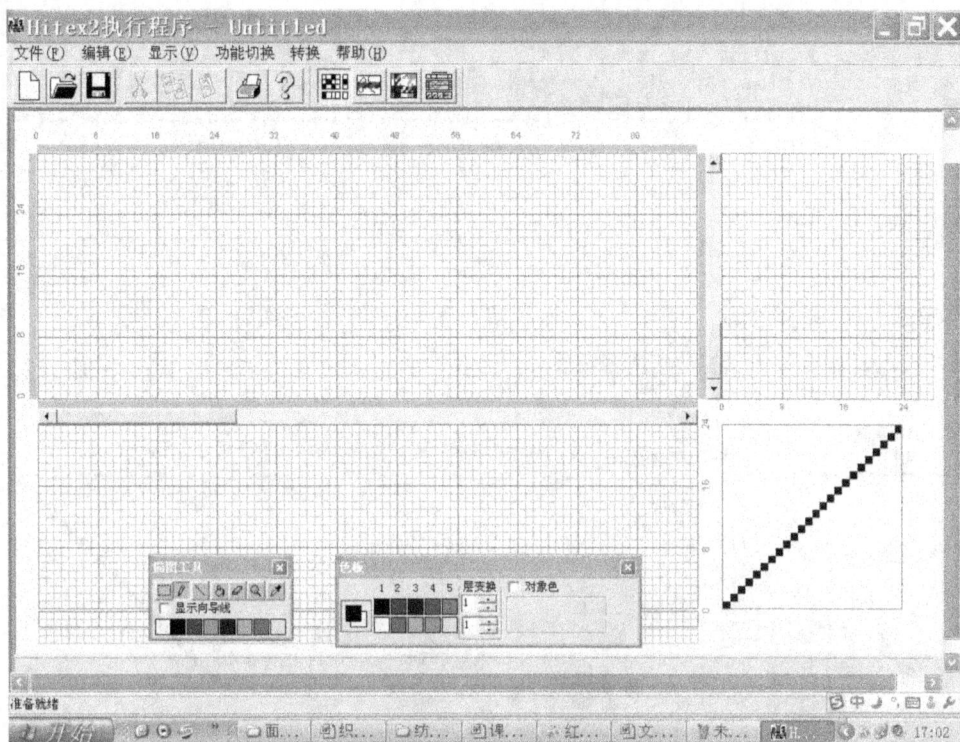

图 4 - 26　组织设计界面

如图 4 - 27 所示点击"编辑"→"斜纹组织"→"加强斜纹",弹出如图 4 - 28 所示的快速画斜纹窗口,然后输入$\dfrac{2}{2}$。在此窗口中,⬈ 表示右斜纹,鼠标单击 ⬈,使之变成 ⬊ 表示左斜纹,点击确定即画出组织图,如图 4 - 29 所示即得出$\dfrac{2}{2}$↖。

步骤三　设计纱线

1. 进入纱线设计界面　在织物 CAD 设计界面,单击图标 ▨ 进入织物纱线设计界面(图 4 - 9)。

2. 设置纱线支数(纱线线密度)　如图 4 - 10 所示,在纱线设计界面单击"纱支设置"→"设置纱线支数",弹出如图 4 - 11 所示的纱支设置窗口,根据要求选择 21.00/1 表示设置纱线支数为 21.00/1。纱线原料默认为棉,在右面的子层中选择"环锭精纺棉纱",纱支单位默认为英支,点击"确定",弹出如图 4 - 30(彩图见封二)所示的纱线颜色选择窗口。

根据要求本织物所需要的纱线有 5 种颜色,分别为宝蓝、天蓝、卡其、红色、黄色,现以宝蓝纱为例说明设计过程。

在如图 4 - 13 所示的色板上任击一色,即可进入颜色设置界面(图 4 - 14)。

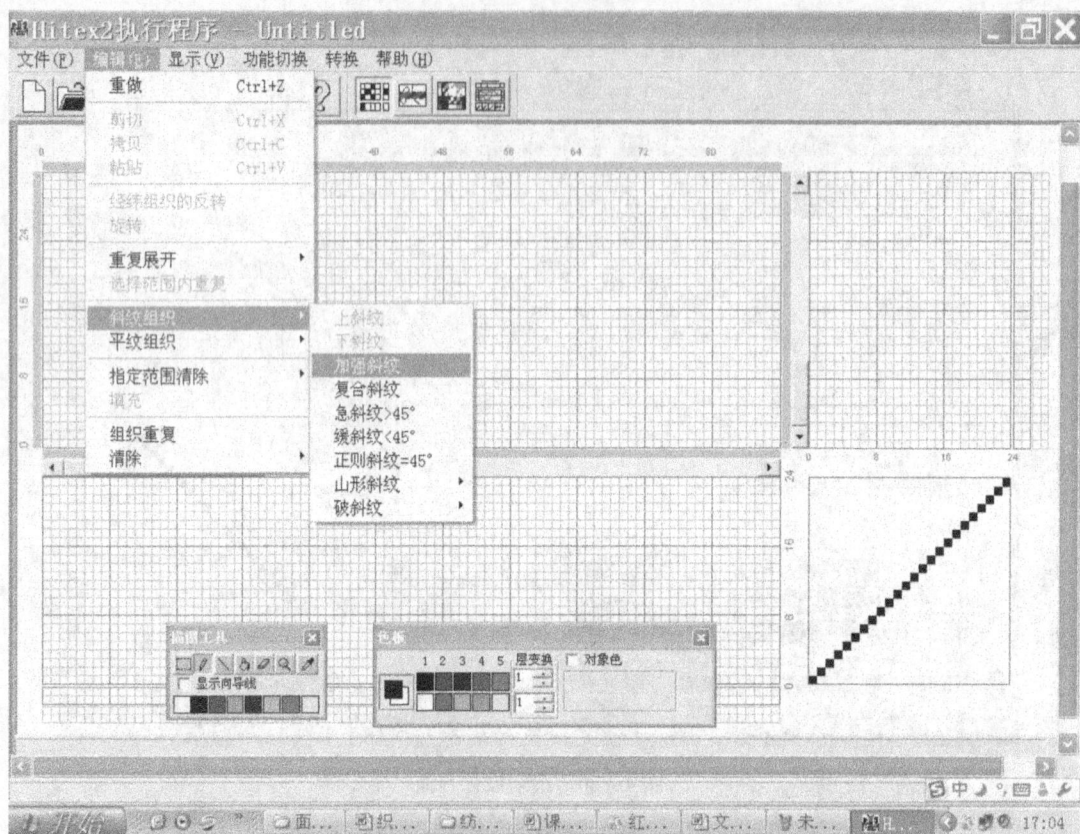

图 4 – 27　画斜纹

图 4 – 28　快速画斜纹

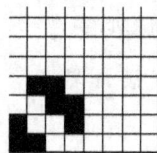

图 4 – 29　$\frac{2}{2}\nwarrow$

在颜色设置界面上选择所需要的宝蓝颜色。在捻纱界面(图 4 – 15)上的单纱直径上选择2,然后单击纱线断面,再单击"确定",得出图 4 – 31 所示的纱线。单击"文件"→"保存",输入保存名称,即完成宝蓝纱线 21/1 的纱线设计过程。

同理,分别选择天蓝、卡其、红色、黄色,再进行纱线设计、保存,可以得出其他几种纱线。如图 4 – 31 ~ 图 4 – 35(彩图见封二)分别为 21/1 宝蓝纱线、21/1 黄色纱线、21/1 天蓝纱线、21/1卡其纱线、21/1 红色纱线。

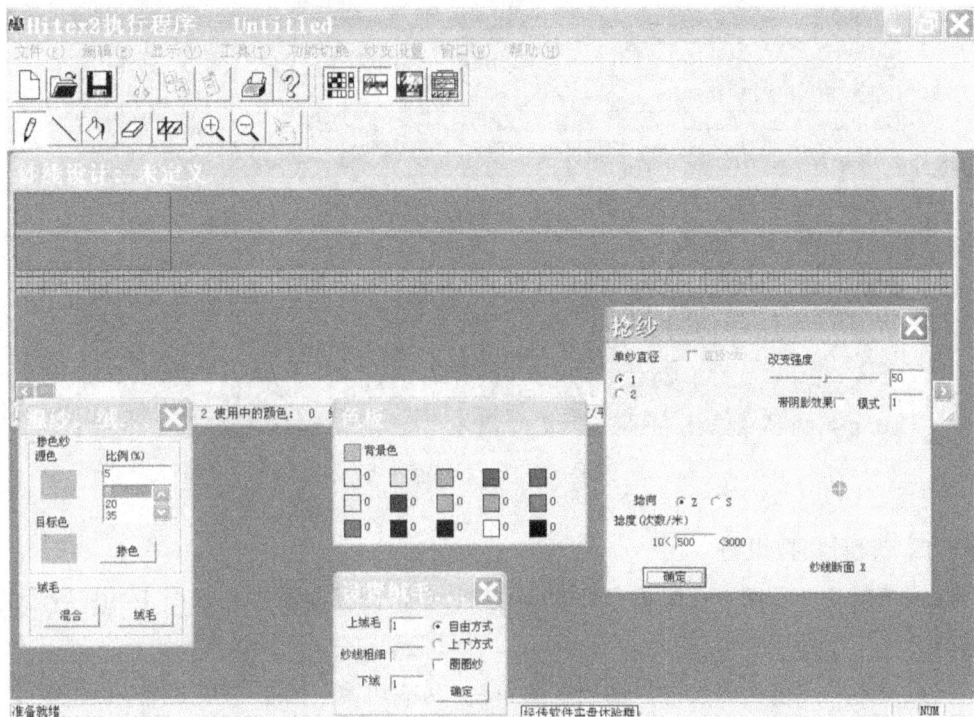

图 4 – 30　纱线颜色选择

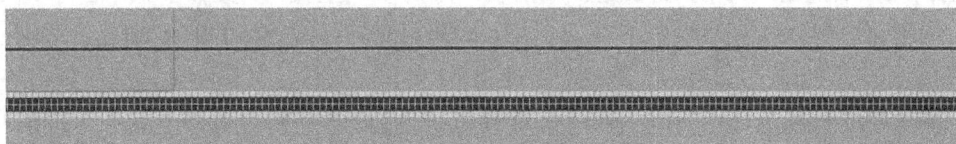

图 4 – 31　21/1 宝蓝纱线

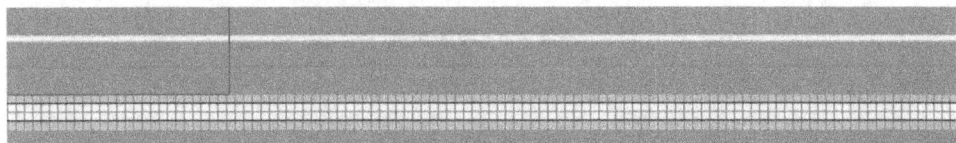

图 4 – 32　21/1 黄色纱线

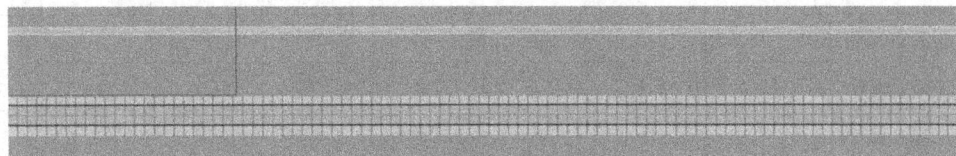

图 4 – 33　21/1 天蓝纱线

图 4 - 34　21/1 卡其纱线

图 4 - 35　21/1 红色纱线

步骤四　设计模拟织物

1. 进入面料设计界面　在织物 CAD 设计界面,单击图标 进入如图 4 - 19 所示的面料设计界面。

2. 纱线准备　点击面料设计界面顶端菜单栏"功能切换"中的"纱线准备"(图 4 - 20),弹出如图 4 - 21 所示的纱线准备窗口。

分别准备经纱和纬纱。点击经纱中的 A 框表示选中 A 纱,此时"读入纱线"框由灰变黑,表示可以操作;然后点击"读入纱线",选择之前设计好的纱线宝蓝/21 支,此时 A 框将填入宝蓝/21 支。同理,分别将经纱、纬纱中的 A、B、C、D、E 选相应的纱线,然后单击"确定",如图 4 - 36 所示。

3. 选择纱线得出面料循环图　纱线准备好后,可以选择纱线。选择纱线即按照面料色纱循环要求进行纱线排列。该面料的色纱排列见表 4 - 2(可由任务引入部分得到)。在纱线选择界面填入每根纱线的根数、经纱密度。图 4 - 37 所示为插入经纱 A,同理插入其他经纱和纬纱,即得出面料循环图,如图 4 - 38 所示。

表 4 - 2　纱线排列

	代号	A	B	A	C	A	D	A	E
经纱排列	颜色	宝蓝	黄色	宝蓝	卡其	宝蓝	红色	宝蓝	天蓝
	根数	33	7	33	7	33	7	33	7
经密(根/10cm)		323	323	323	323	323	323	323	323
	代号	D	A	C	A	B	A	E	A
纬纱排列	颜色	红色	宝蓝	卡其	宝蓝	黄色	宝蓝	天蓝	宝蓝
	根数	5	25	5	25	5	25	5	25
纬密(根/10cm)		244	244	244	244	244	244	244	244

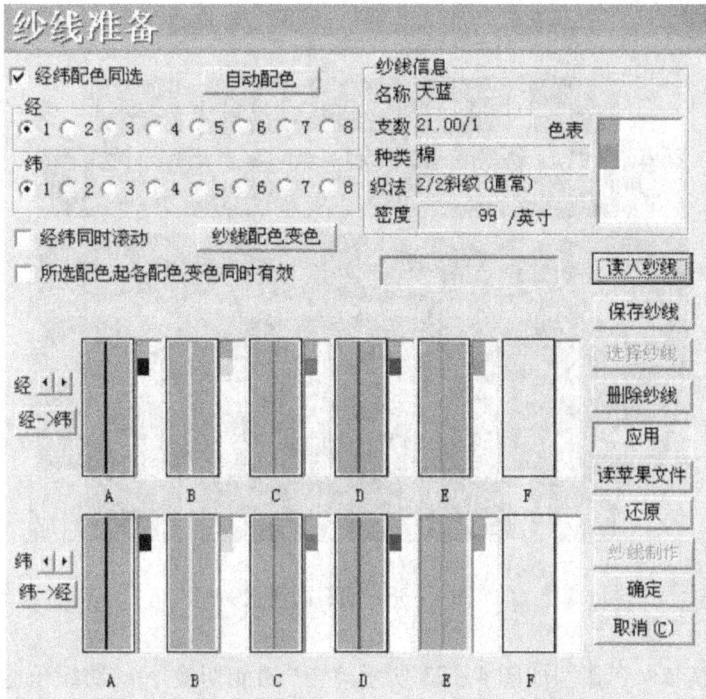

图 4 – 36　读入纱线

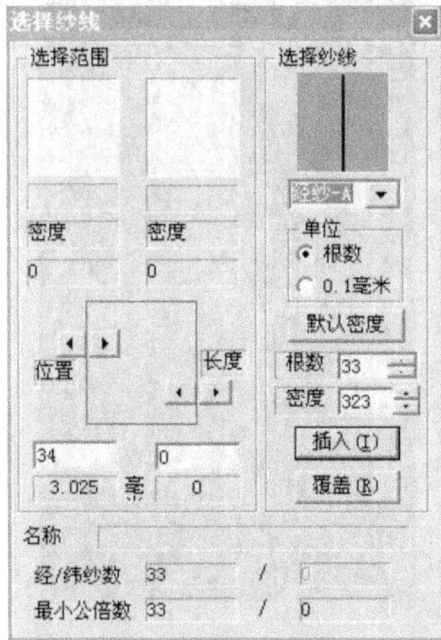

图 4 – 37　插入经纱 A

图 4 - 38　面料循环图

4. 得出面料模拟配色图　如图 4 - 23 所示点击"功能切换"→"纺织预览",得出如图 4 - 39 所示的面料模拟配色模纹图。

图 4 - 39　面料模拟配色模纹图

步骤五 填写 CAD 模拟设计表(表 4 - 3)

表 4 - 3 CAD 模拟设计表

设计项目	设 计 内 容	
上机图	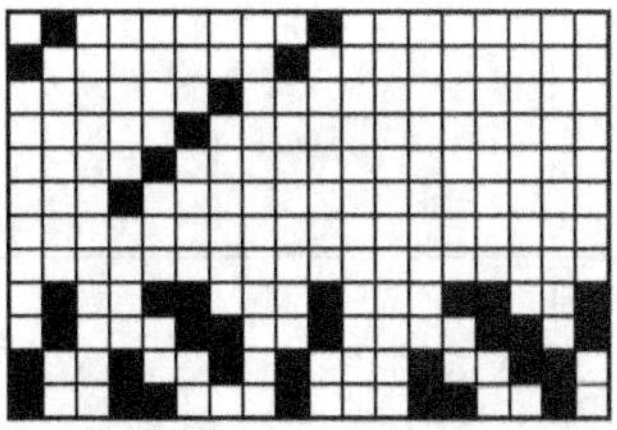	
织物设计参数	经纱排列	33A7B33A 7C33A 7D33A 7E
	纬纱排列	5D25A5C25A5B25A5E25A
	纱线颜色	A(宝蓝)、B(黄色)、C(卡其)、D(红色)、E(天蓝)
	线密度[tex(英支)]	27.8(21)
	地经(根/10cm)	323
	纬密(根/10cm)	244
	每筘齿穿入数	2 入
配色模纹图	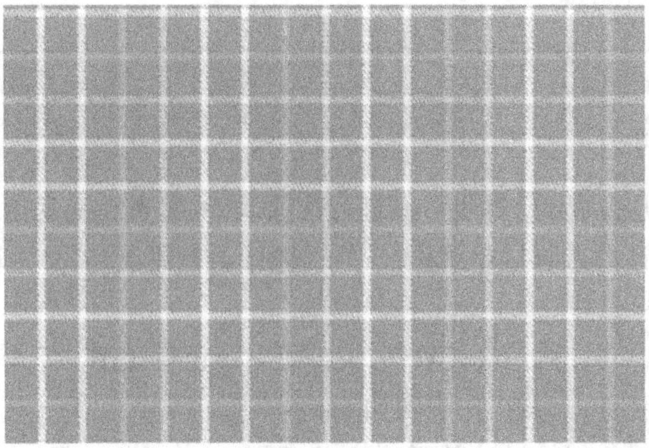	

❖ 实训

　　根据任务三表 3 - 2 ~ 表 3 - 5 的面料分析结果所设计的小样工艺,进行织物模拟设计,得出织物配色模纹图,并填写 CAD 模拟设计表(表 4 - 4)。

表 4 – 4 CAD 模拟设计表(样表)

设计项目	设 计 内 容		
上机图			
织物设计参数	经纱排列		
	纬纱排列		
	纱线颜色		
	线密度[tex(英支)]		
	地经(根/10cm)		
	纬密(根/10cm)		
	每筘齿穿入数(入)		
配色模纹图			

❋ 知识扩展

Hi – Tex 机织设计软件也可以进行花筘设计,实现经密变化的面料的设计。

任务二设计的男装衬衫面料,任务三进行了上机图(图 3 – 28)设计,并制订出相应的上机工艺参数(表 3 – 7)。

试利用 Hi – Tex 机织设计软件,设计织物配色模纹图。

针对设计任务,具体操作步骤如下。

步骤一 进入织物设计界面,设计上机图

在电脑桌面上双击 Hi – Tex 机织设计软件快捷方式图标 █,进入织物 CAD 设计界面,再单击图标 ▢ 进入织物设计界面。

根据任务引入中的要求,利用描图工具上的画笔 ✐ 绘制纹板图和穿综图,如图 4 – 40 所示。如图 4 – 41 所示点击菜单中的"栏转换",由纹板图和穿综图得出组织图(图 4 – 42)。利用画笔绘图过程中,可以使用复制、粘贴等提高绘画效率。

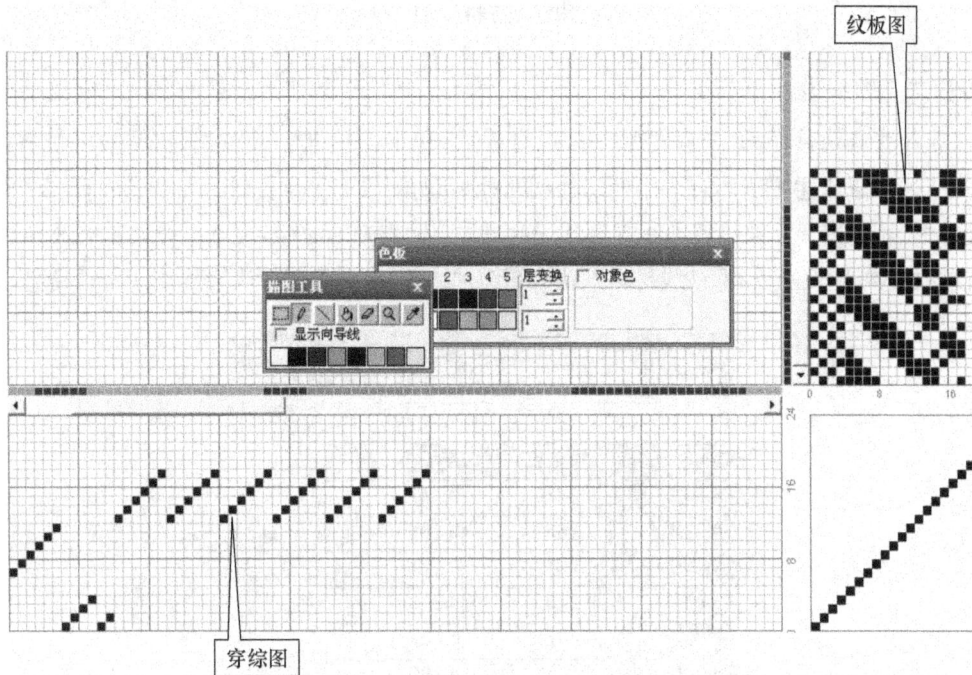

图 4-40 绘出纹板图、穿综图

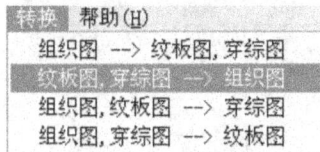

图 4-41 由纹板图、穿综图得出组织图

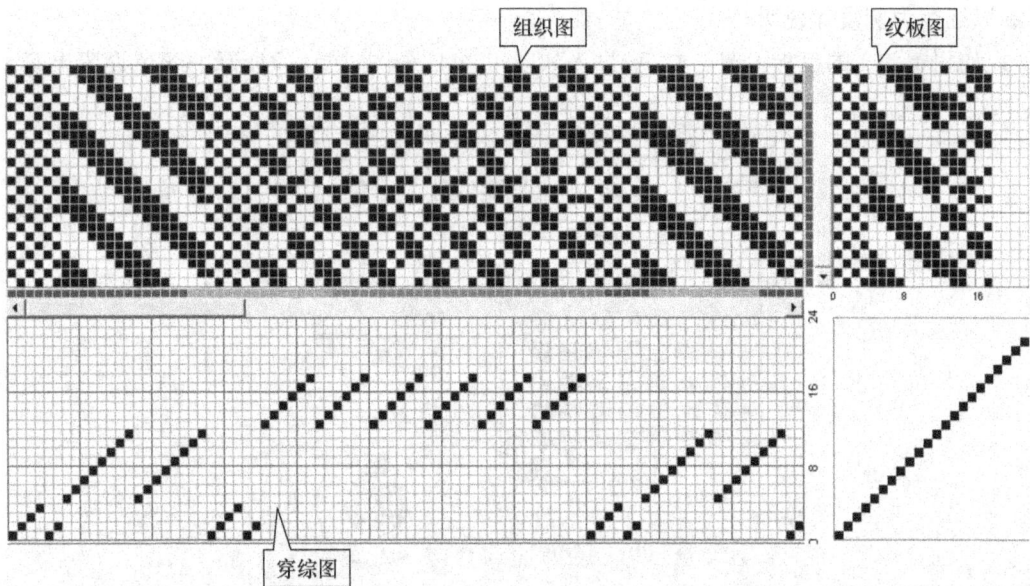

图 4-42 上机图

步骤二 纱线设计

1. **进入纱线设计界面** 在织物 CAD 设计界面,单击图标 ,进入织物纱线设计界面。

2. **设计纱线线密度** 本任务中的经纱和纬纱不同,所以要分别设计。首先设计经纱在纱线设计界面单击"纱支设置"→"设置纱线支数"。弹出纱支设置窗口(图 4 – 43)。根据要求选择 80/2 表示设置纱线支数为 80 英支/2,纱线材料默认为精纺棉纱棉,纱支单位默认为英支,点击"确定"。

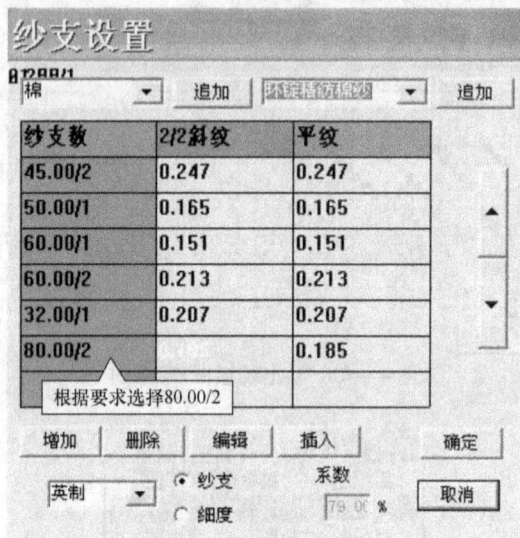

图 4 – 43 纱支设置

3. **选择纱线颜色** 根据要求本织物所需要的经纱有 4 种颜色,分别为红棕、漂白、粉红、橙红,现以红棕为例设计说明。

在如图 4 – 13 的色板上双击红色,进入如图 4 – 44(彩图见封三)所示的颜色设置界面。

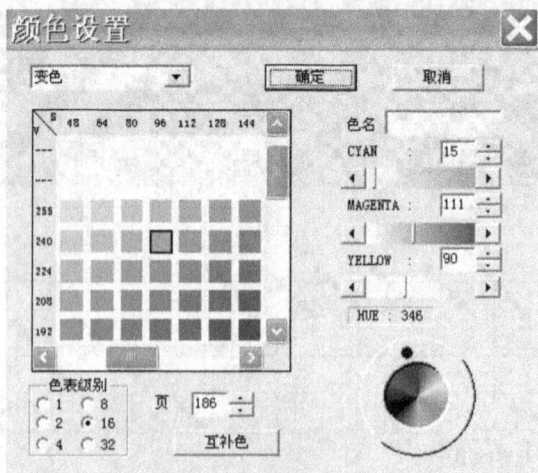

图 4 – 44 颜色设置界面

在颜色设置界面上选择所需要的红棕颜色点击"确定"。在如图 4 - 15 所示的捻纱界面上的单纱直径上选择 2,然后单击纱线填充截面颜色,再单击"确定",得出图 4 - 45(彩图见封三)所示的纱线。单击"文件"→"保存",输入保存名称即完成红棕纱线 80/2 的纱线设计。同理,分别选择漂白、粉红、橙红进行纱线设计、保存可以得出其他几种纱线分别如图4 - 46 ~ 图4 - 48(彩图见封三)所示。

图 4 - 45　80/2 红棕纱线

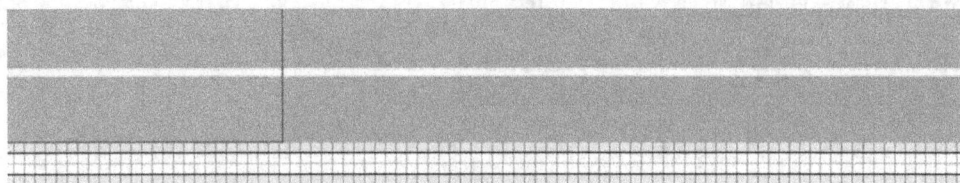

图 4 - 46　80/2 粉红纱线

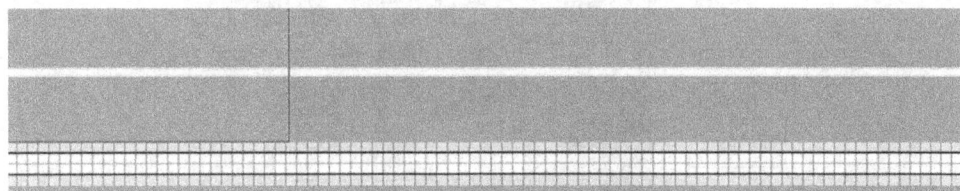

图 4 - 47　80/2 橙红纱线

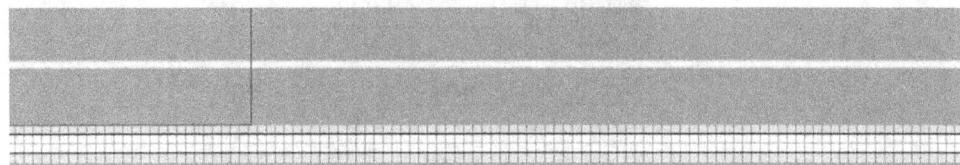

图 4 - 48　80/2 漂白纱线

　　纬纱的设计过程如经纱一样,只是在纱支设计时有所不同。在纱线设计界面单击"纱支设置"→"设置纱线支数",弹出纱线纱支设计窗口,如图 4 - 49 所示,纱线原料默认为棉,在右面的子层中选择环锭精纺棉纱,纱支单位默认为英支。因为在已有的纱支中不存在 40.00/1,所以需要自己增加。点击"增加",在弹出的窗口中输入本任务中的纬纱支数 40,其他选择默认,如图 4 - 50 所示。点击"确定",得出所需要的纬纱支数,如图 4 - 51 所示。点击"确定",按照经纱的设计方法选择颜色,保存纱线,得出所需要的纬纱,如图 4 - 52 所示。

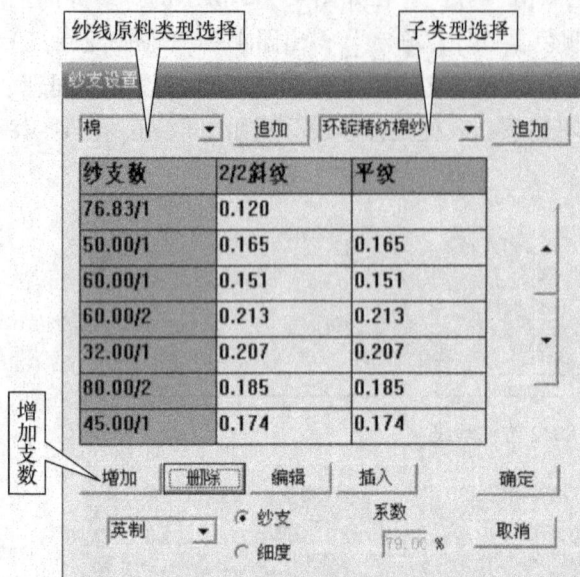

图 4 - 49 纱支设置窗口

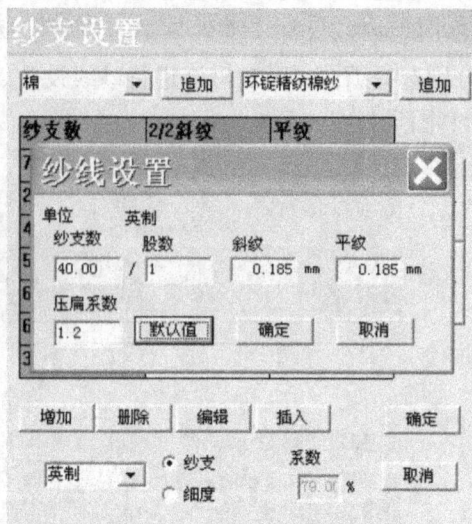

图 4 - 50 纱线设置窗口

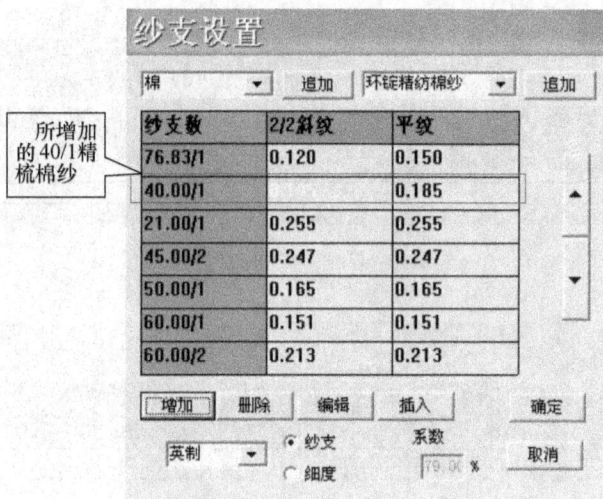

图 4 - 51 增加的 40/1 精梳棉纱

图 4 - 52 漂白纬纱

步骤三 面料设计

1. 进入面料设计界面 在织物 CAD 设计界面,单击图标 ![icon] 进入织物组织设计界面。

2. 纱线准备 点击面料设计界面顶端菜单栏"功能切换"→"纱线准备"(图 4-20),弹出如图 4-21 所示的纱线准备窗口。

分别准备经纱和纬纱。点击经纱中的 A 框表示选中 A 纱,然后点击读入纱线,选择之前设计好的红棕纱线 80/2,此时 A 框将红棕纱线 80/2。同理,分别按表所示一一对应选择,然后单击"确定",如图 4-53 所示。

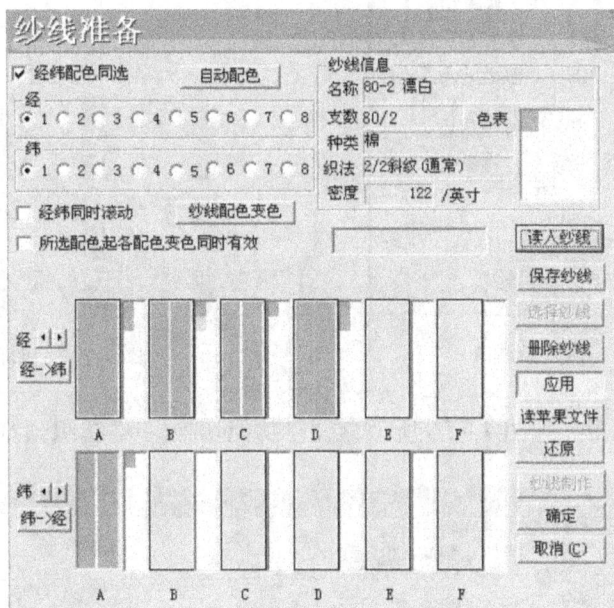

图 4-53 读入纱线

3. 选择纱线 选择纱线即按照面料色纱循环要求进行纱线排列。该面料的色纱排列见表 4-5 所示(密度见任务二表 2-2)。在纱线选择界面填入每根纱线的根数、经纱密度。图4-54 所示为插入经纱 A,同理插入其他经纱与纬纱即得出面料循环图(图 4-55)。

表 4-5 色纱排列

代号	A	B	C	C	C	B	A	C
颜色	红棕	粉红	漂白	漂白	漂白	粉红	红棕	漂白
根数	2	1	22	16	3	1	2	36
经密(根/10cm)	333	333	333	666	333	333	333	501
代号	D	B	C	C	C	B	D	C
颜色	橙红	粉红	漂白	漂白	漂白	粉红	橙红	漂白
根数	2	2	2	16	2	2	2	36
经密(根/10cm)	333	333	333	666	333	333	333	501

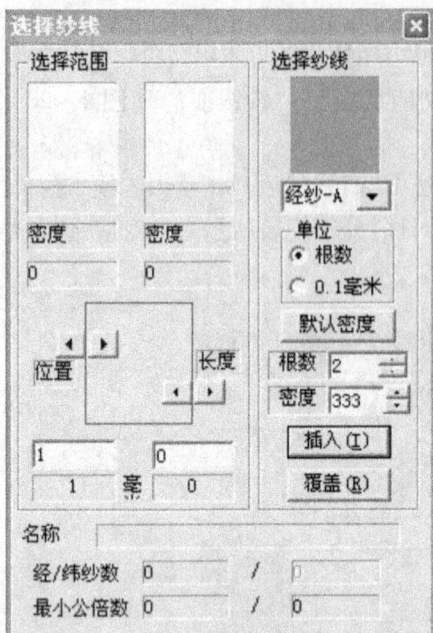

图 4-54　插入经纱 A

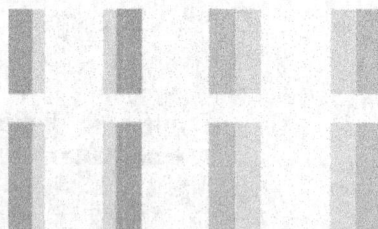

图 4-55　面料循环图

4. 得出配色模纹图　如图 4-56 所示,点击"功能切换"→"纺织预览"得出如图 4-57 所

图 4-56　纺织预览

示面料模拟配色图,任务完成。

图 4 - 57 面料配色模纹图

任务五

织物小样织制

❈ 学习目标

- 了解几种织样机的构造、性能和操作方法。
- 掌握织物小样的工艺设计和上机工艺计算方法。
- 能够使用织样机织制符合规格的小样,能处理织造过程中的常见问题。

❈ 任务引入

利用织样机,根据任务一的客户来样分析结果(参见表1-4),任务三设计的织物小样上机图(参见图3-26、图3-27)和上机工艺参数(参见表3-1),织制小样。

❈ 任务分析

要织制出符合客户要求的织物小样,首先要熟悉织样机的构造、性能和操作方法,并能处理织造过程中的常见问题。

❈ 相关知识

一、机械织样机的基本构造与操作

机械织样机的构造如图5-1所示,它是一种手工操作的半机械小型织样机。其上部是单动式多臂龙头,由下方的踏脚控制。多臂龙头由拉刀、拉钩、重尾杆、花筒、纹板、纹钉等组成。每块纹板一排纹钉,控制一纬。织造上机前,可根据上机图进行穿综、穿筘和在纹板上植纹钉。织造时,只要踩动踏脚板,就可控制开口,并按顺序提升综框。综框的下降依靠回综弹簧进行。

使用小梭子进行引纬,由手工来回投送。打纬也是用手工扳动筘帽,使钢筘来回摆动进行打纬。

卷取也靠手工操作。织造进行中并不卷取。待织到一定长度后,由手工转动卷布辊来卷取织物;与此同时,摇动手把,使机后卷纱辊渐渐转动,送出经纱,与卷取相配合。当卷布辊逐渐将布面拉紧,调整到合适张力,重新进行织造。

二、半自动织样机的基本构造与操作

这里介绍的半自动织样机是 Y200S 型电子织样机,如图5-2所示。

该机除开口部分外,其余部分均与上述机械织样机类似,不再详述。

开口部分是一种电子式自动控制开口机构,使用方便。现将其电子纹板的控制与操作介绍如下。

图 5 - 1　机械织样机

图 5 - 2　Y200S 型半自动织样机

打开小样机电源,织机会自动出现如图 5 - 3 所示的界面。

显示屏上手指的位置,表明当前选中的菜单,如图 5 - 3 所示为"工作状态"。如果需要继续,则点击显示屏下的"设置"键;如果要另外选择,则利用右边数字键盘上的"↑"、"↓"键。

例如,当需要输入纹板图时,按右边数字键盘中的"↓",调整到编程状态,如图 5 - 4 所示。

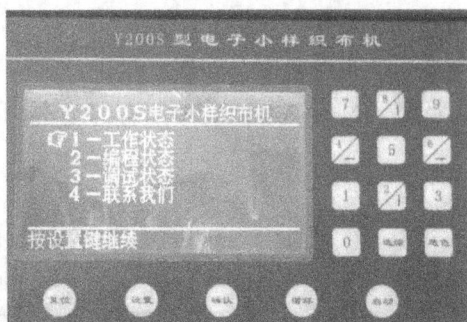

图 5 - 3　电子小样机控制界面

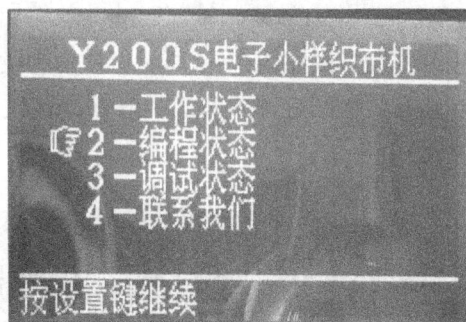

图 5 - 4　电子小样机控制面板(编程状态)

在编程状态下,需要新建程序时,则点击"设置"键,进入图 5 - 5 界面。

在图 5 - 5 中,选择"1—新建程序",再按"设置"键,进入编程界面,如图 5 - 6 所示。

在图 5 - 6 所示界面中,可通过数字键盘,输入总纬数,图 5 - 6 输入的总纬数为 004。按"设置"键,就进入纹板图输入界面,如图 5 - 7 所示。

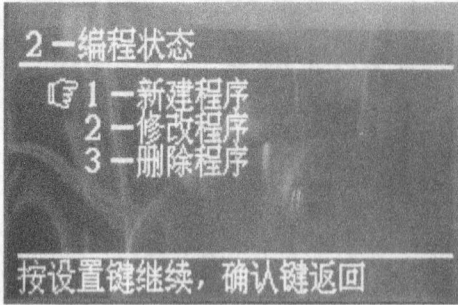

图 5-5　电子小样机编程界面

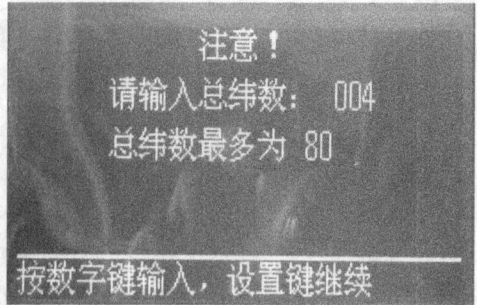

图 5-6　确定总纬数界面

在纹板图输入界面中,横行代表一块纹板(单动式多臂织机)或一排纹钉孔(复动式多臂织机),顺序为由上而下;纵列代表综片,顺序为自左向右。同样用右边的数字键盘(图 5-8),进行上、下、左、右移动。利用"选综"键,进行纹板图输入。若纹板图中的某片综需要上提,则在此位置处按数字键盘中的"选综"键,则由原来的空心变成实心。

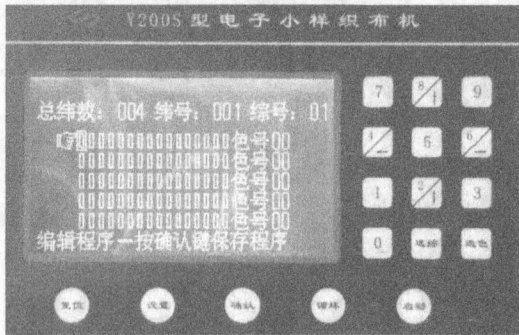

图 5-7　纹板图输入界面

图 5-8　输入纹板图用的数字键盘

输好的纹板图如图 5-9 所示。该图为纹板图 的输入界面。

在输好纹板图后,按"确认"键,保存该纹板图。这时,界面上会出现"程序已保存!",如图 5-10 所示。

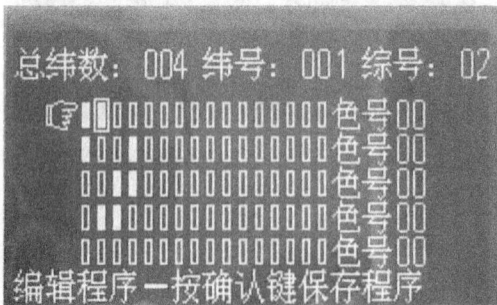

图 5-9　输好的纹板图界面

图 5-10　程序已保存界面

返回到工作状态时，程序中的"1"由原来的"无程序"就变成了"有程序"，如图5-11所示。

在输好纹板图后，按"确认"键，将小样机的电子控制面板调到工作状态，就可进行小样织物织制了。工作状态界面如图5-12所示。

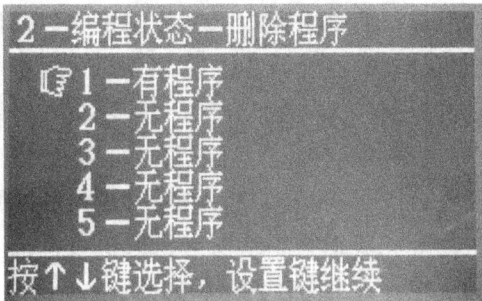

图5-11　输入纹板图后，程序1改变后的界面

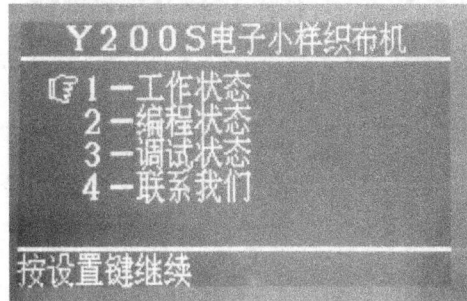

图5-12　工作状态界面

在工作界面中按"设置"键，进入"选择程序"界面，如图5-13所示。

选择好"程序1"后，按"设置"键，就进入工作状态时的纹板图界面，如图5-14所示。

进入工作状态时的纹板图界面后，就可进行小样织造了。在织造过程中，电子界面还给操作者提示目前所织造的纱线在组织循环中的位置，避免疵布的出现。图5-14所示为组织循环中的第一根纬纱，表明本次引入的是第一根纬纱。应该注意的是，由于每次开始织造时都是由第一根纬纱开始，因而在每次织布时，最好是织完一个组织循环再停机，以便下一次开始。

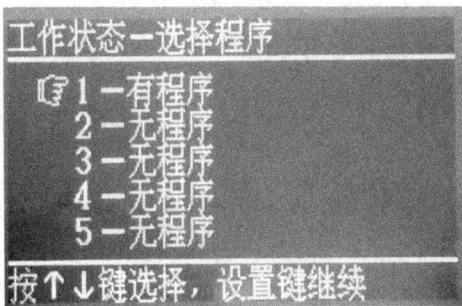

图5-13　选择程序界面

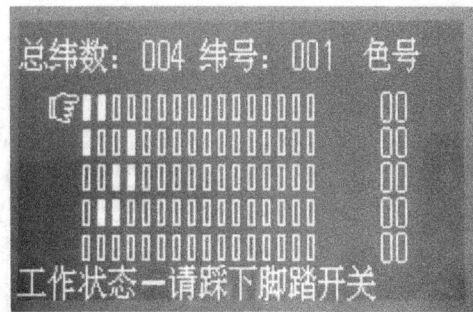

图5-14　工作状态时的纹板图界面

若需要对所输入的程序进行修改，可在编程状态界面中选中"2—修改程序"。由"修改程序"进入纹板界面中，修改方法与新建程序的方法相同。若需要删除程序，则选择"3—删除程序"，如图5-15所示。

在删除界面内，按"设置"键，进入选择删除程序的界面，如图5-16中选择要删除的程序为"1"。选好要删除的程序后，只要按"设置"键，就会出现"程序已删除！"界面，如图5-17所示。

三、自动织样机的基本构造与操作

(一) ASL3000 - 20 型自动织样机的组成

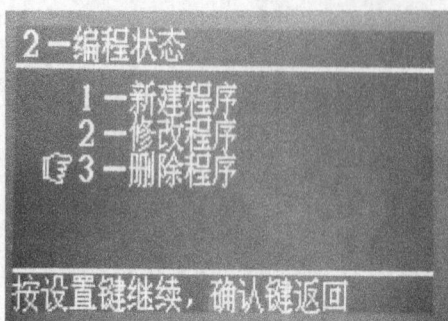

图 5 - 15　选择删除程序界面

ASL3000 - 20 型自动织样机(图 5 - 18)是完全由计算机控制运行的一个自动织样系统,由主控制柜和织样机两部分组成。主控制柜内包括计算机和织机外挂的控制器件,它负责织造过程中织机各运动的控制;织样机部分包括开口机构、引纬机构、打纬机构、卷取机构、送经机构、自动选纬机构、纬纱断头自停机构、经纱断头自停机构、经纱张力控制机构等完成织物织造所必需的执行机构。织样机的引纬方式为刚性剑杆引纬。

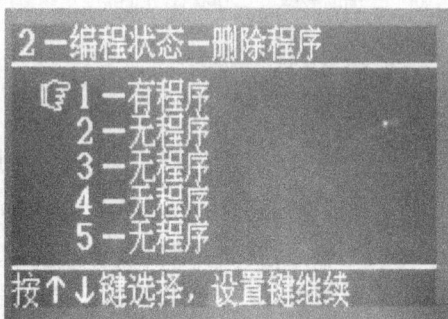

图 5 - 16　删除程序界面

图 5 - 17　程序删除成功告知界面

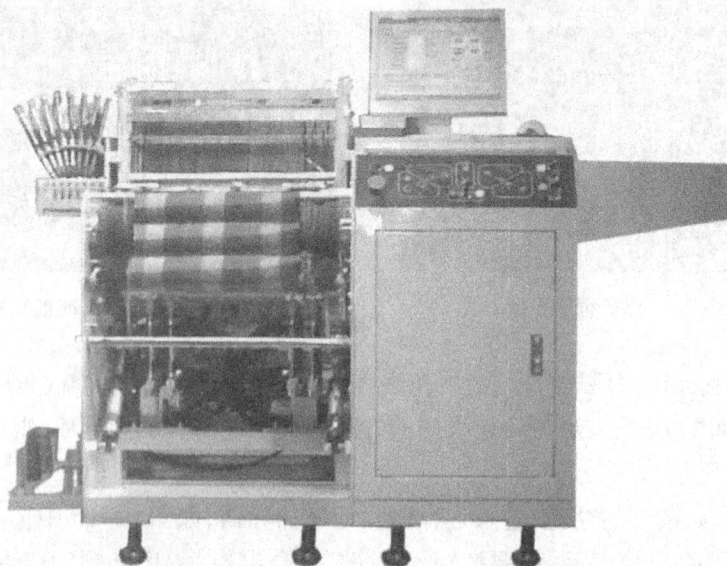

图 5 - 18　ASL3000 - 20 型自动织样机

(二) ASL3000 - 20 型自动织样机控制面板

ASL3000 - 20 型自动织样机的控制面板如图 5 - 19 所示。

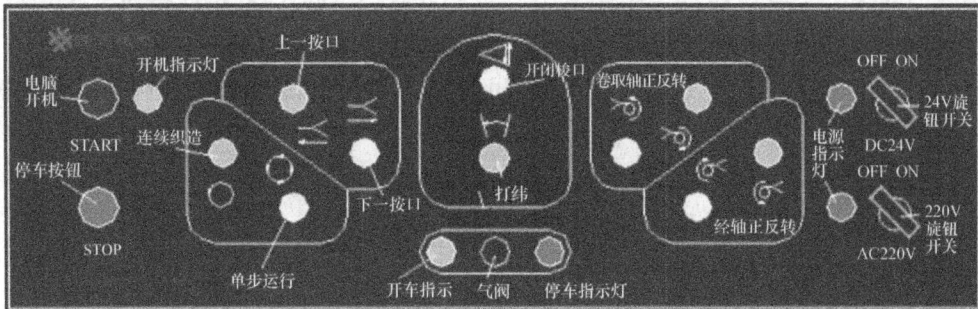

图 5 - 19   ASL3000 - 20 型自动织样机的控制面板

1. DC24V(ON/OFF)旋钮开关   控制织机直流 24V 电源通断,旋钮手柄在 ON 的位置织机电源接通,位于旋钮上方的红色指示灯亮;旋钮手柄在 OFF 的位置织机电源断开,红色指示灯熄灭。

2. AC220V(ON/OFF)旋钮开关   控制织机交流 220V 电源通断,旋钮手柄在 ON 的位置织机电源接通,位于旋钮上方的红色指示灯亮;旋钮手柄在 OFF 的位置织机电源断开,红色指示灯熄灭。

3. START 按钮   织机启动按钮,按此按钮启动织机运转,此时位于 START 按钮上方的绿色指示灯亮。

4. STOP 按钮   停止按钮,按此按钮后织机停止运转,此时位于 START 按钮上方的绿色指示灯熄灭。

5. ◯ 按钮   连续织造按钮,在织机停车状态下起作用,每按此按钮一次,织机完成连续的动作。

6. ◯ 按钮   单步织造按钮,在织机停车状态下起作用,每按此按钮一次,织机完成一步动作。

7. ⤢ 按钮   上梭按钮,当织机停在开口或引纬状态下起作用,按此按钮一次,梭口变换到上一纬的梭口。

8. ⤢ 按钮   下梭按钮,当织机停在开口或引纬状态下起作用,按此按钮一次,梭口变换到下一纬的梭口。

9. ⟩◯ 按钮   织轴回卷经纱按钮,在织机停车状态下起作用,按住此按钮织轴回卷经纱。

10. ⟩◯ 按钮   织轴送经按钮,在织机停车状态下起作用,按住此按钮织轴送出经纱。

11. ◖◯ 按钮   卷布辊卷布按钮,在织机停车状态下起作用,按住此按钮卷布辊卷布。

12. ◖◯ 按钮   卷布辊送布按钮,在织机停车状态下起作用,按住此按钮卷布辊送布。

13. ◁┤ 按钮　综平与梭口打开按钮,当织机停在开口或引纬状态下起作用,按此按钮一次,梭口由满开到闭合或由闭合到满开。操作过程中,梭口必须重新打开后才可以继续织造。

14. ├▷ 按钮　打纬按钮,当织机停在开口或引纬状态下起作用,按此按钮一次,钢箅由后止点摆向前止点,操作中钢箅必须退回后止点才可以继续织造。

15. 供气开关　改进后的机器上控制面板的正中间有一个气动开关,控制着整个机器的气源,提起供气,按下关气。

(三)ASL3000 - 20型自动织样机的性能参数

经纬纱适用原料:棉、麻、毛、丝、化纤;短纤维、长丝。

经纬纱适用线密度:10～2000tex。

开口:气动开口,20～24片综。

选纬装置:气动选纬,最大8色。

引纬:伺服电动机或气动刚性剑杆引纬。

打纬:气动打纬,可设定每纬的打纬次数。

卷取:独立的步进电动机传动,积极式卷取,可实现变纬密卷取。

送经:独立的步进电动机传动,积极式送经,可实现变送经量送经,双织轴织造,适用产品更丰富。

保护装置:纬纱断头自停,经纱断头自停,箅座、剑杆到位检测。

上机箅幅:50cm。

布边方式:绞边。

边撑:刺辊边撑(可选)。

织造速度:最大40纬/min。

电源:交流220V。

供气压力:0.4～0.8MPa。

耗气量:240L/(台·min)。

(四)自动织样机调整

1. 织机工作气压　本织机工作气压一般设定在0.3～0.8MPa之间,视织物的厚重程度、紧度及经纱上机张力大小决定,调整步骤如下。

(1)检查气源压力,确保气源压力大于所需的织机工作气压。

(2)将二联件上的调压旋钮向上提起,旋转调压旋钮,使压力表指针指向所需织机工作压力,按下调压旋钮使之锁定。

2. 综框运动速度　综框运动速度设定要与织机设置中织机每步延迟时间相配合,当延迟时间设置值较小时,应适当提高综框运动速度,调整方法如下。

(1)开机。

(2)按单步按钮,使梭口按顺序打开。

(3)调整综框下方气缸或其所对应的电磁阀上的节流阀的调节旋钮,按综平与梭口打开按钮,观察综框的运动速度直到满意为止。

3. 综框高低位置　旋转综框下方的调节管,可调节综框位置升降。当综框处于下方时,由前到后综框的位置应逐渐降低;当钢箱在后止点时,各片综上的经纱在钢箱处的位置应平齐或后片综上经纱的位置略高于前片综,但总的高度差异不宜大于 2~3mm。

4. 后梁高低　旋转后梁摆臂上的调节螺钉可使后梁升降,后梁高低应根据综框高低位置、经纱上机张力及织物外观风格特征确定。

（五）自动织样机的操作

1. 穿经和经纱上机　将织轴上的经纱按照织物上机图及穿经工艺的要求,依次穿过综丝和钢箱。穿经方式分机上穿经和分离穿经两种。

（1）机上穿经:将织轴上排列好的经纱用导纱棒固定在织机综框后方,在织样机上进行穿经、过箱。

（2）分离穿经:采用穿综台,将织轴上排列好的经纱固定在穿综台上进行穿经、过箱。

若采用分离穿经时,将已经穿好的经纱连同综框、钢箱一起插放到织样机上,经纱后部系在织轴上,经纱前部梳理整齐后卡到卷布辊上的卡纱槽内。

2. 纬纱上机　按织造工艺确定的纬纱排列顺序,分别将各品种的纬纱依次穿过断纬自停装置和选纬装置的导纱磁眼,引入钳纬器。

3. 开机/启动　检查并确认织机开口、选纬、引纬、打纬各相关机件运动的动程范围内没有异常阻碍后,请按如下步骤启动织机。

（1）接通织机外供气源、电源。

（2）打开位于织机控制柜内的总电源开关。

（3）按动位于控制面板上"START"键,此时按钮旁边的计算机启动蓝色指示灯亮。

（4）待计算机启动后,打开织机操作面板上的电源旋钮开关给织机接通电源,此时电源旋钮开关上方的织机电源红色指示灯亮。

（5）双击快捷图标,运行织造控制软件 AutoWeavingPro. exe,如图 5-20 所示。

（6）输入织造参数或打开已有的织造文件(详见软件说明部分)。

（7）按动织机操作面板上的启动按钮,织机启动并开始织造。

4. 停车　可采用下列方法之一暂停织机运行。

（1）用鼠标点击软件主界面上的停止按钮。

（2）按织机操作面板上的停止按钮。

5. 经纬纱张力调整

（1）经纱上机张力调整:经纱上机后,按动织机上控制面板上的卷布、退布、送经、回卷按钮,或用鼠标点击软件主界面上的卷布、退布、送经、回卷按钮,可将经纱张力调整到合适的水平,并在主窗体上的"织物规格"中设定织造的经纱张力,程序会根据设计的经纱张力进行调整(建议:在调整好经纱张力后,按"默认张力"按钮,采集到的经纱张力作为张力值)。

（2）织造过程中的经纱张力调整:在织造过程中若发现经纱张力过大或过小,是由于织造参数中经纱缩率设置不当引起,可按如下步骤调整经纱张力。

① 按停止按钮暂停织机运行。

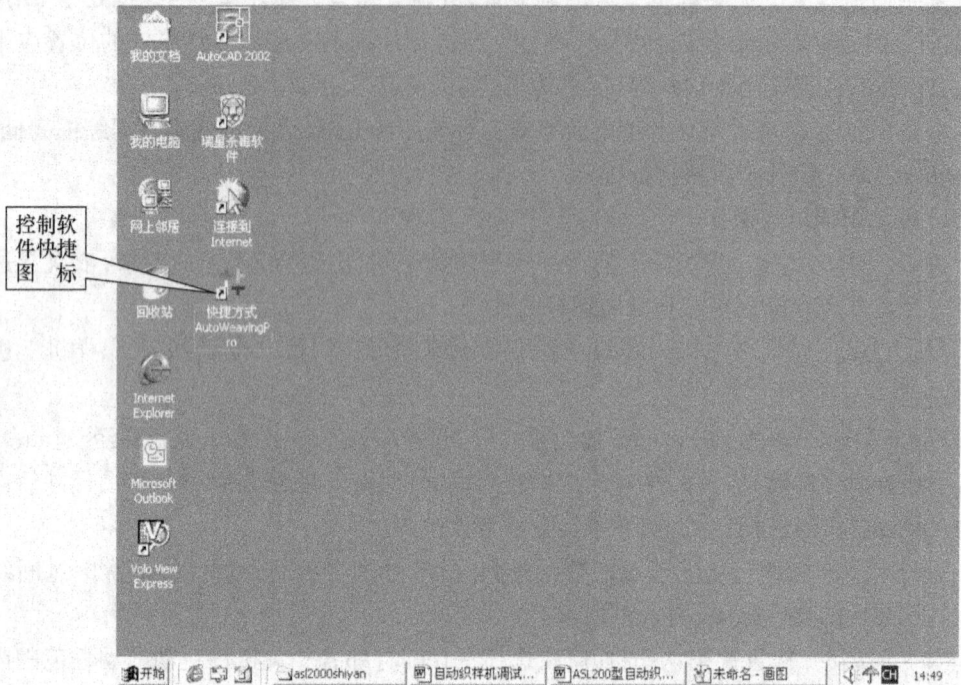

图 5 - 20　启动控制软件

② 按织机上控制面板上的卷布、退布、送经、回卷按钮或用鼠标点击软件主界面上的卷布、退布、送经、回卷按钮对经纱张力和织口位置进行调整。

③ 重新设置织造经纱缩率并保存到文件。

④ 重新开车继续织造。

另外,织造过程中的经纱张力一般由张力自动调节装置自动调节。自动调节装置会在多次获得张力过大或者过小信号时,会自动增加或减小送经量,不用人工调节小范围的张力变化。

(3)纬纱上机张力调整:在织造过程中若发现纬纱张力过大或过小,调整断纬自停装置上张力盘上的螺母,即可使纬纱张力达到适中。

6. 断头处理

(1)经纱断头:本织机采用停经片方式控制经纱断头。当经纱产生断头时,程序自动停车并提示经纱断头,按单步运行按钮,使织机停在打纬状态。此时织机筘座处在前止点位置,综框处在综平位置,接好经纱断头后,继续开车织造。或者按下气源开关,关掉气源,接好经纱断头后,打开气源开关,开始正常织造。

(2)纬纱断头:本织机带有纬纱断头自停机构。当纬纱发生断头时,织机自动停在引纬结束的位置,剪刀打开,选纬杆已回到上方位置。这时先将断纬重新穿好并固定在钳纬器处,按停车按钮后,再按开车按钮启动织机继续织造。如果未及时发现,按动开车无效,按动“单步”按钮织机会反复进行同一引纬动作。直到处理好纬纱断头,织机才会重新引这一纬,继续织造。纬纱断头的检测灵敏度可以通过纬纱断头检测开关前面的挡片位置调整。

7. 了机　织造结束后,用剪刀剪断经纱,取下织物,修剪两侧布边,对织物进行适当的整理即可。

8. 关机

(1)织造完毕,按停车按钮使织机停止运转。

(2)若织机停车位置不在打纬或开口状态,按单步按钮将织机停车位置调整到打纬或开口状态。

(3)用鼠标点击计算机屏幕上的退出按钮,计算机会提示保存文件,选择保存,计算机先将当前织造的状态保存到织物文件,以便下次打开文件继续织造,之后织机会安全复位,织造程序退出。

(4)关闭织机操作面板上的电源旋钮。

(5)关闭计算机。

(6)关闭控制柜内的总电源开关。

(六)织样机状态检测

打开计算机并运行织造控制软件 AutoWeavingPro. exe,计算机会自动检测织机状态。若此时织机状态有错误,可能存在如下几种情况。

(1)若此时织机处于开车状态(织机控制面板上的绿色指示灯亮),计算机显示如图 5 - 21 所示的消息窗,请先按织机控制面板上的停车按钮,再用鼠标点击"确定"按钮,程序可继续运行。如织机一直处于开车状态,直接点击"确定"按钮三次,程序会给出第二个消息框如图 5 - 22 所示,点击确定后,程序退出。

图 5 - 21　织机开车按钮异常消息窗　　　图 5 - 22　织机开车按钮无法关闭消息窗

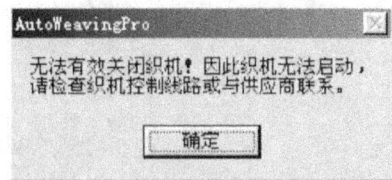

(2)若此时织机电源没有打开或引纬剑没有退到织机最外侧,计算机显示如图 5 - 23 所示的消息窗,点击"确定",程序可继续运行。

(3)若此时织机电源没有打开或筘座没有退到后止点,计算机显示如图 5 - 24 所示的消息窗,点击"确定",程序可继续运行。

图 5 - 23　织机筘座位置异常消息窗　　　图 5 - 24　织机引纬剑杆位置异常消息窗

若织机没有异常,上述消息窗不会弹出,计算机进入对织机的控制状态。

(七)织造参数设置及软件的操作使用

1. 进入织造控制软件 AutoWeavingPro. exe 程序正常启动后,计算机显示如图 5 - 25 所示的 ASL3000 - 20 CAM SYSTEM 主界面。整个界面分成 7 个功能区,分述如下。

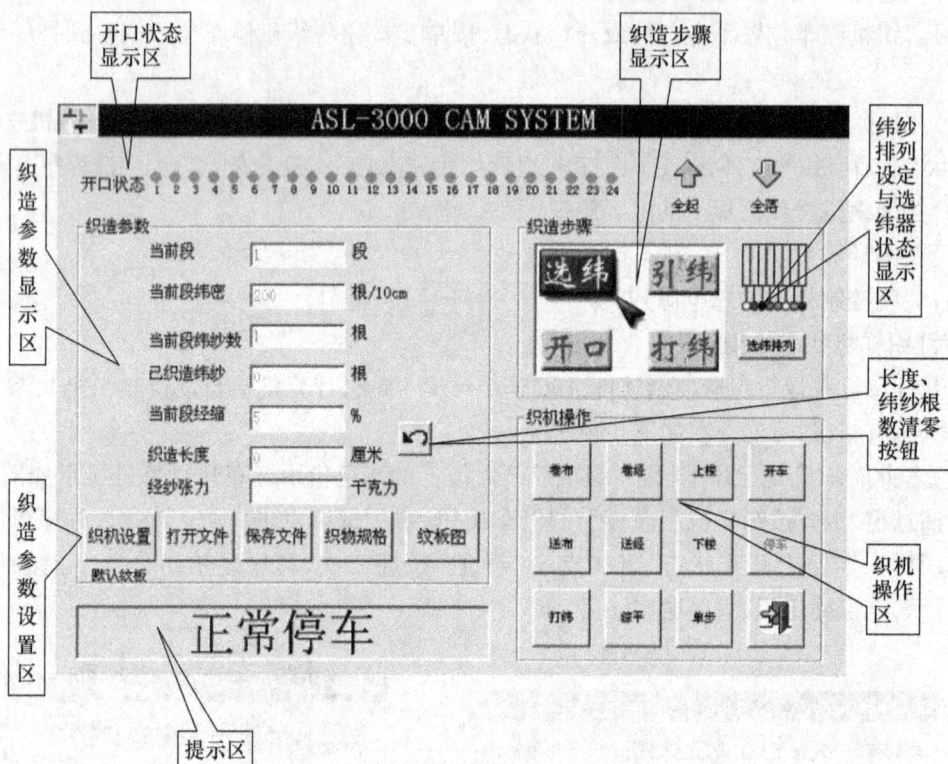

图 5 - 25　ASL3000 - 20 CAM SYSTEM 主界面

(1)开口状态显示区:由 24 个指示灯组成,自左至右分别对应第 1 ~ 第 24 片综,指示灯变为红色表示该片综提起,指示灯变为绿色表示该片综落下。

(2)织造参数显示区:该区域内包括下列织造参数显示。

① 当前段:当织物纬密始终不变时,此值为 1,当织物纬密有变化时,每一种纬密为一个纬密段,此处显示每一个当前织造的纬密段数。

② 当前段纬密:当织物纬密始终不变时,此处显示织物纬密值;当织物纬密有变化,此处显示当前织造织物的纬密段的纬密值。

③ 当前段纬纱数:当织物纬密始终不变时,此值为 1,当织物纬密有变化时,每一种纬密为一段,此处显示对应各纬密段的纬纱根数,即按照各纬密值来卷取的纬纱根数。

④ 已织纬纱数:显示已经织入织物中的纬纱根数;清零按钮可以把显示的已织纬纱数归零,重新计数。

⑤ 当前段经缩:显示织造过程中的当前段纬密的经纱缩率。

⑥ 织造长度:显示当前已织造的长度。此显示为实时的显示,并显示对应的设置时所选用的公制、英制;后面的按钮为清零按钮,可以把累计的长度归零,并重新计长。

(3)织造参数设置区:各参数设置按钮的作用如下。

① 织机设置按钮:点击此按钮弹出织机设置界面,详见织机设置。

② 织物规格按钮:点击此按钮弹出织物规格设置界面,详见织物规格设置。

③ 纹板图按钮:切换到纹板图编辑界面,详见纹板图编辑。

④ 打开文件按钮:点击此按钮弹出"打开"文件对话框,如图 5–26 所示。选择要打开的织造文件,点击"打开",所选文件被打开,文件中保存的织造参数被调入计算机。

图 5–26 打开文件对话框

⑤ 保存文件按钮:点击此按钮弹出"另存为"对话框,如图 5–27 所示。输入文件名,点击"保存"按钮,当前的织造参数被保存到织造文件中。文件保存成功后,计算机会弹出文件保存成功消息框,如图 5–28 所示。点击"确定",程序返回 ASL3000–20 CAM SYSTEM 主界面。如果想覆盖已有文件,则选中想覆盖掉的已有文件,然后点击"保存",会弹出一个询问清零对话框"织造长度和织造根数归零吗?",如图 5–29 所示。如果点击"是",则这两项被清零后保存;

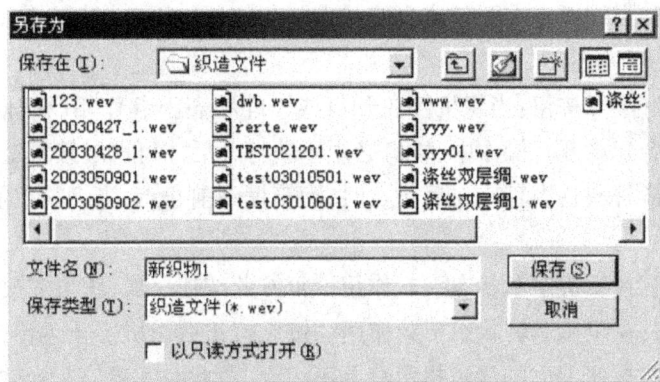

图 5–27 保存文件对话框

如果点击"否"则这两项不变,保持原有数据保存。最后弹出保存成功对话框,如图 5 - 28 所示,织造文件保存成功,点击"确定",程序返回主界面。

(4)提示区:实时提示织机的工作状态。

(5)织造步骤显示区:显示织机织造步骤,一个织造循环分为开口、选纬、引纬、打纬四个步骤,箭头所指为当前完成的织造步骤。

图 5 - 28   文件保存成功消息框   图 5 - 29   清零对话框

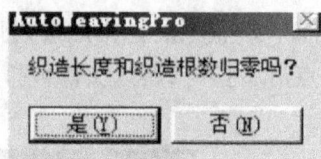

(6)纬纱排列设定与选纬器状态显示区:视窗界面右上方的小动画显示选纬器当前的工作状态,选纬器排列顺序与织机上的排列顺序相对应,自右至左依次为第 1 ~ 第 8 选纬器;点击下方按钮,打开纬纱设置窗口,具体操作见"纬纱排列设置"介绍。

(7)织机操作区:织机操作区由 12 个按钮组成,分述如下。

①"卷布"按钮:在织机停车状态下起作用。鼠标指向此按钮,按下鼠标左键或右键,卷布辊开始卷布,释放鼠标,卷布停止。

②"送布"按钮:在织机停车状态下起作用。鼠标指向此按钮,按下鼠标左键或右键,卷布辊开始送布,释放鼠标,送布停止。

③"卷经"按钮:在织机停车状态下起作用。鼠标指向此按钮,按下鼠标左键或右键,经轴开始卷绕经纱,释放鼠标,卷绕停止。

④"送经"按钮:在织机停车状态下起作用。鼠标指向此按钮,按下鼠标左键或右键,经轴开始送出经纱,释放鼠标,送经停止。

⑤"上梭"按钮:当织机停在开口或引纬状态下起作用。按此按钮一次,梭口变换到上一纬的梭口。

⑥"下梭"按钮:当织机停在开口或引纬状态下起作用。按此按钮一次,梭口变换到下一纬的梭口。

⑦"综平/梭口打开"按钮:当织机停在开口或引纬状态下起作用。按此按钮一次,梭口由满开到闭合或由闭合到满开。操作中,梭口必须重新打开后才可以继续织造。

⑧"打纬与退筘"按钮:当筘座在后止点时,钢筘摆到前止点;当钢筘在前止点时,筘座摆到后止点。

⑨"单步"按钮:在织机停车状态下起作用。每按此按钮一次,织机完成一步动作。

⑩"停止"按钮:在织机运转状态下起作用。按此按钮后织机停止运转,但此时位于织机控制面板上的"START"按钮上方的绿色指示灯并不熄灭,故此时织机停车为软停车。

⑪"开车"按钮:在织机软停车状态下起作用。按此按钮织机恢复运转。

⑫"退出"按钮:在织机停车状态下起作用。按此按钮退出 AutoWeavingPro. exe 织造控制程序,具体见软件退出。

2. 织机设置　在 ASL3000 – 20 CAM SYSTEM 主界面,点击"织机设置"按钮后,会弹出如图 5 – 30 所示的织机设置界面,在这里可以完成织机断纬自停、打纬次数、织造速度等织机工作参数的设置。可以根据织造需要进行相应的选择、设置。织机设置的各项参数如下。

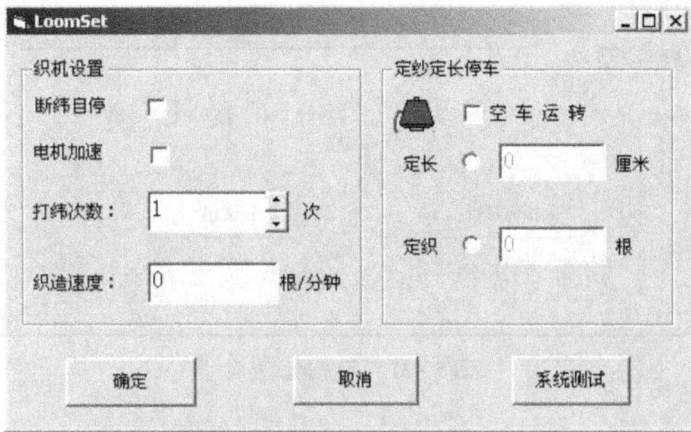

图 5 – 30　织机设置界面

(1)断纬自停选择框:设置引纬过程中是否检测纬纱断头。选中这一选项,织机在织造过程中会自动进行纬纱断头检测工作。一旦出现纬纱断头现象,织机会自动停止织造,等纬纱断头重新接好,停纬片与横梁不再接触。按动"停车"按钮,织机开车指示灯绿灯关闭,再按动"单步"按钮。当织机处于开口状态时,再按"开车"进行正常织造。

(2)打纬次数选择框:根据织造要求、织物的不同,可以进行打纬次数的选择设置,分别为 1次、2 次、3 次。对于厚重织物,要相应的选择多次打纬来完成对织物要求。

(3)织造速度输入框:可以对织机的织造速度进行设定。点击图框内部,会有光标闪动,把先前的数值删除掉即可输入新的织造速度设定值,按每分钟多少根来计算,设置范围为 1 ~ 40根/min。织机在这个范围内没有损坏的危险,可进行正常织造。

(4)定纱定长停车选择:可以根据需要进行"定长"或"定织"织造,只有选中圆点型的选择框其后面的文本输入框才可用,可以输入需要的数字。当织造到所要求的长度或根数时,织机自动停车。操作中,只能选择其中一个选项,相应的点击其中一个,另一个会自动取消。如果想把两个都取消而不用"定纱定长",则双击被选中的这项,界面上的两个选择框都恢复到不可用状态,就是没有定纱定长停车作用。

(5)剪纬速度选择:在织造一些特殊织物时,如果需要改变剪纬时间,可以通过该项设置,速度从 10 ~ 1 逐渐延长剪纬时间(注意:改变即生效)。

完成织机设置后,点击"确定"按钮,织机设置的所有值都被保存到文件并起作用,同时退出织机设置界面;若按"取消"按钮,对织机设置所作的修改无效并退出织机设置界面。

在织机设置界面,还可进行织机各部件运动测试。点击"系统测试"框,弹出对整个织机进行硬件检测的窗口(图5-31),系统将自动完成对织机各部件运动的测试。

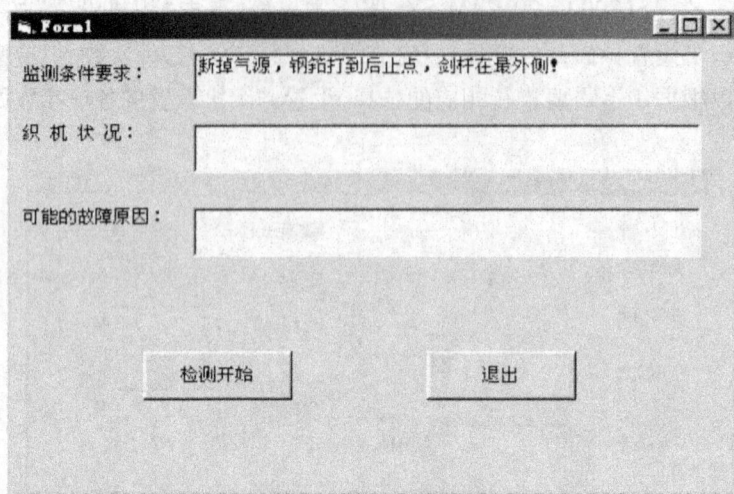

图5-31 系统测试界面

系统根据监测条件要求、织机状况、可能的故障原因对织机进行测试。全部部件检测完毕,自动退回到织机设置界面。在检测过程中,当一个部件的检测完成而不想继续进行下一部件检测时,可点击"退出"按钮,退出系统测试,回到织机设置界面。

3. 织物规格设置 在 ASL3000 - 20 CAM SYSTEM 主界面,点击"织物规格"按钮会弹出"织物参数"设置窗口(图5-32)。这是对织物要求的必要参数设置,包括纬密段数、各段纬密、

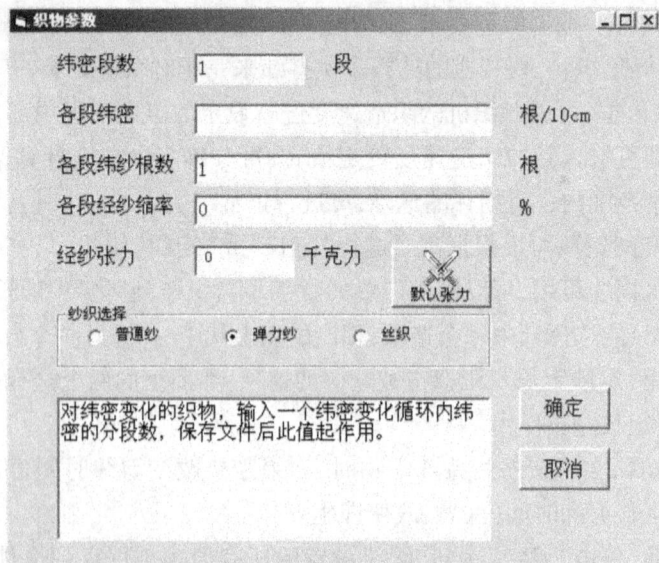

图5-32 "织物参数"设置窗口

各段纬纱根数、各段经纱缩率等,以及一个对当前所选中参数的说明性文本框。

(1)纬密段数:根据织物织造要求,可以在同一块织物上设置不同的纬密,按照要求修改框中的数字。同时,下面的一些设置是受它的影响的。选择了几段,"各段纬密"必须是用逗号隔开的相应段数的一组数字。

(2)各段纬密:根据织物要求、纬密段数进行设置,有几段就设置几个用逗号隔开的纬密。另外,纬密设置还有公制/英制转换功能。相应的纬密会自动进行转换。用鼠标指向"各段纬密"数字框后面的单位"根/英寸"或"根/厘米"字上,点击鼠标右键,会弹出一个小菜单,菜单中被勾选上的单位即为当前选中的单位,可以用鼠标左键点击来选择纬密单位。

(3)各段纬纱根数:设置各段纬密的纬纱根数。它与各段纬密是相对应的,第一段纬密的织造几根、第二段纬密的织造几根等,它们是一一对应的。下面所要讲的各段经纱缩率也是同样的关系。

(4)各段经纱缩率:输入织造要求的经纱缩率,不同纬密段的经纱缩率值分别用逗号隔开。

设置好织物参数后,点击"确定"按钮,保存参数并返回主界面。点击"取消"按钮则所设置参数不起作用,不保存并退出此界面,返回主界面。

4. 纹板图编辑　在 ASL3000-20 CAM SYSTEM 主界面点击"纹板图"按钮后,显示如图5-33所示的纹板图编辑界面,可在对话框中设置"综片数"和"纬纱数"等,并编辑纹板图。

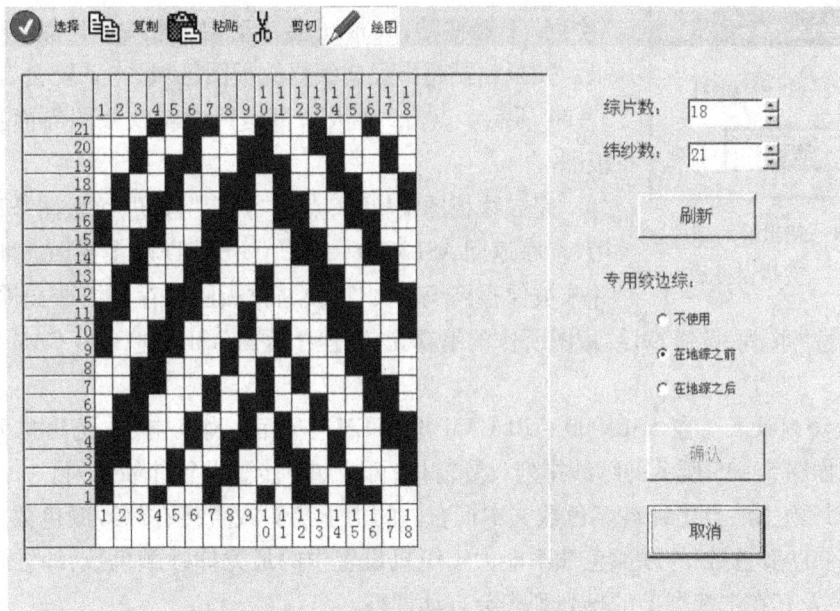

图 5-33　纹板图编辑界面

(1)设置综片数:点击综片数文本框右侧的上下箭头或直接在综片数文本框内输入所需的综片数。

（2）设置纬纱数：点击纬纱数文本框右侧的上下箭头或直接在纬纱数文本框内输入纹板图的纬纱根数。

（3）新意匠图：设置好纹板图的综片数和纬纱数后，点击刷新按钮，纹板图区域内生成意匠图。如果不刷新，生成的意匠图不能修改，处于不可操作状态下。

（4）选择专用绞边综的位置：绞边综按平纹规律运动，若织物组织中包含平纹规律，可选择不使用专用绞边综；否则，应使用专用绞边综，并选择专用绞边综在地综之前或在地综之后，因此在纹板图编辑的过程中不必考虑绞边综框。

（5）编辑纹板图：选中"绘图"项（一般"绘图"为默认项），只有在选中这一项时才可以进行编辑纹板图工作。纹板图中每一个纵列代表一片综框，在最上和最下两个横行给出了综框编号，纹板图中每一个横行代表一根纬纱，最左列给出纬纱编号。鼠标在某一组织点上单击鼠标左键，该组织点变为经组织点；单击鼠标右键，该组织点变为纬组织点；按住鼠标左键拖动鼠标，鼠标指针所经过的组织点变为经组织点；按住鼠标右键拖动鼠标，鼠标指针所经过的组织点变为纬组织点。如有相同的地方，也可以进行选择、复制、剪切、粘贴来编辑纹板图。选中"选择"项，复制用鼠标选中要复制的纹板的左上基准点，然后按住左键拖动鼠标，直至需要的位置，选中的位置会有颜色改变，浅蓝色为选中复制区。然后就是进行粘贴。首先选择粘贴的基准点，选中的组织点为复制纹板图要粘贴的地方的左下方基准点，选中"粘贴"项，纹板图就会把复制区粘贴到选中基点的右上方相同大小的区域。"剪切"项的应用和以上类同，只是剪切会把选

图 5-34　超出最大综片
数错误提示

中区域中的纹板图删除并粘贴到你选定的位置。如果在纬向的"空间"不够粘贴，纹板图会自动向下粘贴，不会影响纹板图效果。如果粘贴超出经向编辑纹板图区域，本系统会有提示，如图5-34所示。点击"确认"，可返回编辑纹板图界面重新编辑纹板图。

完成纹板图编辑后，点击"确定"按钮，纹板图被确认并起作用，程序返回 ASL3000-20 CAM SYSTEM 主界面。此时，纹板图并未被保存到织造文件，要将纹板图保存到织造文件，请参阅保存文件。若按"取消"按钮，对纹板图所作的编辑无效，程序返回 ASL3000-20 CAM SYSTEM 主界面。

5. 纬纱排列设置　在 ASL3000-20 CAM SYSTEM 主界面，当点击了"选纬排列"按钮后，计算机显示如图5-35所示的纬纱排列设置窗口，可按如下步骤设置纬纱排列。

（1）纬纱颜色数：点击纬纱颜色数文本框右侧的上下箭头或直接在纬纱颜色数文本框内输入织物中的纬纱颜色数，纬纱颜色数不能大于织机设置中的最大纬纱颜色数，纬纱颜色数改变后，纬纱颜色及其在选纬器上的排列列表会自动调整。

（2）纬纱颜色及其在选纬器上的排列：各行的意义及其作用如下。

① 第1行：大写字母 ABCDEFGH 分别代表8种不同颜色的纬纱。

② 第2行：纬纱颜色预览。用鼠标左键点击某一纬纱的颜色预览单元格，弹出如图5-36所示的颜色编辑对话框。在颜色编辑对话框中选取所需的颜色并按确定按钮后，当前纬纱的颜

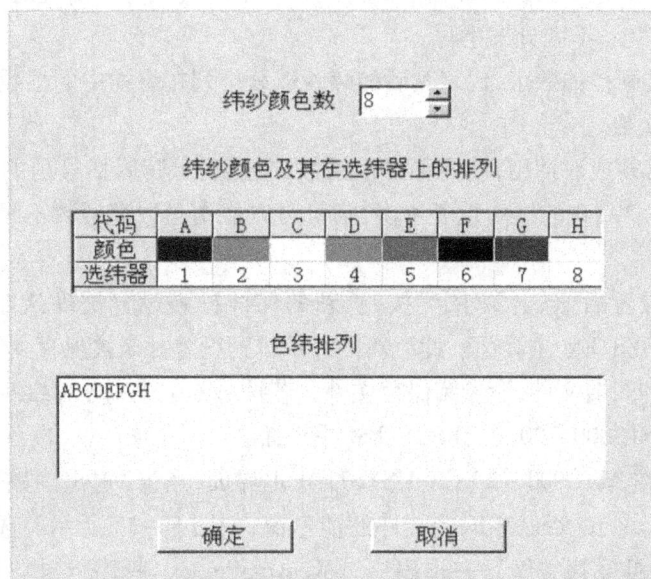

图 5 – 35　纬纱排列设置窗口

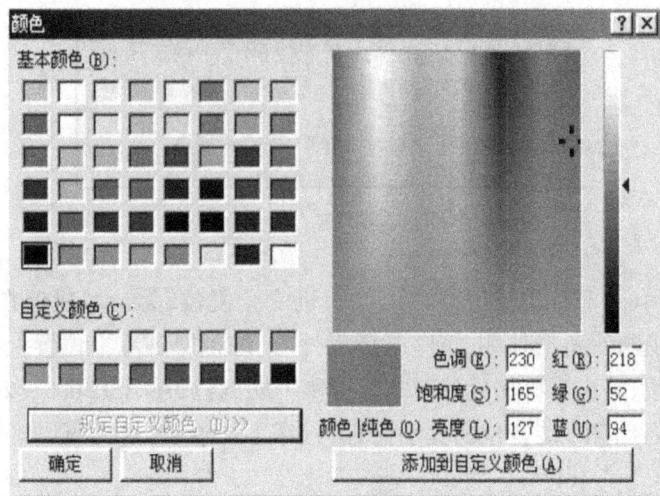

图 5 – 36　颜色编辑对话框

色变为所选颜色。

　　③ 第 3 行:代表该纬纱在选纬器上的排列位置。用鼠标左键点击该单元格,该单元格的下方会出现一个下拉列表框,在该列表框中选取该色纬纱在选纬器上的排列位置。选纬器上选纬杆的编号自右至左依次为 1 ~ 8。

　　(3)色纬排列:在色纬排列文本框内,输入纬纱的排列规律,纬纱排列规律以有效字母、数字和左右括号表示,约定如下。

① 字母:以纬纱颜色及其在选纬器上的排列列表中的代码行中出现的字母为有效字母,分别代表不同颜色的纬纱,不区分大小写。

② 数字:任意的阿拉伯数字,代表其后的纬纱连续排列在织物中的根数或其后括号内的纬纱排列规律重复的次数。

③ 括号:括号必须成对使用,前面可以带系数,系数表示其后括号内的排列规律重复的次数,如4(2A2B)表示2A2B的排列重复4次,括号可以嵌套且嵌套层数不限,如2(2(2(2A2B)2C)2D)。

完成纬纱排列设置后,点击"确定"按钮,新的纬纱排列设置被确认并起作用,程序返回ASL3000 – 20 CAM SYSTEM主界面。此时新的纬纱排列设置并未被保存到织造文件,要将新的纬纱排列设置保存到织造文件,请参阅保存文件。若按"取消"按钮,对纬纱排列设置所作的编辑无效,程序返回ASL3000 – 20 CAM SYSTEM主界面。

6. 软件退出　在ASL3000 – 20 CAM SYSTEM主界面,点击"退出"按钮,若织造参数已经修改,计算机就弹出询问是否保存织造文件的消息窗,如图5 – 37所示。选择"是",当前织造参数保存到文件(参见保存文件),并退出AutoWeavingPro. exe程序;选择"否",织造参数不被保存,并退出AutoWeavingPro. exe程序;选择"取消",程序返回ASL3000 – 20 CAM SYSTEM主界面。

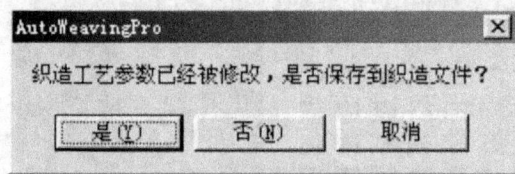

图 5 – 37　询问是否保存织造文件消息框

AutoWeavingPro. exe程序退出时会自动将织机安全复位,无论织机停在什么位置,程序退出过程都将使剑杆退至织机最外侧、筘座退至后死心、综框回到综平位置。程序还将检测织机上剑杆位置是否到位,若由于机械故障使剑杆退剑不能到位,在ASL3000 – 20 CAM SYSTEM主界面的提示区将给出剑杆不能复位的提示信息,程序不能退出,这样可以确保程序退出时引纬剑不被卡在梭口中。

(八)常见故障及排除方法

织造过程中常见故障、故障原因及排除方法见表5 – 1。

表 5 – 1　织造过程中常见故障、故障原因及排除方法

序号	常见故障	故障原因	排除方法
1	梭口不清晰	1. 综框高低位置不合适 2. 经纱张力过小 3. 后梁过高	1. 调整综框高低位置 2. 加大经纱张力 3. 降低后梁 4. 多次打纬

续表

序号	常见故障	故障原因	排除方法
2	个别综片不起	1. 气阀未打开 2. 连接杆位置改变 3. 电磁阀或气缸损坏	1. 检查该综的气缸调节阀是否打开 2. 断掉气源,提起综框,微微调节连接杆 3. 检查该综的电磁阀灯是否亮
3	起落综的速度不统一	综框调速不到位	认真调节各综框的起落速度,直至速度基本一致
4	绞边不明显	绞边综下落速度慢	调整绞边综片的下落速度,使下落速度加快
5	引纬剑进退不到位	1. 异物阻碍 2. 气压不足 3. 检测信号丢失	1. 排除异物 2. 调整气压 3. 检查电路
6	纬纱不进吸嘴	1. 最左侧绞边位置不对 2. 选纬器位置不对 3. 吸嘴的高度不正确	1. 将绞边放在钢筘的最左侧 2. 适当降低选纬器的高度 3. 改变吸嘴的高度
7	没有剪纬	1. 气缸或电磁阀损坏 2. 剪纬时间设定错误	1. 更换气缸或电磁阀 2. 设定正确的剪纬时间
8	纱线带入梭口	最右侧绞边的位置不正确	将最右侧的绞边向右移动
9	小样的两侧有纬缩	1. 没有安装绞边 2. 纱的弹力过大,绞边数不够	1. 安装规定的四组绞边 2. 在右侧适当的位置加入一两组绞边或适当向后移动剪纬磁开关
10	绞边不开口	1. 绞边未放入后面的磁眼 2. 磁力绞边器安装不正确	1. 按规定安装绞边 2. 检查磁力绞边器工作是否正常
11	剪纬过早或过晚	剪纬光电开关的位置不正确	向前或向后适当调整光电开关位置
12	引不到纬纱	选纬器过高	向下调整选纬器位置
13	无法实现空纬	软件设置操作不正确	1. 选中没有纬纱的选纬器作为空纬 2. 在需要空纬的地方设定不同的纬密
14	无法完成正常工艺的纬密设定值	1. 打纬力不够 2. 气压不足 3. 气缸损坏	1. 增加打纬次数 2. 增大气压 3. 更换气缸
15	打吸嘴	1. 吸嘴安装不合适 2. 钢筘探出钢筘架	1. 调整吸嘴位置 2. 重新安装钢筘,左侧位置不可超出钢筘架
16	钢筘活动	固定钢筘的螺丝没有顶死	把钢筘架上的内六角螺丝顶死
17	钢筘摆动不到位	1. 异物阻碍 2. 接近开关松动 3. 交织阻力过大	1. 排除异物 2. 调整接近开关位置并紧固 3. 设置多次打纬(纬密与工艺要求差别不大的条件下)

序号	常见故障	故障原因	排除方法
18	纬密不准(偏小)	1. 张力调节装置有误 2. 公制和英制的转化有误	1. 调节经纱张力到适当的值 2. 转变成需要的制式,再设定纬密
19	张力越织越松	1. 经缩设定的偏大 2. 卷取轴与卷布轴压力不够	1. 适当减小经缩设定值 2. 增大压力,更换弹簧
20	卷取、送经不运动	1. 步进电动机控制器故障 2. 控制卡损坏 3. 点动按钮失效 4. 程序未启动	1. 维修或更换步进电动机控制器 2. 维修或更换控制卡 3. 检查电路 4. 启动织样机程序
21	纹板图打不开	文件格式不对或和本机器的配置等有不对应的关系	删除此类文件,建立新的纹板文件
22	经纱上机张力不稳定	1. 经纱没有拴牢 2. 织造缩率设置不正确	1. 拴牢经纱 2. 重新设置织造经缩
23	纬纱断头不能及时停车	1. 断纬自停接触金属上有毛羽 2. 检测电路接触不良 3. 接触点生锈	1. 清除毛羽,定期保养 2. 检查电路 3. 用砂纸打磨接触金属片
24	纬纱断头不停车	1. 断纬自停设置不正确 2. 飞花、灰尘附着在光电开关上	1. 正确设置断纬自停参数 2. 清洁光电开关上的灰尘和异物
25	织机某一部件不动作	1. 导线有虚接点 2. I/O 卡故障	1. 检查导线 2. 维修 I/O 卡
26	织机不动作	1. I/O 卡的端口地址设置错误 2. 24V 开关电源损坏 3. I/O 卡损坏	1. 设置正确的端口地址 2. 更换开关电源 3. 更换 I/O 卡
27	织造软件不能正确启动	1. 部分文件被删除 2. 计算机感染病毒	1. 重新安装织造软件 2. 清除病毒
28	软件运行过程中出现非法操作	1. windows 系统文件损坏 2. 计算机感染病毒	1. 修复 windows 系统文件 2. 清除病毒
29	软件运行过程中计算机死机	1. 计算机中安装了其他软件 2. 计算机感染病毒	1. 卸载其他软件 2. 清除病毒
30	溢出(错误号:5)	织造长度过长	只需把织造长度、根数清零即可
31	溢出(错误号:6)	打开文件过多内存数据溢出	关闭不必要的文件,减少运行文件释放内存
32	计算机无法启动	1. windows 系统损坏 2. 计算机感染病毒	1. 重新安装 windows 系统 2. 清除病毒

四、小样织制

1. **经纱准备** 根据总经根数,利用绕纱架进行分绞绕纱,以利于经纱分布均匀。把分绞绕好的纱线剪开备用。

2. 确定上机图　详见任务三。

3. 确定筘号和每筘穿入数　详见任务三。

4. 穿经

(1)机上穿经纱:将准备好的经纱分缕紧固在织轴上,可由两人配合,一人在机前,一人在机后,将经纱由紧固的纱根开始,每次抽出一根,经过后梁,按照穿综要求依次穿入各综页。所有的经纱穿综后,再穿入对应的筘齿中。

注意穿经纱前,要先算出每片综片上所用综丝数的多少。为了保证穿好的经纱不会脱散,每穿好一定数量后,在筘前打成松结。

(2)机下穿经纱:将准备好的经纱纱尾紧固在穿纱架上,在穿纱架上架好综框和筘,再按相同的方法穿经纱,同样在筘前打松结,再仔细将它们装在织样机上。

5. 紧固经纱　将穿好的经纱绕过胸梁,分缕、依次紧固在卷布辊上,要求固纱牢固,分布均匀,张力均匀。如果机下穿经纱,则先紧固织轴一端,再紧固卷布辊一端,要求同前。

6. 纹板准备

(1)机械织样机:根据纹板图进行纹钉栽植。纹钉植法与织样机要相对应,至少要用 8 块纹板,且应是组织循环纬纱数的整倍数。如 5 枚缎纹组织,组织循环纬纱数为 5,就要用 10 块纹板。

(2)自动织样机:只需在纹板图控制面板上绘制纹板图即可。

7. 纬纱准备　若用机械小样机,可利用卷纬设备,在纬管上进行少量卷纬(可卷 50m 左右)。切不可因卷纬设备卷纬快捷,多卷纬纱,造成浪费。

若用自动织样机,则把需要的纬纱放在储纬架上,并经过一定的穿纱路线准备好(见自动织样机操作基础知识)。

8. 织造　若用机械织样机,每开口一次,须投纬纱一次。如果没有投入纬纱,则必须倒回,进行再次投纬,以免造成组织循环不连续,形成织疵。由于是手工控制,每次打纬力要尽量均匀。开始试织一段后,要测试布样的机上纬密,据此调节打纬力,尽量控制与设计织物的纬密一致。

若用自动织样机,可设置机上参数进行纬密控制(合理确定纬密,考虑到织缩,可比实际纬密小一点)。

9. 剪下织物　当试样织到 15～20cm 时(也可以和别的品种连接,进行试织),保留 2～5cm 的纱缨,剪下布样,测试实际织物密度。

✿ 任务实施

选择自动织样机,织制坯布规格为 27.8×27.8×323×244,$\frac{2}{2}\nearrow$ 的客户来样,具体操作步骤如下。

步骤一　经纱织前准备工作

1. **经纱穿综、穿筘** 将织轴上经纱引出,按照男装衬衫面料的穿综穿筘工艺要求(图 5-38),采用机上穿经或分离穿经法,将经纱依次穿过综丝和钢筘。

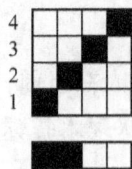

若采用分离穿经方式,要进行经纱上机,即将已经穿好的经纱连同综框、钢筘插放到织样机上,经纱梳理整齐后,卡到卷布辊上的卡纱槽内。

2. **经纱上机张力调整** 接通织机外供气源、电源,打开总电源开关,启动计算机,将织机控制面板上的电源旋钮开关"DC24V"及"AC220V"置于位置"ON"。然后按压织机控制面板上的卷布、退布、送经、回卷按钮,或点击计算机屏幕上"卷布"、"退布"、"送经"、"回卷"等命令,将经纱张力和织口位置调整到合适的水平。

图 5-38 穿综穿筘图

步骤二 自动织样机调整

由专业工作人员负责调整自动织样机的工作气压、综框运动速度、综框高低位置、后梁高低等内容。

步骤三 织造参数设置

1. **进入织造控制软件** 双击计算机桌面 AutoWeavingPro. exe 快捷图标,进入 ASL 3000-20 CAM SYSTEM 主界面。

2. **织造参数设置**

(1)织机设置:在 ASL 3000-20 CAM SYSTEM 主界面织造参数设置区,点击"织机设置"命令,弹出"织机设置"对话框。在此设置"断纬自停"、"打纬次数"、"织造速度"等织机工作选项。

① 断纬自停选项设置:织机在织造过程中能自动进行纬纱断头的检测,一旦出现纬纱断头现象织机能自动停止织造,故选中这一选项。

② 打纬次数设置:因本斜纹面料属中等偏厚织物,一次打纬即可,故"打纬次数"设置为"1"。

③ 织造速度设置:织造速度在 0~40 次/min 的范围内均能正常织造,没有损坏的危险。此处将织造速度设定为 35 次/min。

④ 定纱定长停车选择:不需要定纱定长停车作用,分别双击选择框,使两个选择框都恢复到不可用状态。

⑤ 电动机加速选择框:上纱过程中需要加快电动机运转,选中此选项。

在织机参数设置对话框完成以上选项设置(图 5-39),点击"确定",织机设置的所有参数值被保存到文件,系统退出织机设置界面,回到主界面。

(2)织物规格设置:点击"织物规格"命令,弹出"织物参数"对话框,在此设置"纬密段数"、"各段纬密"、"各段纬纱根数"、"各段经纱缩率"等织物参数。

① 纬密段数:本织物纬密始终不变,此值设为 1。

② 各段纬密:因纬密值不变,输入纬密值 244 根/10cm。

③ 各段纬纱根数:本织物纬密始终不变,此值为 1。

④ 各段经纱缩率:参考类似产品的经纱织缩率,取 5%,可经试织后再进行修正。

将以上参数输入对话框,如图 5-40 所示。

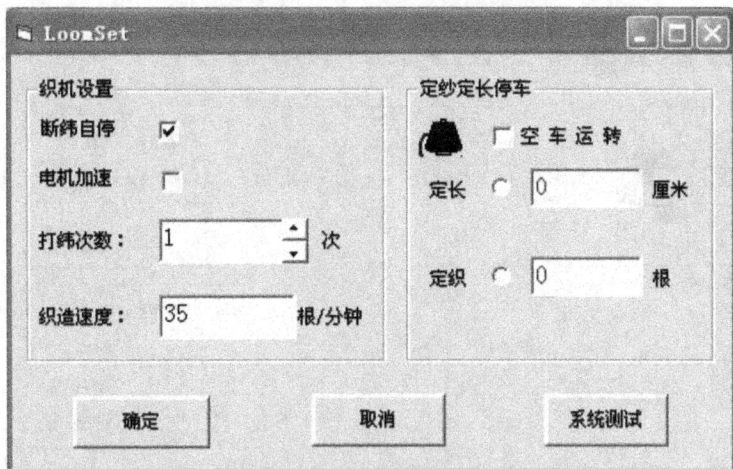

图 5 - 39　织机参数设置

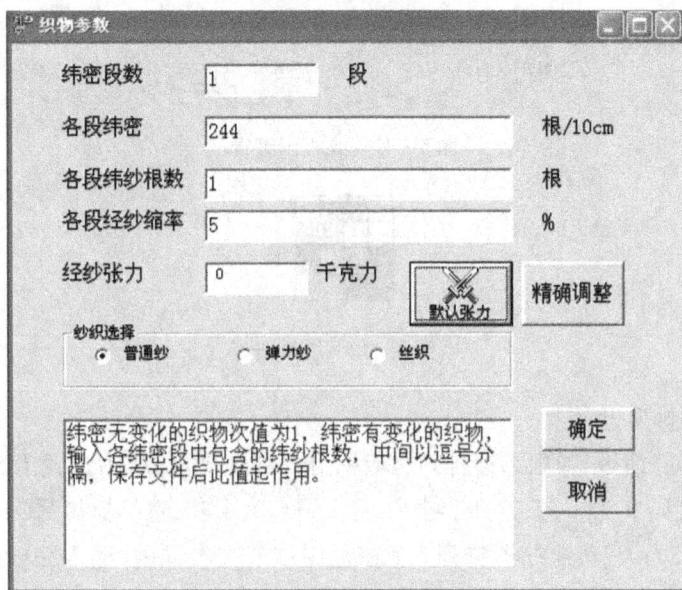

图 5 - 40　织物参数设置

　　织物参数设置完毕,点击"确定",保存参数并退出此界面,返回 ASL3000 - 20 CAM SYS-TEM 主界面。

　　(3)纹板图编辑:单击"纹板图"命令,弹出纹板图编辑对话框,设置纹板图的"综片数"为8,"纬纱数"为4,选择用专用绞边综,绞边综按平纹规律运动。点击"刷新"按钮,纹板图区域内生成新意匠格。点击"绘图"菜单,在纹板图编辑区域根据相关知识介绍的方法,完成纹板图的编辑,如图 5 - 41 所示。

　　完成纹板图编辑后,点击"确认",纹板图设置被确认并起作用,程序返回 ASL3000 - 20 CAM SYSTEM 主界面,并将纹板图(图 5 - 42)保存到织造文件。

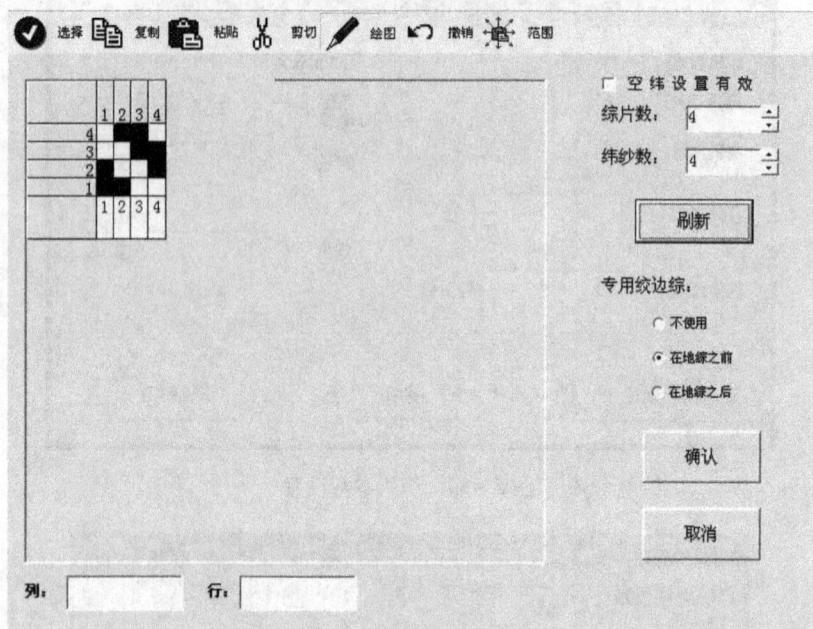

图 5 - 41　纹板图编辑

图 5 - 42　纹板图

步骤四　纬纱排列设置

单击"选纬排列"命令,弹出纬纱排列对话框,将"纬纱颜色数"中设置为5,代码 A 为红色,选纬器排列为1;代码 B 为宝蓝,选纬器排列2;代码 C 为卡其,选纬器排列3;代码 D 为黄色,选纬器排列4;代码 E 为天蓝,选纬器排列5。在色纬排列文本框内,输入纬纱的排列规律,如图5 - 43所示。

步骤五　纬纱上机

按工艺要求的纬纱排列顺序,分别将红色、宝蓝色、卡其、黄色、天蓝色的纬纱筒子置于相应位置,依次穿过断纬自停装置和选纬装置的导纱磁眼,引入钳纬器,如图 5 - 44 所示。

步骤六　开机织造

检查并确认织样机开口、选纬、引纬、打纬各相关机件运动的动程范围内没有异常阻碍后,启动织机进行织造。在织造过程中,需对织样机进行监控,确保织物质量。

步骤七　了机关机

预先设置织造的长度,当织造达到设定的长度后,织样机自动停止运转。用剪刀剪断经纱,取下织物,修剪两侧布边,对织物进行适当的整理。将织样机停车位置调整到打纬或开口状态。

点击计算机屏幕上的"退出"按钮,"保存"文件,织样机安全复位后,退出织造程序。依次关闭织样机操作面板上的电源旋钮、计算机及控制柜内的总电源开关。

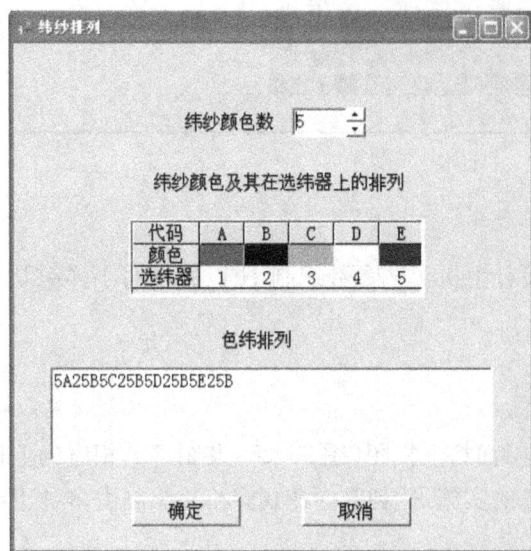

图5-43　纬纱排列设置

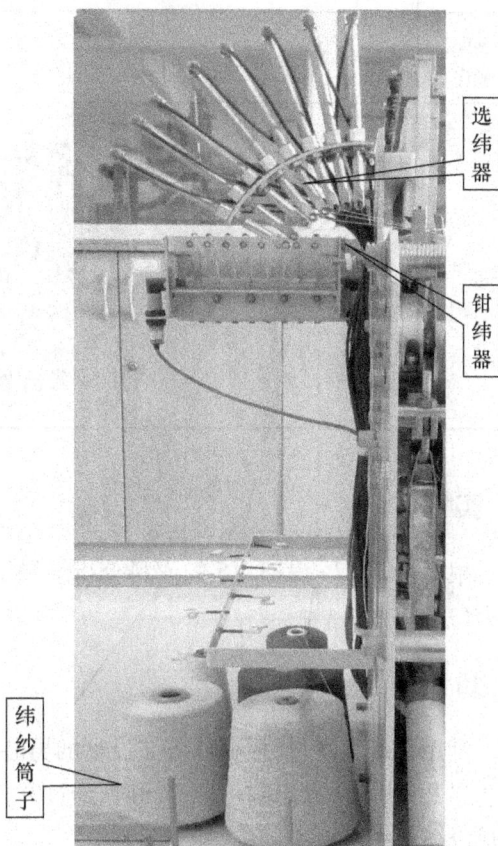

图5-44　纬纱上机示意图

步骤八　填写小样织制工艺表(表5-2)

表5-2　小样织制工艺表

织物规格		27.8×27.8×323×244				
色纱排列	经纱排列	33宝蓝7黄色33宝蓝7卡其33宝蓝7红色33宝蓝7天蓝				
	纬纱排列	5红色25宝蓝5卡其25宝蓝5黄色25宝蓝5天蓝25宝蓝				
参数	经纱根数	地经(根)	480	每筘齿穿入数	地经	2入
		边经(根)	32		边经	2入
	筘号(齿/10cm)	154		穿筘幅(cm)	16.6	

穿综顺序	边经:1、3
	地经:1、2、3、4
提综顺序	(1)1、2;(2)1、4;(3)3、4;(4)2、3
布样	

✲ 实训

根据表3-2~表3-5的面料分析结果所设计上机工艺参数织制小样,并填写小样织制工艺表(表3-6)。

✲ 知识拓展

利用自动织样机,根据任务三设计的男装衬衫面料上机图(图3-28)及制订的相应的上机工艺参数(表3-7)织制小样。同时,通过本任务的实施,达到掌握花式穿筘法织制由多种组织构成且各组织经密不同的织物的目的。

具体操作步骤如下。

步骤一　经纱织前准备

1. 经纱穿综、穿筘　将织轴上经纱引出,按照图5-45所示的穿综、穿筘工艺要求,采用机上穿经或分离穿经法,将经纱依次穿过综丝和钢筘。

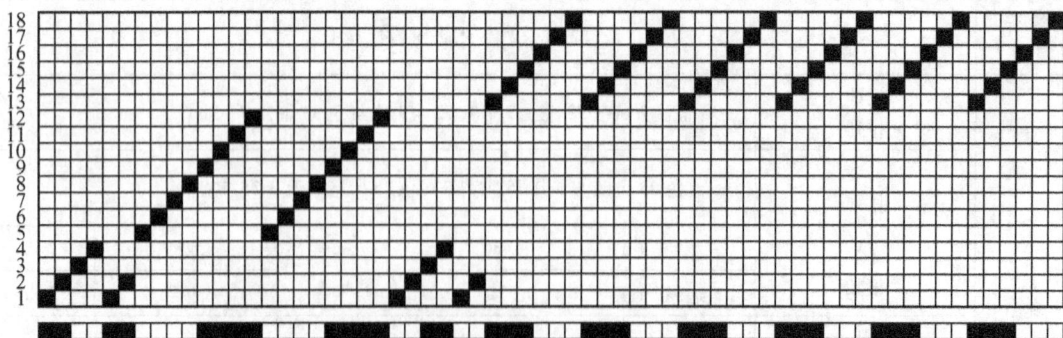

图5-45　衬衫面料穿综、穿筘工艺图

采用分离穿经方式时,要进行经纱上机,将经纱梳理整齐后卡到卷布辊上的卡纱槽内。

2. 经纱上机张力调整　接通织机外供气源、电源,打开总电源开关,启动计算机,将织机控制面板上的电源旋钮开关"DC24V"及"AC220V"置于位置"ON"。按压织机控制面板上的卷布、退布、送经、回卷按钮或点击计算机屏幕上"卷布"、"退布"、"送经"、"回卷"等命令,将经纱张力和织口位置调整到合适的水平。

步骤二　自动织样机调整

由专业工作人员负责调整自动织样机的工作气压、综框运动速度、综框高低位置、后梁高低等内容。具体方法见相关知识介绍。

步骤三　织造参数设置

1. 进入织造控制软件　双击计算机桌面 AutoWeavingPro. exe 快捷图标,进入织造控制软件主界面(图 5 - 25)。

2. 织造参数设置

(1)织机设置:单击"织机设置"命令,在弹出的对话框中设置织机工作选项(图 5 - 30)。选中"断纬自停"、"电机加速"选项,"打纬次数"设置为1,"织造速度"设置为 35 根/min,"定纱定长停车"、"定长"、"定织"选项均不选用。在对话框完成以上选项设置,如图 5 - 46 所示,点击"确定",织机设置的所有值被保存到文件,系统退出织机设置界面,回到主界面。

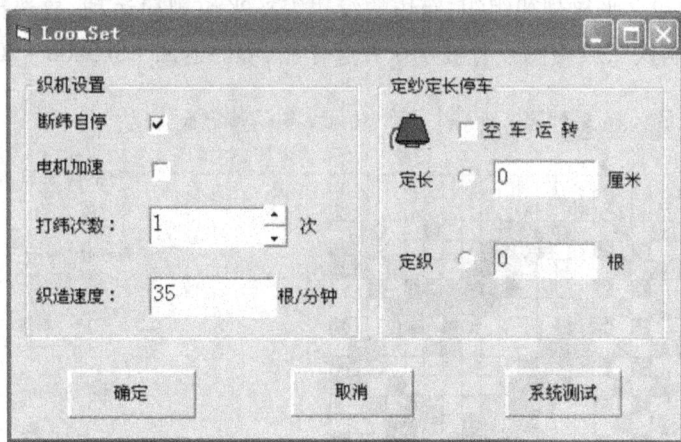

图 5 - 46　织机参数设置

(2)织物规格设置:点击"织物规格"命令,弹出"织物参数"对话框,在此设置"纬密段数"、"各段纬密"、"各段纬纱根数"、"各段经纱缩率"等织物参数。

① 纬密段数:本衬衫织物纬密始终不变,此值设为 1。

② 各段纬密:因纬密值不变,输入纬密值 393.5 根/10cm。

③ 各段纬纱根数:本衬衫织物纬密始终不变,此值设为 1。

④ 各段经纱缩率:参考类似产品的经纱织缩率,取 5%,可经试织后再进行修正。

将以上参数输入对话框,如图 5 - 47 所示。

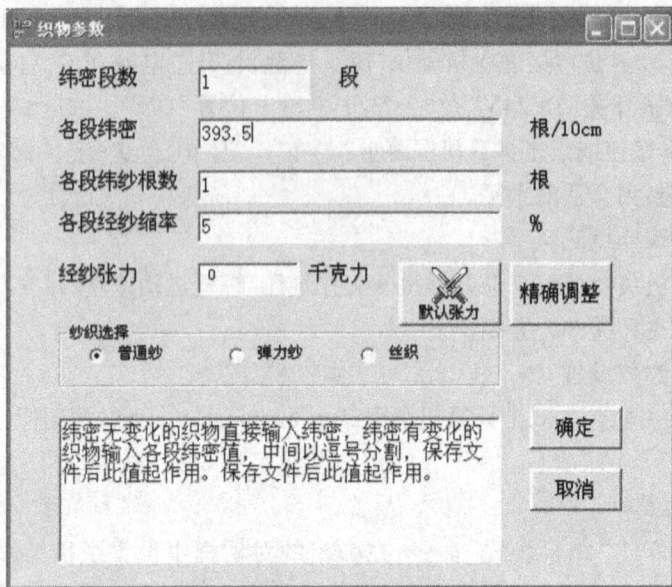

图 5-47　织物参数设置

（3）纹板图编辑：点击"纹板图"命令，在纹板图编辑对话框完成纹板图编辑，如图 5-48 所示。因织物组织中包含平纹规律组织，布边的绞边综按平纹规律运动，故选择不使用专用绞边综。完成后点击"确认"，纹板图设置被确认并起作用，程序返回 ASL3000-20 CAM SYSTEM 主

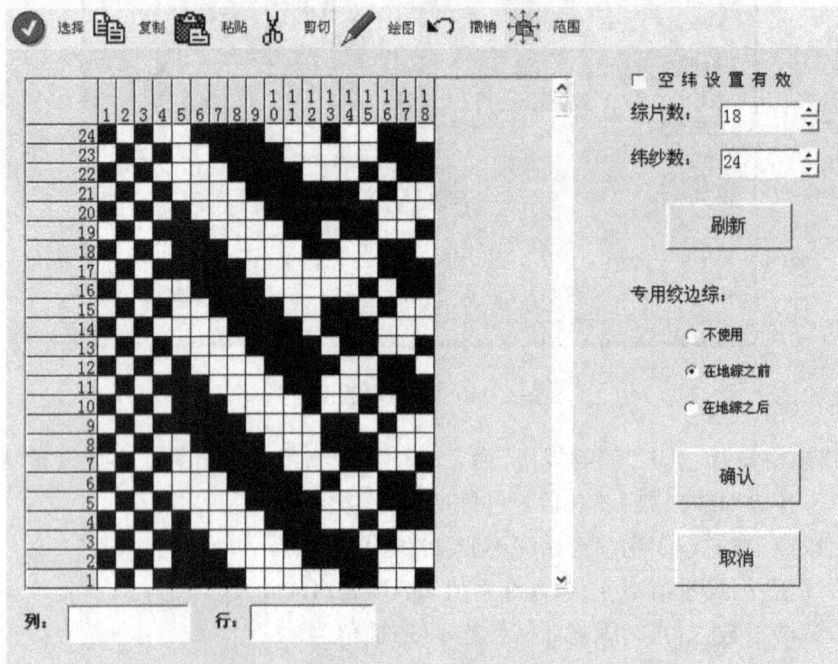

图 5-48　纹板图编辑

界面,并将纹板图(图5-49)保存到织造文件。

步骤四　纬纱排列设置

本织物纬纱只有一种颜色,可以不用设置纬纱排列。

步骤五　纬纱上机

将漂白色的纬纱筒子置于相应位置,穿过断纬自停装置和选纬装置的导纱磁眼,引入钳纬器。

步骤六　开机织造

检查并确认织机开口、选纬、引纬、打纬各相关机件运动的动程范围内没有异常阻碍后,启动织机进行织造。在织造过程中,应注意监控质量,处理断头。

步骤七　了机关机

先设置好织造的长度,当织造达到设定的长度后,织机自停。剪下织物,并进行适当的整理。将织机停

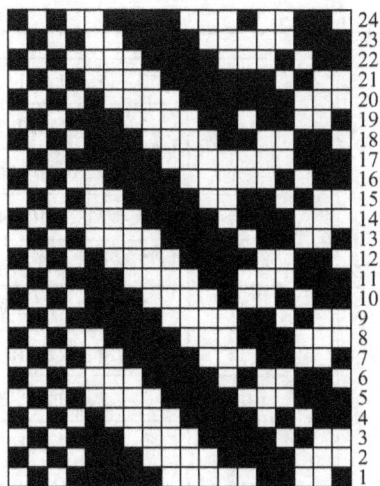

图5-49　纹板图

车位置调整到打纬或开口状态。点击计算机屏幕上的退出按钮,"保存"文件,织机安全复位后,退出织造程序。依次关闭织机操作面板上的电源旋钮、计算机及控制柜内的总电源开关。

步骤八　填写小样织制工艺表(表5-3)。

表5-3　小样织制工艺表

织物规格	JC 7.3 ×2 ×JC 14.6 ×484 ×393.5				
色纱排列	经纱排列	2 红棕 1 粉红 22 漂白 1 粉红 2 红棕 36 漂白 2 橙红 2 粉红 20 漂白 2 粉红 2 橙红 36 漂白			
	纬纱排列	漂白			
参数	经纱根数	地经(根)	726	每筘齿穿入数	地经	2 入、3 入、4 入
		边经(根)	48		边经	3 入
	筘号(齿/10cm)	159.5		穿筘幅(cm)	16.6	
穿综顺序	边经穿:15、16 地经穿:1、2、3、4、1、2;(5、6、7、8、9、10、11、12)×2;1、2、3、4、1、2;(13、14、15、16、17、18)×6				

提综顺序	1	2、4、5、6、7、8、14、15、18	2	1、3、5、6、7、12、13、14、15
	3	2、4、5、6、11、12、13、14、16	4	1、3、5、10、11、12、15、17、18
	5	2、4、9、10、11、12、16、17、18	6	1、3、8、9、10、11、13、16、17
	7	2、4、7、8、9、10、14、15、18	8	1、3、6、7、8、9、13、14、15
	9	2、4、5、6、7、8、13、14、16	10	1、3、5、6、7、12、15、17、18
	11	2、4、5、6、11、12、16、17、18	12	1、3、5、10、11、12、13、16、17
	13	2、4、9、10、11、12、14、15、18	14	1、3、8、9、10、11、13、14、15
	15	2、4、7、8、9、10、13、14、16	16	1、3、6、7、8、9、15、17、18
	17	2、4、5、6、7、8、16、17、18	18	1、3、5、6、7、12、13、16、17
	19	2、4、5、6、11、12、14、15、18	20	1、3、5、10、11、12、13、14、15
	21	2、4、9、10、11、12、13、14、16	22	1、3、8、9、10、11、15、17、18
	23	2、4、7、8、9、10、16、17、18	24	1、3、6、7、8、9、13、16、17

布样	

参考文献

［1］ 荆妙蕾.织物结构与设计［M］.4 版.北京:中国纺织出版社,2008.

［2］ 沈兰萍.织物结构与设计［M］.北京:中国纺织出版社,2005.

［3］ 郑秀芝,刘培民.机织物结构与设计［M］.北京:中国纺织出版社,1992.

［4］ 顾平.织物结构与设计学［M］.上海:东华大学出版社,2004.

［5］ 浙江丝绸工学院,苏州丝绸工学院.织物组织与纹织学［M］.北京:纺织工业出版社,
1981.

［6］ G.H.奥依尔斯诺.织物组织手册［M］.董健,译.北京:纺织工业出版社,1984.

［7］ 区秋明.小花纹织物设计［M］.北京:纺织工业出版社,1988.

［8］ 张一心.纺织材料［M］.北京:中国纺织出版社,2005.

［9］ 周美凤.纺织材料［M］.上海:东华大学出版社,2010.

［10］ 李竹君.纺织 CAD/CAM 技术［M］.北京:中国劳动社会保障出版社,2010.

［11］ 上海双九实业有限公司.Hi-Tex 机织面料设计软件包操作手册.2005.

［12］ 刘培民.机织物结构与设计实训教程［M］.北京:中国纺织出版社,2009.

［13］ 谢光银.机织物设计基础学［M］.上海:东华大学出版社,2010.

［14］ 夏尚淳.织物组织 CAD 应用手册［M］.北京:中国纺织出版社,2001.

面料实物图

色织竹节线府绸

隐格凡立丁

塔夫绸

夏布

斜纹布

单面纱卡其

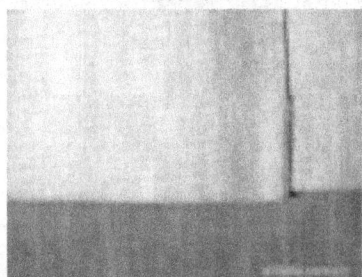
牛仔布

袖里绸

麻纱

破斜纹织物

哔叽

华达呢

复合斜纹织物

真丝缎

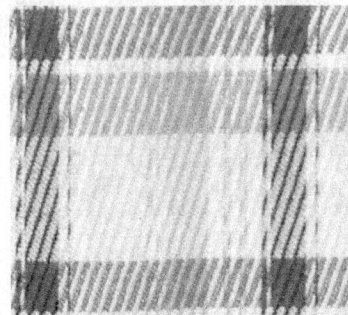

急斜纹织物

山形斜纹织物

蜂巢组织织物

缎条织物

菱形斜纹的应用

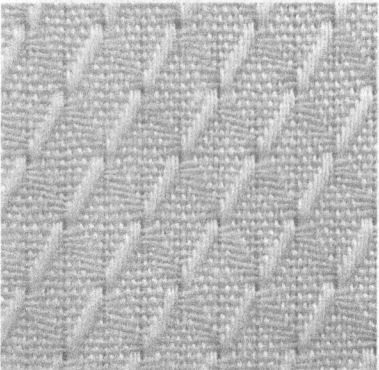
平纹地小提花

平纹地小提花